中央高校基本科研业务费专项资金资助项目
Fundamental Research Funds for the Central Universities

# 晚清电磁学的传入

## ——基于期刊的考察

本书以期刊文献为基本史料，比较系统地考察了晚清电磁学知识状况。其基本认识是，期刊是晚清电磁学传播的重要媒质，电磁学在晚清已比较系统地传入中国，并与同时引入的其他「新学」一道促进了近代学术文化的转型。

郝秉键 著

中国财经出版传媒集团
经济科学出版社
Economic Science Press

**图书在版编目（CIP）数据**

晚清电磁学的传入：基于期刊的考察/郝秉键著．
—北京：经济科学出版社，2018. 12
ISBN 978 - 7 - 5218 - 0165 - 1

Ⅰ. ①晚…　Ⅱ. ①郝…　Ⅲ. ①电磁学 - 研究 -
中国 - 清后期　Ⅳ. ①0441

中国版本图书馆 CIP 数据核字（2019）第 014292 号

责任编辑：王　娟　凌　健
责任校对：刘　昕
责任印制：邱　天

**晚清电磁学的传入**
——基于期刊的考察
郝秉键　著
经济科学出版社出版、发行　新华书店经销
社址：北京市海淀区阜成路甲 28 号　邮编：100142
总编部电话：010 - 88191217　发行部电话：010 - 88191522
网址：www. esp. com. cn
电子邮件：esp@ esp. com. cn
天猫网店：经济科学出版社旗舰店
网址：http://jjkxcbs. tmall. com
北京季蜂印刷有限公司印装
710 × 1000　16 开　17 印张　290000 字
2019 年 5 月第 1 版　2019 年 5 月第 1 次印刷
ISBN 978 - 7 - 5218 - 0165 - 1　定价：75. 00 元
（图书出现印装问题，本社负责调换。电话：010 - 88191510）
（版权所有　侵权必究　打击盗版　举报热线：010 - 88191661
QQ：2242791300　营销中心电话：010 - 88191537
电子邮箱：dbts@ esp. com. cn）

# 目　　录

# 导　言

"知识的力量不仅取决于其自身的价值，更取决于它是否被传播以及被传播的深度和广度。"

——弗兰西·培根

## 一、研究缘起

有人说：管窥历史，如同在转动一支万花筒，每转过一个角度，都会欣赏到不同的画面。当我们回望晚清七十年（1842～1911）这支"万花筒"时，不仅可以看到败战失地、国步日蹙、民生维艰的一幕，而且可以看到国门开放、西学浸渐、新奇纷呈的一幕。在这短短的七十年间，我国遭逢"三千年未有之大变局"，既步入从传统到向现代的转型之路，又踏上了融会中西、以西为师之途。在此变局中，我国虽然丧失了太多的利权，但通过西学东渐逐步完成了从"四部"之学到"七科"之学的转变，初步奠定了近代学科体系。中国学术文化能有今日之面貌，不能不溯源于此。因此，无论前贤还是今人，在回顾晚清文化发展历程时，莫不对西学东渐予以高度关注。

西学东渐是西方文化向东方传播的历史进程。综观既往研究趋向，大略具有如下特点。

其一，偏重于西学传播主体、传播机构和传播方式的考察，未能对所传西学知识予以系统的阐述。晚清时期，传教士、留学生和译员为译介西学的主体，京师同文馆、江南制造总局翻译馆、广学会、花华圣经书房、益智书会、科学仪器馆、墨海书馆、美华书馆等为移译、出版西书的重要机构，移译西书、创办报刊、兴办学校则为西学传播的基本方式。"通过遍布各地的新式学校，形形色色的报纸杂志，品种繁多的西书，……西学的影响逐渐从知识分子精英阶层扩大到社会基层。"[1] 学界对这些问题已多有研究，详情可参见顾长声的《传教士与近

---

[1]　熊月之：《西学东渐与晚清社会》，中国人民大学出版社 2011 年版，第 10 页。

代中国》（1981）、王立新的《美国传教士与晚清中国现代化》（1997）、曹增友的《传教士与中国科学》（1999）、邹振环的《西方传教士与晚清西史东渐》（2007）、王树槐的《基督教与清季中国的教育与社会》（2011）、高黎平的《传教士翻译与晚清文化社会现代性》（2011）、贝奈特的《传教士新闻工作者在中国》（2014），黄福庆的《清末留日学生》（1975）、实藤惠秀的《中国人留学日本史》（1983）、李喜所的《近代中国的留学生》（1987）、田正平的《留学生与中国教育近代化》（1996）、刘红的《近代中国留学生教育翻译研究》（2014），汪广仁的《中国近代科学先驱徐寿父子研究》（1998）、王扬宗的《傅兰雅与近代中国的科学启蒙》（2000）、王晓勤的《中西科学交流的功臣——伟烈亚力》（2000）、俞政的《严复著译研究》（2003）、王红霞的《傅兰雅的西书中译事业》（2006）、冯大伟的《近代编辑出版人群体概述》（2008）和许牧世的《广学会的历史及其贡献》（1977）、黄林的《晚清新政时期图书出版业研究》（2007）、熊月之的《西学东渐与晚清社会》（2011）、石明利的《京师同文馆译书活动研究》（2012）、任莎莎《墨海书馆研究》（2013）等著述。这些成果虽然总体上阐明晚清西学东渐的基本进程及其特点，揭示了西学传播主体和传播机构在西学东渐中的作用和地位，但对所传西学知识多为举要式的介绍，点到为止，未能对"每门学科传入中国的情况都深加研究"①，并予以系统的论述，故不足以深入反映西学在华的传播程度。

其二，偏重于西书移译出版情况的考察，未能对期刊中西学篇目予以系统的梳理。西学既通过西书的移译出版而传播，又通过报纸杂志的刊发而流布。关于晚清西书移译出版情况，早在 1880 年，时任江南制造总局译员的傅兰雅（John Fryer）在《江南制造总局翻译西书事略》一文中已作汇总。据其统计，截至 1879 年，江南制造总局翻译馆译毕和在译西书合计 156 种，其中 98 种已经刊行；益智书会拟译西书 42 种，已刊"寓华西人"自译之书 62 种。② 其后，随着西书移译的推进，时人又陆续编出若干西学书目类著作，其中以梁启超撰《西学书目表》（1896）、徐维则撰《东西学书录》（1899）、赵惟熙撰《西学书目答问》（1901），徐维则、顾燮光辑《增版东西学书录》（1902）、通雅斋同人撰《新学书目提要》（1903～1904）和顾燮光撰《译书经眼录》（1904）等最具代表性。这些著述基本涵盖了 1904 年以前出版的西书，其中《西学书目表》收书 357 种，《东西学书录》收书 560 种，《西学书目答问》收书 372 种，《增版东西学书录》

---

① 熊月之：《西学东渐与晚清社会》，中国人民大学出版社 2011 年版，第 2 页。
② 傅兰雅：《江南制造总局翻译西书事略》，载《格致汇编》1880 年第 3 卷。

收书 907 种，《译书经眼录》收书 533 种。① 2003 年，北京图书馆将馆藏《增版东西学书录》《译书经眼录》和王韬撰《泰西著述考》、广学会编《广学会译著新书总目》、上海制造局翻译馆编《上海制造局译印图书目录》、佚名编《冯承钧翻译著译目录》汇为《近代译书目》一书出版。② 2007 年，熊月之又将《增版东西学书录》《译书经眼录》《新学书目提要》和《西学书目答问》编为《晚清新学书目提要》一书出版。③ 至于 1905～1911 年的译书情况，迄今尚无比较完整的书目出版，谭汝谦编《中国译日本书综合目录》（1980）、台湾中央大学图书馆编《近百年来中译西书目录》（1958）和周振鹤编《晚清营业书目》（2005）或可"聊作弥补"。据统计，1811～1911 年，中译西书总计出版 2293 种，其中 1911～1842 年出版 34 种，年均 1 种；1843～1860 年出版 105 种，年均 6 种；1860～1900 年出版 555 种，年均 14 种；1900～1911 年出版 1599 种，年均 145 种。④ 与西书移译研究情况相比，学术界对晚清期刊所载西学篇目的考察则明显滞后，至今没有全面系统的统计数据。上海图书馆编《中国近代期刊篇目汇录》（1965～1985）虽然汇总了 1857～1918 年刊行的 495 种期刊的篇目，但未对西学篇目予以专门汇录，其他有关研究亦多系个案式考察，不足以全面反映晚清期刊中西学著述的刊载情况。晚清期刊所载西学篇目众多，仅物理学一科已盈千累万，而晚清出版的西学书籍则相对为少，如江南制造局翻译馆 40 余年间译书仅 200 种，其中物理学著作只有 11 种⑤；《增版东西学书录》《译书经眼录》《西学书目答问》所收物理学著作分别为 38、14、29 种⑥。因此，只有充分挖掘研究期刊中的西学资料，才能更为全面地揭示晚清西学传播情况。

由此可见，西学在期刊中的刊行情况如何和期刊所载西学知识究竟达到何种程度，是目前西学东渐研究中的薄弱环节。若不能厘清这两个问题，就难以充分展现晚清西学传播的知识水平和期刊在西学传播中的地位和作用。因此，本书选择基于期刊来分析西学内容的研究理路。由于西学涉及多个学科门类，难以一一加以全面系统的梳理，故将研究对象限定于物理学中电磁学科。如是论域虽或狭窄，但可以"小题大做"，将所及问题研究得更加透彻。

---

① 张晓丽：《论晚清西学书目与近代科技传播》，载《安徽大学学报》（哲学社会科学版）2013 年第 2 期。
② 王韬、顾燮光等编：《近代译书目》，北京图书馆出版社 2003 年版。
③ 熊月之主编：《晚清新学书目提要·序言》，上海书店出版社 2007 年版。
④ 熊月之：《西学东渐与晚清社会》，中国人民大学出版社 2011 年版，第 12 页。
⑤ 张增一：《江南制造局的译书活动》，载《近代史研究》1996 年第 3 期。熊月之认为，江南制造局翻译馆总计译书 180 种，参见《西学东渐与晚清社会》，第 423～432 页。
⑥ 熊月之主编：《晚清新学书目提要》，上海书店出版社 2007 年版。

## 二、研究文献综述

期刊是普及科技知识、传播科技观念、推进科技研究的重要媒质。电磁学是物理学的分支，梳理晚清期刊所载电磁学知识，无疑是考察当时物理学传播程度的重要途径。综观既往研究，专门基于晚清期刊来考察电磁学传播情况的文献不多，其有关研究大略散见于科技期刊史研究中。这些研究主要集中在两个领域：一是综合性研究，即从整体上考察了科技期刊的刊行情况、基本特征和社会影响；二是个案研究，即对某种或某些期刊予以考察，其中论及电磁学知识。

### （一）综合性研究

在综合性研究成果中，以姚远等撰《中国大学科技期刊史》《中国近代科技期刊源流》最具代表性。前者比较系统地梳理了清末至民国高等院校、科研机构、学术社团和政府主管部门主办的各类科技期刊的刊行情况，不仅从时空角度阐明大学科技期刊的变迁过程，而且从人地关系角度探究了大学科技期刊产生、发展和传布的特点，基本勾勒出大学科技期刊的存在形态，揭示了其虽然置身大学但又超越大学而对社会文化所产生的影响。[①] 其学术价值或如论者所云：一则为考察高等院校、科研机构和学术团体的科研史研究提供了"新史料"；二则从期刊角度提供了科学家活动的"新线索"；三则为考察专业、学科的成长历程提供了"新依据"。[②] 后者则考察了 1792～1949 年我国科技期刊的起源和发展历程，分门别类，着重阐述了 360 多种科技期刊的创刊者、创停刊时间、创刊宗旨以及栏目设置、基本内容、代表性文章、办刊特色、编辑思想和方法等情况，并开列《1792—1949 年中国科技期刊分区名录》，记录了 2845 种期刊的刊行与馆藏信息，揭示了我国科技期刊的区域分布特征和区域期刊出版中心的形成和变迁概貌[③]，堪称"我国迄今最大规模的科技期刊史和期刊学术研究著作"[④]，其主要学术价值在于从整体上摸查了我国 150 多年科技期刊的刊行情况，首次比较系统地收集整理了近代历史给我们留下的这份宝贵的文化遗产，不仅拓宽了近代史、新闻史、科技史、文化史、出版史的研究视野，而且为当今科技文化传播、期刊

---

① 姚远：《中国大学科技期刊史》，陕西师范大学出版社 1997 年版。

② 刘可风：《〈中国大学科技期刊史〉的科技史学价值》，载《西北大学学报》（自然科学版）1999 年第 2 期。

③ 姚远、王睿、姚树峰等编著：《中国近代科技期刊源流》（上、中、下），山东教育出版社 2008 年版。

④ 文灏：《抢救、保护与探索——读〈中国近代科技期刊源流〉》，载《咸阳师范学院学报》2010 年第 2 期。

文化建设以及学术研究提供有益的历史借鉴。此外，姚远还专文探讨了我国科技期刊的发生和发展历程，认为中国科技期刊是受唐宋以来千余年间报纸、丛书出版形式的启发和西方传教士的"上帝赐予"式的启发而产生的，其发展大体经历了古代报刊、书刊同源发展与分化离析时期，成型和初具规模时期、破坏和复苏时期和稳步发展时期等阶段。[①]

唐颖等也从科技传播角度着力考察了中国近代科技期刊整体发展情况，其基本认识是：（1）就学科归属而言，近代科技期刊中，农学类期刊数居首，其次为气象、工程、地质、地理、生化、天文、物理等，明显地反映了当时重实效、疏理论的办刊特点；（2）就地域分布而论，近代科技期刊虽然近乎遍布各省市区，但以京、沪、苏、浙、粤、闽、川等省市为多，折射出文化发展程度与期刊分布的关系；（3）就刊行时间来看，近代科技期刊整体存续时间短，超过半数期刊不到一年，反映了动荡不安、积弱不振的近代时局对期刊创办的影响；（4）就创刊主体视之，1900年之前，科技期刊多由书局、学社乃至个人主办，1900年之后，多由高校、研究机构主办，专业水准有所提升。科技期刊充当了联系科技知识与民众的纽带，"神秘"的科技知识藉以走到普通民众中间。[②]

同时，其他学者也分别从不同角度分析了晚清科技期刊的基本特征。如朱联营考察了我国近代科技期刊产生的社会背景、传播范围和社会影响，认为科技期刊随西学东渐之波而生，主要扮演三种角色：普及科技知识、整理科技资料、引介西方科技成果。[③] 王睿等人着重探讨了中国近现代科技期刊的起源与发展的特点，认为地域环境是影响科技期刊创办的关键性因素，中心城市以其政治、经济、文化等资源优势，明显影响着科技期刊的数量规模、学科种类与生存发展；从发展趋势看，近代科技期刊大体经历了孕育于文理综合性期刊，发展于综合性自然科学期刊的出现，成熟于各种分支学科期刊的创办的演进历程。[④] 熊月之所著《西学东渐与晚清社会》一书主要研究"西学东渐与晚清社会之间的关系"，其中，不仅举例分析了各种西学书目及其基本内容，而且以《万国公报》《格致汇编》为典型，概述了其所传播的西学知识及其特点与影响，揭示了科技期刊与受众之间的互动关系和科技期刊在科技传播中的作用及西学东渐下平民的一般心态。[⑤] 白瑞

---

① 姚远：《中国科技期刊源流与历史分期》，载《中国科技期刊研究》2005年第3期。
② 唐颖：《中国近代科技期刊与科技传播》，华东师范大学硕士学位论文，2006年；王伦信、陈洪杰、唐颖、王春秋：《中国近代民众科普史》，科学普及出版社2007年版。
③ 朱联营：《中国科技期刊产生初探——中国科技期刊史纲之一》，载《延安大学学报》1991年第3期；《简析中国科技期刊初创时期对科学技术的传播——中国科技期刊史纲之一》，载《延安大学学报》1992年第1期；宋应离、朱联营、李明山：《中国期刊发展史》，河南大学出版社2000年版。
④ 王睿、宇文高峰等：《中国近现代科技期刊起源与发展的特点》，载《中国科技期刊研究》2007年第6期。
⑤ 熊月之：《西学东渐与晚清社会》，中国人民大学出版社2011年版。

华著《中国报纸》也考察了中国近代报刊的引入和发展历程，其中，论及诸如《中外新报》《万国公报》《小孩月报》《中西闻见录》《新学报》等载有科技知识的期刊的刊行情况及特点。① 赵晓兰、吴潮著《传教士中文报刊史》比较系统地梳理了传教士中文报刊的演变轨迹，对《遐迩贯珍》《中外新报》《中西闻见录》《格致汇编》《益闻录》《中外新闻七日录》《画图新报》《教会公报》《尚贤堂月报》《真光月报》《通问报》等刊载科技知识的报刊予以较深入的分析，认为这些报刊"担负了将西方先进的科学知识用汉语传入中国的重要功能，并在中国掀起了广泛的西学传播活动"。②

### （二）个案研究

晚清时期，中外人士创办了不少传播科技知识的期刊，比较有代表性的有《六合丛谈》《中西闻见录》《格致汇编》《益闻录》《万国公报》《格致新报》《亚泉杂志》《数理化学会杂志》《知新报》《学报》《科学世界》等。学界对其中部分期刊已多有研究，兹将有关情况概述如下。

《六合丛谈》由上海墨海书馆出版，是外国传教士在沪创办的首份近代期刊。杨勇比较系统地阐述了该刊的基本内容、办刊理念、办刊特色及其在西学传播中的作用，认为《六合丛谈》不但是宗教月刊的总结和典范，亦且为新型报刊的先声，其所载的西学知识虽然不够前沿，但毕竟有传播、普及西方近代科技之功，同时也促进了近代中文报刊的成长。③ 杨琳琳通过考察该刊媒介组织形态及编辑传播群体，既探讨了其办刊策略和风格，又以科学技术传播及其新闻传播为突破口，分析了该刊的具体传播内容、传播策略及其对中国科技史、中国新闻史带来的影响，认为其所载科技内容有较强的知识性和理论性，拓展了知识者的思维，影响了中国科学的发展，其以"和合观念"为指导的编辑策略，启发了新闻媒体的受众视角，扩大了期刊的影响力。④ 凌素梅以《六合丛谈》中的新词为主要研究对象，集中考察了该刊的词汇系统的时代特色，认为这些新词上承古代汉语，对古代汉语词汇既有继承又有发展，下启汉语词汇系统更新历程。这些新词不仅为我们提供了大量的科学术语，是沟通我们与近代以后的新知识的媒介，而且为汉语词汇的进一步发展准备了一批造词成分和造词模式，在横向上大大增加了汉语词汇的数量。⑤

姚远等人梳理了《六合丛谈》所载数理化知识，认为它最早传入巴贝奇和许

---

① 白瑞华：《中国报纸：1800～1912》，王海译，暨南大学出版社 2011 年版。
② 赵晓兰、吴潮：《传教士中文报刊史》，复旦大学出版社 2011 年版。
③ 杨勇：《〈六合丛谈〉研究》，苏州大学硕士学位论文，2009 年。
④ 杨琳琳：《〈六合丛谈〉媒介形态及其编辑传播策略研究》，西北大学硕士学位论文，2010 年。
⑤ 凌素梅：《〈六合丛谈〉新词研究》，浙江财经学院硕士学位论文，2013 年。

茨的计算技术等数学知识，介绍了杠杆、滑轮、轮轴、斜面以及万有引力等物理学知识和化学变化、化学元素、化学反应及化学力等化学知识。① 八耳俊文着重考察了《六合丛谈》的性质、执笔者及其所载"西洋古典""基督教""科学""信息"等内容，认为该刊始终在自然神学的框架下致力于介绍自然科学，并一直向自然科学或科学技术与自然神学没有关系的这样的思路发展，逐步实现了科学发展与宗教的分离；王扬宗、周振鹤则分别考察了《六合丛谈》所介绍的西方近代科学概念和科学词汇。② 《六合丛谈》封面见图1。

**图1 《六合丛谈》封面**

《中西闻见录》由京都施医院主办，传教士丁韪良、艾约瑟主其事。张剑对其所载内容和作者进行了量化分析，认为该刊登载众多西方近代科技知识，既刷新了国人的识见，又促进了中国近代科学观念的产生和发展，成为西学东渐的一座桥梁。③ 段海龙、冯立昇等比较系统地考察了《中西闻见录》的创刊缘由、整体内容、撰稿人及《中西闻见录》与《格致汇编》之间的关系，并对其中的数学、物理、医学和机械工程技术及相关的科技史内容进行了梳理，认为《中西闻见录》中的科技知识虽然从整体上讲学术性不是很强，但在普及西方近代科学技

---

① 姚远、杨琳琳、亢小玉：《〈六合丛谈〉与其数理化传播》，载《西北大学学报》（自然科学版）2010年第3期。
② 八耳俊文：《在自然神学与自然科学之间——〈六合丛谈〉的科学传道》；王扬宗：《〈六合丛谈〉所介绍的西方科学知识及其在清末的影响》；周振鹤：《〈六合丛谈〉的编纂及其词汇》，皆载沈国威编著：《六合丛谈》，上海辞书出版社2006年版。
③ 张剑：《〈中西闻见录〉述略——兼评其对西方科技的传播》，载《复旦学报》1995年第4期。

术方面产生了积极作用。① 张必胜统计了《中西闻见录》所载论文篇目，结论是：该刊共载论文 361 篇，有关科学技术方面者达 166 篇，占 60%，内容涵盖数理化、天文、地理、植物学、医学、矿业学等自然科学以及铁路建设、火车、轮船、玻璃制造等工程技术领域。② 朱世培不仅考察了《中西闻见录》的创刊背景、主编、撰稿人及其经营情况，而且阐述了其基本内容与社会影响，认为它是一份偏重科学的综合性刊物，与洋务运动之间还存在着相互推进、互相依赖的密切联系。③《中西闻见录》封面见图 2。

图 2 《中西闻见录》封面

《格致汇编》由英国圣公会教士傅兰雅创办，是中国最早的科普期刊。王扬宗考察了其在清末科技传播中的贡献与影响，认为该刊以传播西方近代科技知识为宗旨，比较系统地介绍了近代天文、地理、地质、力学、热学、光学、化学、植物学、动物学等学科的基本常识，图文并茂，不尚深奥，注重实用技术，既获得读者的信赖，又刺激和促进了国人对西方科技的兴趣，其发行数量之多、范围之广，非同期江南制造局译书所能比拟。④ 杨丽君等考察了《格致汇编》的办刊

---

① 段海龙：《〈中西闻见录〉研究》，内蒙古师范大学硕士学位论文，2006 年；段海龙、冯立昇：《〈中西闻见录〉中的两则光学知识》，载《内蒙古师范大学学报》（自然科学汉文版）2005 年第 3 期；段海龙、冯立昇、齐玉才：《〈中西闻见录〉中的物理学内容分析》，载《内蒙古师范大学学报》（自然科学汉文版）2011 年第 2 期；段海龙、冯立昇：《〈中西闻见录〉中天文知识的内容分析》，载《西北大学学报》（自然科学版）2011 年第 2 期。
② 张必胜：《〈中西闻见录〉及其西方科学技术知识传播探析》，载《贵州社会科学》2012 年第 8 期。
③ 朱世培：《〈中西闻见录〉研究》，安徽大学硕士学位论文，2013 年。
④ 王扬宗：《〈格致汇编〉与西方近代科技知识在清末的传播》，载《中国科技史料》1996 年第 1 期。

始末，认为该刊是第一份脱离传播宗教而以传播"格致之学"为主旨的综合性中文科技期刊，其内容虽然以编译为主，但广及数学、物理学、化学、生物学、天文学、地质地理学、医学、工业、农业、商业等各学科、各行业的理论、方法、技术，为中国知识界开辟了一个丰富多彩的科学天窗。[①] 赵中亚、蔡文婷等也阐述了该刊所传播的科学知识，揭示了其在中国近代的科学启蒙意义。[②] 高海等人则比较系统地梳理了《格致汇编》中诸如物质形态、物质运动、万有引力、电学原理、光学原理、科学仪器等有关物理学知识，阐述了其在科技传播、学科建设、科技期刊建设等方面的作用。[③] 王强考察了《格致汇编》的编者与作者群体，认为该刊是由中西人士合作创办、编辑完成的中国第一份综合性科技期刊，在科学传播实践上，其所刊载的大量科技论著或译介、报道、演讲稿在一定程度上弥补了书籍传播范围小、读者反馈信息少的缺点，成为传播科技知识新的物质载体。[④] 陈圆圆从技术史视角梳理了《格致汇编》中的轻工业技术，一定程度揭示其在提高大众科技认知水平方面的意义。[⑤] 图 3 为《格致汇编》的封面。

**图 3 《格致汇编》封面**

① 杨丽君、赵大良、姚远：《〈格致汇编〉的科技内容及意义》，载《辽宁工学院学报》2003 年第2 期。

② 赵中亚：《〈格致汇编〉与中国近代科学的启蒙》，复旦大学博士学位论文，2009 年；蔡文婷、刘树勇：《从〈格致汇编〉走出的晚清科普》，载《科普研究》2007 年第 1 期。

③ 高海：《〈格致汇编〉中物理知识的分析》，内蒙古师范大学硕士学位论文，2008 年；高海、顾永杰：《关于〈格致汇编〉中的重学器研究》，载《山西大同大学学报》（自然科学版）2009 年第 1 期；高海、杜永清：《〈格致汇编〉对晚清物理学的影响》，载《山西大同大学学报》（自然科学版）2010 年第 3期；高海、吕仕儒：《〈格致汇编〉中物理学仪器的引入》，载《山西大同大学学报》（自然科学版）2016年第 1 期。

④ 王强：《〈格致汇编〉的编者与作者群体》，西北大学硕士学位论文，2008 年。

⑤ 陈圆圆：《〈格致汇编〉中轻工业技术及其传播效果探究》，南京信息工程大学硕士学位论文，2015 年。

《益闻录》由上海天主教会创办，后改组为《格致益闻汇报》《汇报》。孙潇等统计了该刊中有关自然科学知识的篇目，结论是它总计载有自然科学类文章878篇，其中地理类占57%、物理类占14%、工程技术类占13%、天文类占10%、其他占6%，增进了国人的西学知识。[①] 张慧民、姚远、魏梦月等考察了《格致益闻汇报》《汇报》的科技传播特色，认为该刊内容丰富，文体形式多样，插图精美，在报道中外时事的同时，又传播了声、光、化、电、矿、医、地以及植物学、动物学、天文学等自然科学知识与技术，予民智开发有积极的影响。[②] 封页见图4、图5。

图4 《益闻录》封页　　　　　图5 《彙报》封页

《万国公报》由美国传教士林乐知创办，其前身为《中国教会新报》和《教会新报》。梁元生、贝奈特、熊月之、王林、邓绍根、雷晓彤等人的著述皆论及《万国公报》在西学东渐中的作用[③]，有谓《万国公报》是"传教士所办报纸杂志中，传播西学内容最多、影响最大"的刊物；有谓"《万国公报》对西学的介

① 孙潇、姚远、卫玲：《〈益闻录〉及其自然科学知识传播探析》，载《西北大学学报》（自然科学版）2010年第1期。

② 张惠民、姚远：《〈格致益闻汇报〉与其科技传播特色研究》，载《西北大学学报》（自然科学版）2012年第6期；魏梦月、姚远：《〈汇报〉与其天文地理知识的传播》，载《西北大学学报》（自然科学版）2012年第2期。

③ 梁元生：《林乐知在华事业与〈万国公报〉》，香港中文大学出版社1978年版；王林：《〈万国公报〉研究》，北京师范大学博士学位论文，1996年；朱维铮：《求索真文明——晚清学术史论》，上海古籍出版社1996年版；邓绍根：《〈万国公报〉传播近代科技文化之研究》，福建师范大学硕士学位论文，2001年；贝奈特：《传教士新闻工作者在中国：林乐知和他的杂志》，广西师范大学出版社2014年版；熊月之：《西学东渐与晚清社会》，中国人民大学出版社2011年版；雷晓彤：《论晚清传教士报刊的西学传播——以〈万国公报〉为例》，载《北方论丛》2010年第2期。

绍是它最有价值的部分，也是它在近代中国产生较大影响的原因之一"；有谓《万国公报》对西方自然科学知识和社会科学知识的宣传，迎合了一部分进步知识分子渴求新知的心理，开启了他们的视野，并"促进了学校教学内容的改革，丰富了各级各类学校的教学内容""促进了教育内容的近代化"；有谓《万国公报》较早地比较全面、系统、准确地传播了西学知识，是"晚清西学东渐的重要媒体"；有谓《万国公报》所载西学知识"曾经是晚清学者文士认识世界的媒介，特别是了解近代西方世界的媒介。"图6为《万国公报》的封面。

**图6　《万国公报》封面**

《格致新报》由法国上海天主教会主办。王雪梅对该刊栏目予以分析，重点介绍了"答问"篇有关内容，认为它具有科学启蒙之功用。① 胡浩宇以该刊为例，考察了晚清科普杂志的发展历程及其影响，认为它不仅是一份科普杂志，更重要的是它以激发和培育民众的科学兴趣、科学素养为志趣，以一种近代科技期刊的"雏形"形态推动了科技知识的传播，尽管其所载科技知识有限，但为此后专门化的科技期刊的创立提供了借鉴。② 田卫方着重考察了该刊的科技内容及意义，认为它进一步拓宽了西学在华的传播途径，既有助于引导民众形成正确的自然观，深化知识分子的科学认知，又推动了中国专业科技期刊的发展。③ 李婧、姚远对该刊所传播的理化和天文、地理学知识进行梳理，其结论是：《格致新报》并非一份纯粹科技期刊，而是一份以理为主的文理综合性期刊，其中合计刊载文章946篇，有关理化内容的篇目161篇，占其总数的17%，有关天文、地理内容的篇目68篇，占其总数的7.1%。其内容大体涵盖声、光、力、热、电、化、地

① 王雪梅：《播撒科学种子的〈格致新报〉》，载《文史杂志》1996年第6期。
② 胡浩宇：《简论晚清科普杂志的发展历程及影响——以〈格致新报〉为例》，载《读与写》2009年第10期。
③ 田卫方：《〈格致新报〉的科技内容及意义》，载《科技情报开发与经济》2009年第7期。

等领域重要知识。与同期其他期刊相比，虽然内容显得零散陈旧，缺乏系统性，但无疑也传播了一些新知，具有重要的科普功能。① 王志强、王晓影考察了该刊的创置、编辑情况，认为与其他科普杂志相比，《格致新报》更关心现实、关心时政，具有开启国人自办科普杂志先河之功。② 戢焕奇等梳理了《格致新报》"答问"栏目里科学知识，其结论是：该栏目共刊载全国 11 省市读者 74 人次的答问信息 242 条，其中物理学的读者来信共 49 条，占总其总数的 20.2%。③ 图 7 为《格致新报》的封面。

**图 7 《格致新报》封面**

《利济学堂报》由浙江瑞安利济医院学堂主办，封面见图 8。胡珠生概述了此刊的创办梗概，认为它上承《时务报》，下启《知新报》《湘学报》和《经世报》等报，"显示出维新运动深入到沿海中小城市，具有一定的广度和深度。"④ 吴幼叶等考察了该刊的刊行情况与基本内容，其基本结论是，从新闻事业史的角度来看，《利济学堂报》成为衔接政治诉求与科技诉求的样本，在思想认识上一

---

① 李婧、姚远：《〈格致新报〉及其理化知识传播新探》，载《西北大学学报》（自然科学版）2010年第 4 期；李婧、姚远：《〈格致新报〉及其天地之学传播》，载《商洛学院学报》2011 年第 4 期。
② 王志强、王晓影：《近代国人自办科普杂志之先河——〈格致新报〉浅议》，载《长春师范学院学报》（自然科学版）2012 年第 12 期。
③ 戢焕奇、刘锋、高怀勇、张谢：《〈格致新报〉答问栏目的科学知识传播》，载《中国科技期刊研究》2013 年第 5 期。
④ 胡珠生：《戊戌变法时期温州的〈利济学堂报〉》，载《浙江学刊》1987 年第 5 期。

定程度刷新了人们的世界观、科学观和政治观，在学术建设上为近代学术的发展提供了制度性的支撑，在传播形式上与利济医学堂、利济医院和心兰书社构成"四位一体、互为支撑的传播组织结构"，兼具教育传播、医疗传播、期刊传播和图书馆传播等多种功能，为其后高校学术科技期刊建设提供可资借鉴的经验。①王睿等着重从传播学角度分析了该刊的特点，认为它不仅是中国高校专业科技学报的滥觞，亦且为中国早期重要中医期刊，其办刊模式及机制在晚清期刊史上别具一格，具有开创性。②陈玉申也认为，该刊是中国高校创办的首份学报，其内容以医学为主但又不囿于医学，兼具学术研究与时政讨论功能，对传播新学、社会改良、思想革新具有推动作用。③

图8　《利济学堂报》封面

《亚泉杂志》是由杜亚泉创办的综合性科技期刊，封面见图9。谢振声考察了该刊的刊行情况，将其认定为中国最早的化学期刊。④苏力、姚远分析了该刊的基本特点，认为它是真正由国人自行创办的内容以化学为主体的最早的综合性自然科学期刊，其诞生标志着自然科学期刊脱离文理综合性期刊而成为专门期

---

①　吴幼叶：《戊戌变法时期温州的〈利济学堂报〉——基于现代报刊视野的描述和分析》，西北大学硕士学位论文，2008 年；吴幼叶、王睿、杜月英、郑俊海、姚远：《最早的高校科技学报〈利济学堂报〉及其中医传播》，载《西北大学学报》（自然科学版）2007 年第 5 期。

②　王睿、姚远、姚树峰、吴幼叶：《晚清〈利济学堂报〉的科技传播创造》，载《编辑学报》2008 年第 3 期。

③　陈玉申：《〈利济学堂报〉考辨——兼论中国校报的起源》，载《新闻界》2007 年第 5 期。

④　谢振声：《我国最早的化学期刊——〈亚泉杂志〉》，载《新闻与传播研究》1987 年第 3 期。

刊。① 高峻考察了该刊的刊行情况与基本内容，认为它系统而具体地报道了当时科技发展的最新动态，既拓展了我国学界视野，又对科技探索有诱导功能，一定程度上推进了自然科学研究的发展，具有承前启后的作用。② 陈镱文、姚远考察了《亚泉杂志》所载"气体液化"知识，认为该刊在中国首次对近代低温物理中的气体液化进行了传播。③

图9 《亚泉杂志》封面

《知新报》是由何廷光、康广仁等人在澳门创办的维新期刊，封面见图10。何靖概述了该刊的创办过程及其所传播的西学知识。④ 汤仁泽、郭明容着重论述了该刊的地位和作用，认为《知新报》积极宣传维新主张，鼓吹变法理论，传播西方科技知识，抨击时弊，为变法维新运动做了宣传，引起了巨大的震动和广泛的社会影响，为推动维新运动起到了明显的作用。⑤ 卢娟考察了《知新报》的创办情况及其与中国教育近代化、中西文化交流的关系，认为该刊"大量及时"地译介了西方科技知识，弥补了同期国内其他报刊"译报则政详而艺略"的不足，

① 苏力、姚远：《中国综合性科学期刊的嚆矢〈亚泉杂志〉》，载《编辑学报》2001 年第 5 期。
② 高峻：《中国最早的综合性自然科技期刊——〈亚泉杂志〉》，载《出版史料》2003 年第 2 期。
③ 陈镱文、姚远：《〈亚泉杂志〉之气体液化传播研究》，载《西北大学学报》（自然科学版）2009 年第 6 期。
④ 何靖：《论澳门〈知新报〉》，载《岭南文史》1988 年第 1 期。
⑤ 汤仁泽：《维新运动时期的澳门〈知新报〉》，载《史林》1998 年第 1 期；郭明容：《浅谈澳门〈知新报〉的进步作用》，载《四川师范学院学报》（哲学社会科学版）1999 年第 4 期。

成为维新派在华南地区的喉舌。① 张惠民、姚远考察了该刊所传播的科技知识及其意义，认为它是清末维新派人士在澳门创办的重要言论报，也是注重科学技术宣传的阵地；它将西方诸如元素周期表、摄影技术、电话电报、汽车、飞机等足以引动国人眼球的重要科技理论和发明创造介绍给中国读者，促进了科技传播，有助于深化国人对近代科学技术的认知。② 董贵成探讨了《知新报》在戊戌维新期间所发挥的作用，认为它们跟踪世界科技发展动态，介绍了最新科技成果，阐述了科技进步对社会的推动作用，揭示了科技发展的社会环境，是维新派进行科技传播的重要阵地。③

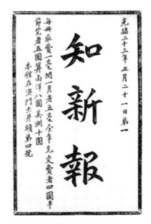

图 10　《知新报》封面

　　《湘学报》是近代湖南的第一份新式报纸，其前身为《湘学新报》，封面见图 11。翟宁从多角度考察了该刊的刊行情况、编辑策略、基本内容和历史地位。基本结论是：该刊所载文章涵盖多种学科，非其他维新派报刊所能比拟，在传播新学、推进改革方面具有重要作用。④ 辛文思、卢刚也考察了《湘学报》的刊行情况与社会影响，认为它是一份以介绍"新学"、鼓吹变法为宗旨的综合性理论刊物，是湖南维新变法的重要舆论阵地。⑤

　　① 卢娟：《晚清澳门〈知新报〉研究》，暨南大学硕士学位论文，2007 年。
　　② 张惠民、姚远：《〈知新报〉与其西方科技传播研究》，载《西北大学学报》（自然科学版）2009年第 6 期。
　　③ 董贵成：《维新派报纸对科学技术的宣传——以〈时务报〉〈知新报〉为舆论中心》，载《自然辩证法研究》2005 年第 2 期。
　　④ 翟宁：《〈湘学报〉研究》，湖南师范大学硕士学位论文，2012 年。
　　⑤ 辛文思：《〈湘报〉和〈湘学报〉》，载《新闻与传播研究》1982 年第 3 期；卢刚：《唐才常与〈湘学报〉〈湘报〉》，载《船山学刊》2003 年第 2 期。

图 11 《湘学新报》封面

　　《关中学报》是创办于陕西三原的一份文理综合性学术期刊，其办刊宗旨重在传播"新道德、新智识、新技艺"，封面见图 12。张惠民既考察了该刊的内容、特色及其历史作用，又阐述了该刊的传播理念和科技传播实践，认为它"在介绍西方的物理学、化学、人体科学、石油、工业制造、电讯等方面起了重要作用，成为传播西方先进科技知识的前沿阵地。"①

图 12 《关中学报》封面

--------

　　① 张惠民：《〈关中学报〉的内容特色及其历史作用》，载《新闻与传播研究》2003 年第 1 期；张惠民：《〈关中学报〉的传播理念及其科技传播实践》，载《河北农业大学学报》（农林教育版）2005 第 4 期。

　　《学桴》为东吴大学堂创办的学术期刊，后更名《东吴月报》，封面分别见图13、图14。王国平等考察了该刊的基本特点和内容，认为它是最早的中国大学学报，揭开了具有现代意义的中国大学创办学术杂志的序幕。① 姚远、亢小玉认为，该刊是我国综合性大学学报的先声，其所载内容涉及科学教育、地理、植物等学科，但创新性、学术性不足。②

图13　《学桴》封面

图14　《东吴月报》封面

　　《点石斋画报》由《申报》馆主办，为中国画报的先声，在西学东渐中发挥了一定的作用，封面见图15。陈平原认为该刊以"画报"体式形象地再现了"时事与新知"，成为一种雅俗共赏西学东渐载体。③ 王斌、戴吾三对该报所载4600余幅图画进行统计分析，认为与科技相关者有280余幅，向读者展示了不少西方的新知，从中可窥到国人对西学的认知情况。④ 桑付鱼研究了《点石斋画报》中的科技图文，认为该刊虽然具有肤浅、臆想、零碎等不足，但毕竟显现了不少科技印迹，扩展了普通民众的视野，具有启蒙作用。⑤ 殷秀成认为，该刊内容丰富，题材广泛，除风土人情、时事新闻外，载有不少科技新知，其图片多达

　　① 王国平、熊月之：《最早的中国大学学报——东吴学报创刊号〈学桴〉解读》，载《苏州大学学报》（哲学社会科学版）2006年第3期；龙协涛：《〈学桴〉扬帆百舸争流》，载《河南大学学报》（社会科学版）2006年第6期。
　　② 姚远、亢小玉：《中国文理综合性大学学报考》，载《中国科技期刊研究》2006年第1期。
　　③ 陈平原：《晚清人眼中的西学东渐——以〈点石斋画报〉为中心》，载陈平原编：《点石斋画报选》，贵州教育出版社2000年版。
　　④ 王斌、戴吾三：《从〈点石斋画报〉看西方科技在中国的传播》，载《科普研究》2006年第3期。
　　⑤ 桑付鱼：《〈点石斋画报〉与晚清社会科技文化的传播》，福建师范大学硕士学位论文，2011年。

260余幅，广人闻见，推进了西方科技在华的传播。① 邓绍根、戴吾三分别以《点石斋画报》中"宝镜新奇"一图为素材，论证了苏州博习医院引进的X光机是中国最早的X光诊断机。② 王馨荣考察了《点石斋画报》里的博习医院旧闻与新知，认为"奇闻""果报""新知""时事"共同构成了该报的主体，其中留有显明的西学东渐印迹。③ 陈超对《点石斋画报》传播的"新知"予以分类统计，认为该刊在"新知传播"上具有高度的"自觉性"，具有形象化、新闻化、趣味化的特征，"既体现了编者与作者的文化理想，也是为了适应上海民众的欣赏口味。"④

图15 《点石斋画报》封面

　　《科学世界》由上海科学仪器馆主办，是国人"自办的较早的综合性自然科学"期刊，封面见图16。谢振声通过考察该刊与上海科学仪器馆的关系，认为其创办与所开展的活动对中国近代科技、科学教育事业和民族工业的发展具有一定的促进作用。⑤ 姚远则论述了该刊的办刊理念及其传播的理化知识，认为《科学世界》是国人所办首份纯粹科学期刊，所载知识涵盖所有自然学科，在我国期

　　① 殷秀成：《中西文化碰撞与融合背景下的传播图景——〈点石斋画报〉研究》，湖南师范大学硕士学位论文，2009年。
　　② 邓绍根：《中国第一台X光诊断机的引进》，载《中华医史杂志》2002年第2期；戴吾三：《1897年苏州博习医院引入简易X光机》，载《中国科技史料》2002年第3期。
　　③ 王馨荣：《〈点石斋画报〉里的博习医院旧闻与新知》，载《档案与建设》2009年第1期。
　　④ 陈超：《〈点石斋画报〉的新知传播研究》，黑龙江大学硕士学位论文，2013年。
　　⑤ 谢振声：《上海科学仪器馆与〈科学世界〉》，载《中国科技史料》1989年第2期。

刊演进史上具有重要意义。① 咏梅、段海龙举列了《科学世界》等刊中若干物理学篇目及其知识点②，王细荣、潘新考察了该刊的基本特点，认为它与此前的《亚泉杂志》《普通学报》一脉相承，具有承继关系，在推进近代科学中国化的进程中具有一定的作用，"不应该被后世所遗忘"。③

图16　《科学世界》封面

此外，还有学者考察了分别由湘、浙留日学生创办于日本东京的《游学译编》和《浙江潮》，封面分别见图17、图18。如杜京容、陈小亮比较系统地分析了《游学译编》的创刊发行情况，阐述了其中所载西学知识及其传播效果。④ 姚远、吕旸分析了《浙江潮》所载科学知识，认为该刊以"输入文明"为己任，介绍了一些理化知识，堪称"近现代史上留学生期刊传播科学思想的成功案例。"⑤

---

① 姚远、卫玲、亢小玉：《〈科学世界〉开创的办刊新理念》，载《编辑学报》2003年第4期；姚远：《〈科学世界〉及其物理学和化学知识传播》，载《西北大学学报》（自然科学版）2010年第5期。
② 咏梅、段海龙：《清末留日学生创办科学期刊中的物理学内容分析》，载《内蒙古师范大学》（自然科学汉文版）2013年第1期。
③ 王细荣、潘新：《中国近代期刊〈科学世界〉的查考与分析》，载《中国科技期刊研究》2014年第4期。
④ 杜京容：《清末留学生刊物〈游学译编〉研究》，华中师范大学硕士学位论文，2014年；陈小亮：《〈游学译编〉与西学的传播》，湖南师范大学硕士学位论文，2015年。
⑤ 姚远、吕旸：《〈浙江潮〉与其科学思想传播研究》，载《西北大学学报》（自然科学版）2013年第6期；吕旸：《〈浙江潮〉与其科教传播研究》，西北大学硕士学位论文，2014年。

图 17 《游学译编》封面

图 18 《浙江潮》封面

## 三、研究思路

综上所述，学术界从宏微观角度论及晚清期刊尤其是科技期刊与科技知识的传播情况，其主要成就是从总体上阐明了晚清科技期刊的发展脉络和基本特点，特别是对其中某些重要期刊，从创办人、创办机构到创刊宗旨、栏目设置、基本内容以及期刊沿革、编辑策略、社会影响等方面皆予以比较深入的探讨，同时，也不同程度地论及各类科技知识，为进一步研究奠定了基础。但因晚清期刊与科技传播是一个比较大的研究领域，不仅涉及多个学科门类、众多期刊，而且涉及科技传播领域众多环节，故仍留有较大研究空间。概而言之，目前研究成果主要存在如下不足：其一，这些成果主要散见于新闻史、报刊史、出版史、宗教史、中西文化交流史等著述中，并未从科技史视角系统地考察晚清科技知识的传播情况；其二，所利用的资料仅限于少数期刊，未能对刊载科技知识的期刊予以比较全面的梳理；其三，只是零星地、举要式地介绍了一些科技知识，未从整体上对科技知识体系予以考察，专门系统地考察电磁学的著述尚付阙如。

因此，全面梳理晚清期刊所载科技文献，分析其所及知识深度与广度，仍然是晚清期刊史、科技史研究所面临的重要任务。

西学传播是由传播者借传播媒介而将西学传播于众的过程，其中涉及"传播主体（中外译员、学校教习、报刊编辑）、传播机构（译书机构、新式学校）、传播内容、传播方式、传播过程、受众对象、受众反应"等多个环节①。本书显然难以将每一个传播环节都予以充分阐释，故选择"传播内容"这一比较薄弱的研究领域作为研究对象。基于这一认识，本书拟按如下思路来考察晚清电磁学的传播历程。

第一，力求系统地摸查晚清期刊中电磁学篇目的刊载情况，以期在文献上更全面地展现电磁学的传播概貌。

第二，通过这些电磁学篇目来分析其所含内容，以期更深入地揭示晚清电磁学研究与传播所达到知识程度。

第三，以电磁学理论与应用为基本线索，逐次梳理其相关知识，以期更清晰地展示晚清电磁学的知识结构。

简而言之，与既往研究相比，本书考察的重点和难点不在传播主体、传播机构和传播媒质，而在电磁学知识体系和结构。在西学东渐过程中，无论是传播主体、传播机构，抑或是传播媒质、传播方式，不过是西学得以东渐的实施者和传播途径，而非西学本身。只有阐明电磁学的知识体系和结构，才能更深入地了解当时我国物理学的发展水平，才能有助于更深入地了解中国学科近代化的历程。

---

① 熊月之：《西学东渐与晚清社会》，中国人民大学出版社 2011 年版，第 2 页。

# 第一章

# 晚清期刊及其所载电磁学篇目

晚清期刊门类众多，本书既拟通过期刊资料来梳理电磁学知识的传入情况，有必要先行厘清晚清主要有哪些期刊载有电磁学知识，晚清期刊主要刊载了哪些电磁学篇目。

## 第一节　晚清刊载物理学知识的期刊

电磁学是研究电磁现象及其规律和应用的物理学分支学科。中国物理知识和技术虽然源远流长，但以"物理学"（Physics）为名而存在的物理学科则始于晚清。笔者以"物理"为关键词，对上海图书馆编《晚清期刊全文数据库》（1833～1911）进行检索，其题名中含有"物理"一词者计 101 篇。文献显示，至迟在 1898～1899 年我国开始出现以"物理"为术语的学科概念，1900 年后这一概念又进一步被人认可，1908 年商务印书出版的由官方审订的《物理学语汇》将物理学正式确定为通用学科名词。

晚清约略出版各类中文期刊 2000 多种[①]，电磁学知识主要载于刊载物理学知识的科技期刊和某些综合性期刊中，其中到底有多少种期刊载有物理学内容，迄无定论。姚远等编著的《中国近代科技期刊源流》着重概述了 1815～1911 年出版的 36 种科技期刊[②]，谢清果著《中国近代科技传播史》开列了晚清 27 种重要科技期刊[③]，王伦信等著《中国近代民众科普史》表列了清末国人主办的 15 种

---

① 晚清时期所出版的期刊数量，学界尚未有统一认识。上海图书馆编《晚清期刊全文数据库》共收录 1833～1911 年间出版的 300 余种期刊；史和等编《中国近代报刊名录》共收录 1815～1911 年间国内外出版的中文报刊 1753 种和国内出版的外文报刊 136 种，合计 1889 种。笔者据目前刊行的主要报刊文献资料及有关研究著作统计，1815～1911 年，国内外出版的中文报刊（含汉文和少数民族文字）约计 2000 余种（期刊更名单独计）。
② 姚远、王睿、姚树峰等编著：《中国近代科技期刊源流》（上），山东教育出版社 2008 年版。
③ 谢清果：《中国近代科技传播史》，科学出版社 2011 年版，第 362～364 页。

重要科技期刊①。这些期刊多数载有物理学方面的知识，在科技传播中占有重要地位。据笔者初步摸查，晚清至少有 95 种期刊载有比较多的物理学文献，其中或多或少涉及电磁学知识，其刊行简况见表 1 - 1。

表 1 - 1　　　　　　　　　　　晚清刊载物理学知识的期刊②

| 序号 | 期刊名称 | 创刊时间与地点 | 简况 |
|---|---|---|---|
| 1 | 《遐迩贯珍》 | 咸丰三年六月二十七日<br>香港 | 月刊。马礼逊教育会③主办，英国伦敦传道会承印，传教士麦都思（Walter Henry Medhurst Medhurst）、奚礼尔（Charles Batte Hillier）、理雅各（James Legge）先后主编。其创刊主旨是增广华人闻见，"为华夏格物致知之一助"。内容以阐扬西方政治、经济、史地、科技之文章为主，间刊中外新闻及广告。咸丰六年三月二十七日停刊 |
| 2 | 《六合丛谈》 | 咸丰七年正月初一日<br>上海 | 月刊。墨海书馆印行。英国伦敦传道会教士伟烈亚力（Alexander Wylie）主编，教士慕维廉（William Muirhead）、艾约瑟（Joseph Edkins）、韦廉臣（Alexander Williamson）等编撰，王韬等笔述。其办刊宗旨是"通中外之情、载远近之事、尽古今之度"，内容除教义、新闻、商情外，还载有自然科学知识。同年十二月停刊 |
| 3 | 《中外新闻七日录》 | 同治四年正月初七日<br>广州 | 周刊。英国伦敦传道会教士湛约翰（John Chalmers）创办、主笔，英国教士丹拿（Rev. Turner）、美国教士丕思业（Charles Finney Preston）等先后接编。其办刊宗旨是传播格致知识，增广民众闻见，主要刊载中外新闻、科技知识和商业广告以及文艺、宗教等。同治九年停刊 |
| 4 | 《中国教会新报》 | 同治七年七月十九日<br>上海 | 周刊。美国基督教监理会教士林乐知（Young John Allen）创办、主笔，英国传教士慕维廉、艾约瑟等协办。上海林华书院出版发行。所载内容以教义为主，亦有理化知识、时政要闻和商业行情等。同治十一年七月更名为《教会新报》，林乐知主编，华美书馆印行。所载内容包括政事、教务、新闻、杂录、格致等。同治十三年七月二十五日改名为《万国公报》 |

---

①　王伦信、陈洪杰等：《中国近代民众科普史》，科学普及出版社 2007 年版，第 89~90 页。

②　本表主要依据晚清报刊和有关研究著作，如戈公振著《中国报学史》、上海图书馆编《中国近代期刊篇目汇录》、方汉奇著《中国近代报刊史》、方汉奇编《中国新闻事业编年史》、方汉奇主编《中国新闻事业通史》、史和等编《中国近代报刊名录》等资料编制。如遇期刊更名，一般只列其中一种，如《学桴》更名为《东吴月报》，只列《学桴》条目，不另列《东吴月报》。个别报刊如《万国公报》，虽由《教会新报》更名而来，因其影响力很大，则单列条目。

③　马礼逊教育会（The Morrison Education Society）是在英商查顿（William Jardine）和颠地（Laneelot Dent）等人倡议和组织下于 1836 年在广州成立的教育协会。该协会于 1839 年创办马礼逊学校，将西方教育理念及教育模式系统地引入中国。此后，在华各差会纷纷效仿，创办教会学校，培养了不少新式人才。

续表

| 序号 | 期刊名称 | 创刊时间与地点 | 简况 |
|---|---|---|---|
| 5 | 《申报》 | 同治十一年三月二十三日 上海 | 初为两日刊，后改为每周六刊、日刊。英商美查（Ernest Major）等合股创办，宣统元年后改由国人主办。以"辟新奇、广闻睹"，"将天下可传之事，通播于天下"为办刊宗旨，晚清蒋芷湘、钱昕伯、何桂笙、黄协埙、金剑华、张继斋等先后主笔。除全录京报外，刊载论说、新闻、文艺、广告等内容，其中载有科技知识。一九四九年五月二十七日停刊 |
| 6 | 《中西闻见录》 | 同治十一年七月 北京 | 月刊。京都施医院主办。美国北长老会传教士丁韪良（William Alexander Parsons Martin），英国传教士艾约瑟、包尔腾（John Shaw Burdon）等主笔。以刊载天文、地理、水利、数学、物理、医学、制造等知识性文章为主，另设各国近事、杂记、寓言等栏。图文并茂。光绪元年七月停刊 |
| 7 | 《小孩月报》 | 同治十三年正月 广州 | 月刊。美国北长老会传教士嘉约翰（John Glasgow Kerr）创办。翌年，由美国北长老会传教士范约翰（John Marshall Willoughby Farnham）接办，迁至上海出版，由清心书院发行。其办刊宗旨是："俾童子观之，一可渐悟天道，二可推广见闻，三可辟得机灵，四可长其文学。"设有格致、博物、传记、诗歌、故事等栏目。光绪七年改名《月报》 |
| 8 | 《万国公报》 | 同治十三年七月二十五日 上海 | 周刊。由《教会新报》更名而来。林乐知主编，范祎、任廷旭襄理。华美书馆印刷。其办刊主旨是推广西方"一般进步知识"，主要刊载论说时评、中外新闻、经济动态、科学知识等内容，被誉为"西学新知之总荟"。光绪九年六月休刊。光绪十五年正月复刊，改月刊，以同文书会（后称广学会）为依托，林乐知、英国浸礼会教士李提摩太（Timothy Richard）以及国人沈毓桂、蔡尔康等主笔，以敦政本、登中西互有裨益之事为主旨。晚期设社论、时局、译谈、外稿、杂著、智丛等栏目，其中多含科技知识。光绪三十三年十一月停刊 |
| 9 | 《格致汇编》 | 光绪二年正月二十三日 上海 | 月刊，后改季刊。其前身为《中西闻见录》。英国圣公会传教士傅兰雅（John Fryer）创办、主编。其办刊宗旨是传播西学、开聪益智，"冀中国能广兴格致，至中西一辙尔。"刊有格致、格物、新式机械、工艺、天文、地理等文，另设算学奇题、格物杂说、互相问答等栏。其间因故两度停刊，而后复刊。光绪十八年冬停刊 |

续表

| 序号 | 期刊名称 | 创刊时间与地点 | 简况 |
|------|----------|----------------|------|
| 10 | 《益闻录》 | 光绪四年十一月二十三日 上海 | 半月刊,后改为周刊、每周两刊。上海天主教会创办,《益闻报》馆发行,土山湾印书馆①承印。李杕主编,后聘周镳协助。其办刊宗旨为"使阅者知西学而识时务"。设谕旨、耶稣传录、奏折记件、京报照录、伦敦电音、西报译登、东报译登等栏,内容以科学和时事为主。光绪二十四年七月初一日与《格致新报》合并,更名为《格致益闻汇报》 |
| 11 | 《花图新报》 | 光绪六年五月初一日 上海 | 月刊。美国北长老会传教士范约翰创办。清心书院印行。其内容系以图画为形式,表现有关圣经故事、中外新闻、科学技术和文学等方面的知识。翌年自第二卷开始更名为《画图新报》。民国三年更名《新民报》 |
| 12 | 《点石斋画报》 | 光绪十年四月十四日 上海 | 旬刊。《申报》馆主办,吴友如主编,点石斋印书局刊行。其办刊方式为"仿照西人成式,一切新闻采皆自中外各报",所载多为时事、人物、社会风情等,上文下图,内含科技知识。随《申报》附送,亦单独发行。光绪二十四年停刊 |
| 13 | 《益文月报》 | 光绪十三年正月 汉口 | 月刊。其前身为创刊于光绪九年的《武汉近世编》。基督教伦敦圣教书会主办,汉口伦敦会医院医师杨鉴堂等撰述。所载主要内容一为天文、地理、格物、医学等知识;二为新法、新知、新闻;三为诗词、歌赋等文学作品 |
| 14 | 《中西教会报》 | 光绪十七年正月 上海 | 月刊。同文书会主办,林乐知主编。以阐释教义及传播教会信息为主。设论说、喻道要旨、播道事并清单、新闻、杂事等栏。光绪十九年十一月停刊。光绪二十年十二月复刊,改由广学会主办,美人卫理(Edward Thomas Williams),英人高葆真(William Arthur Comaby)、华立熙(W. Gilbert Walshe)、莫安仁(Fvan Morgan)等先后主编。设论说、妇孺要说、教会新闻录、时事杂载等栏,其中载有科技知识。宣统三年十一月更名《教会公报》,设图画、论说、经筵、译者、察经、故事、小说等栏。一九一七年二月停刊 |

---

① 土山湾印书馆是"中国天主教最早、最大的出版机构",主要出版宗教书刊、经本、图像、年历、教科书以及中、英、法、拉丁文书籍。

续表

| 序号 | 期刊名称 | 创刊时间与地点 | 简况 |
|---|---|---|---|
| 15 | 《知新报》 | 光绪二十三年正月二十一日 澳门 | 五日刊。维新人士创办，何廷光、康广仁总理，梁启超、徐勤、林旭、麦孟华等撰述，并有外国人参与其事。其办刊宗旨是仿《格致汇编》之例，译述西方工矿、工艺、格致、政事等知识，以补《时务报》"详于政而略于艺"之不足。主要设上谕恭录、各国近事、京外近事、工事、商事、矿事、农事、格致撮录、路电择录等栏，对科技知识多有介绍。后改旬刊、半月刊。光绪二十六年末停刊 |
| 16 | 《湘学新报》 | 光绪二十三年三月二十一日 长沙 | 旬刊。长沙校经书院发行①。湖南官员江标、徐仁铸、黄遵宪等督办，蔡钟濬总理，唐才常、陈为镒、李钧蒲等主撰。以不谈朝政官常，专门"讲求实学"为宗旨，除登载朝旨、章奏外，设史学、掌故、舆地、算学、商学、交涉等栏，致力于新知的传播。同年十月改名《湘学报》，翌年六月二十一日停刊 |
| 17 | 《集成报》 | 光绪二十三年四月初五日 上海 | 旬刊。文摘报。陈念蕽主办。以讲求时事，博综群言为宗旨，其内容皆摘自中外各报。初未设栏，后陆续开设谕旨、章奏、论说、政事、军事、矿事、农事、商事、工事、杂事、各国电音等栏。次年闰三月停刊 |
| 18 | 《尚贤堂月报》 | 光绪二十三年五月 北京 | 月刊。美国传教士李佳白（Gilbert Reid）倡设的尚贤堂②主办，丁韪良主编。以"益国利民，拓人聪明"为办刊宗旨，所载内容略可分为时论、新学、新闻等类，新学又以格致、富国策和心理学为主，意在"启发愚蒙，增益智慧。"旋而更名《新学月报》，翌年四月停刊 |
| 19 | 《经世报》 | 光绪二十三年七月初五日 杭州 | 旬刊。浙江举人胡道南、童学琦创办。章太炎、宋恕、陈虬等撰述。以宣传变法、介绍西学为办刊主旨。主要栏目有本馆论说、工政、农政、商政、学政、兵政、外交、格致、中外新闻、兴浙文编等。著译兼收。同年十二月停刊 |
| 20 | 《新学报》 | 光绪二十三年七月初十日 上海 | 半月刊。上海新学会与算学会编辑③，算学家叶耀元总撰。以振兴教学、切磋人才为宗旨，以介绍自然科学知识为主，设圣谕广训恭录、算学、政学、医学、博物等栏。翌年十一月停刊 |

① 校经书院由湖南巡抚吴荣光于 1833 年创办于长沙，传授经史之学，提倡经世致用。晚清时借鉴西方教育制度进行改革，创办了《湘学报》和实学会，成为集学校、报刊和学会于一体的文化教育机构。

② 尚贤堂是由美国传教士李佳白创办的文化机构，1894 年在北京宣告成立，为当时重要的传播西学机构。

③ 新学会由算学家叶耀元于 1896 年在上海创立，以"讲求各种新学，译著新书新报，志在扶植世运、砥砺人才"为宗旨。旋而叶耀元在上海又创建算学会。

| 序号 | 期刊名称 | 创刊时间与地点 | 简况 |
|---|---|---|---|
| 21 | 《实学报》 | 光绪二十三年七月二十五日 上海 | 旬刊。王仁俊总理，章炳麟总撰。其创刊宗旨是"讲求学问、考核名实"，办刊思路是"博求通议，广译各报"。设天学、地学、人学、物学四部，内分实学平议、实学通论、章奏汇编、东报辑译、英报辑译、法文书译、实学报馆文编等栏，论及政经、文史、舆地、科技等内容。停刊时间不详 |
| 22 | 《求是报》 | 光绪二十三年八月十一日 上海 | 旬刊。陈季同、陈寿彭等旅沪闽省官绅创办，陈衍、曾仰东主编。以"不著议论"，但求研究实事为办刊主旨。除首载谕旨恭录、末附路透电音外，设内外两编。内编含交涉类编、时事类编、附录等栏；外编含西报译编、西国新译、制造类编、格致类编、泰西裨编等栏。其内容多译自法文。翌年停刊 |
| 23 | 《蒙学报》 | 光绪二十三年十一月初一日 上海 | 周刊。蒙学公会创办[①]，汪康年总董，汪仲霖总理，叶瀚总撰，叶耀元总图绘。以"童幼男女，均沾教化"为宗旨，分上、下编，设教育、卫生、文学、算学、智学、舆地、史学、格致等类，分别向初小、高小之教学提供教法及教材。主要译介日本、西方小学教育术与课本，图文并重。后改为旬刊，分上、中、下编，增加面向中学之部分。出至三十八期后更名《蒙学书报》。光绪二十五年停刊 |
| 24 | 《岭学报》 | 光绪二十四年正月二十日 广州 | 旬刊。潘衍桐、黎国廉等倡办，黎国廉总理，朱淇、康伟奇、潘安叔等撰述，翻译李承恩、尹端模。以考订西学西政之源流与得失为宗旨。设国政、邦交、文教、武务、史学、民事六大门类，以考据之法，分门考察西学西政，采其精华，以供众览。停刊时间不详 |
| 25 | 《格致新报》 | 光绪二十四年二月二十一日 上海 | 旬刊。亦名《格致新闻》。法国上海天主教会主办。朱开甲、王显理主持。商务印书馆承印。其办刊宗旨是传播新学，以"启维新之机"。设有格致初桄、格致新义、答问、论说、时事新闻等栏目，所涉内容包括数学、物理、化学、生物、医药、舆地、矿学、军事及政治、经济、法律等。同年七月初一日与《益闻录》合并，易名为《格致益闻汇报》 |

----

① 蒙学公会由汪康年、曾敬贻、叶瀚、王钟霖等于1897年创建于上海，其宗旨是开展启蒙教育，"务欲童幼男女，均沾教化。"

续表

| 序号 | 期刊名称 | 创刊时间与地点 | 简况 |
| --- | --- | --- | --- |
| 26 | 《格致益闻汇报》 | 光绪二十四年七月初一日 上海 | 每周发行二号。由《格致新报》与《益闻录》合并而来。耶稣会主办，李杕主编。其办刊宗旨是，讲求传播新学，以达到"阅者知西学而识时务"的目的。主要设有论说、时事新闻、科学问答、格致新义、电音汇译等栏目，其内容多连载西方物理、生物、动物、天文、地理、医学等类书籍。光绪二十五年七月初四日更名《汇报》，分为两刊出版：一刊为《汇报/时事汇录》，一刊为《汇报/科学杂志》；宣统元年两刊合并，仍名《汇报》；三年停刊 |
| 27 | 《亚泉杂志》 | 光绪二十六年十月初八日 上海 | 半月刊，后改月刊。综合性自然科学期刊。亚泉学馆主办，杜亚泉主编。其办刊宗旨是刊载数理化农工商各科知识技术，推动新学的传播，其内容以化学类文献居多。翌年四月二十三日停刊 |
| 28 | 《教育世界》 | 光绪二十七年三月二十一日 上海 | 旬刊，后改半月刊。罗振玉、王国维创办。其创刊宗旨是："引诸家精理微言以供研究""载各国良法宏规以资则效""录名人嘉言懿行以示激劝"。初设文部、文篇、学校、译篇、卫生等栏，后又增设论说、代论、译述、视学报告、学术史等栏。初以翻译日本教育著述为主，后兼及英、美。所载内容不仅包括学校管理、学校学制、教育史、教育思想，而且也论及科学技术知识。光绪三十三年末停刊 |
| 29 | 《南洋七日报》 | 光绪二十七年八月初三日 上海 | 周刊。孙鼎、陈国熙、赵连壁主办。以"去新旧党援、泯中西畛域"为办刊宗旨，除广告外，设本馆论说、时事（内政、外交、理财、经武、格物、考工、杂附）、汇论、算学、译编、奏疏、课艺、附件等栏。翌年三月停刊 |
| 30 | 《普通学报》 | 光绪二十七年九月 上海 | 月刊。杜亚泉主编，普通学书室刊行。设有文学科、史学科、经学科、算学科、博物学科、格物学科、外国语学科等栏，内容不仅涵盖自然学科，也包括文史哲、时政、管理等人文社会学科，可谓一种综合性杂志。翌年四月停刊 |
| 31 | 《选报》 | 光绪二十七年十一月初一日 上海 | 旬刊，后改为每月四期。文摘报。蒋智由、赵祖德倡办，蒋智由、王慕士先后主编。以增益学界同志普通智识为宗旨。设论说、谕旨、内政纪事、外交纪事、地球各国纪事、所闻录、工业志略、经济备览、筹远集、醵庐杂录、国风集等栏，内含科技知识。光绪二十九年八月初一日停刊 |

续表

| 序号 | 期刊名称 | 创刊时间与地点 | 简况 |
|---|---|---|---|
| 32 | 《新民丛报》 | 光绪二十八年正月初一日 横滨 | 初为半月刊，后为不定期发行。梁启超创办并主编，冯紫珊负责编辑兼发行，蒋智由、韩文举、麦孟华、马君武等撰稿。创刊宗旨是，"广罗政学理论以为智育之本原""养吾人国家思想"。所设栏目众多，要者为学说、学术、教育、地理、史传、政治、财政、法律、农工商、译述、名家丛谈等，其中述及科学技术知识。光绪三十三年十一月十五日停刊 |
| 33 | 《政艺通报》 | 光绪二十八年正月十五日 上海 | 半月刊，后改月刊。邓实等创办。邓实、马叙伦等先后主编。以论政言艺，通古今中外，了然兴利革弊为办刊宗旨。设立上下两篇：上篇言政，内含政学文编、内政通纪、外政通纪、政书通辑、政艺文钞、政治要电等内容；下篇言艺，内含艺事通纪、艺学文编、艺书通辑等内容。光绪三十四年二月十五日停刊 |
| 34 | 《真光月报》 | 光绪二十八年正月 广州 | 月刊。美国基督教南浸信会传教士湛罗弼（Robert Edward Chambers）创办、总理，美华浸信会书局印行，廖云翔、陈新民等协理。办刊宗旨是，报道教会消息，发扬"基督真理辉光"，兼述格致新闻。主要设立论说、格致、新闻、杂说等栏目，其中多有科技知识介绍。后更名为《真光杂志》；光绪三十二年易名《真光报》；一九一六年易名《真光》；一九一七年又复名《真光杂志》；一九四一年停刊 |
| 35 | 《经济丛编》 | 光绪二十八年二月十五日 北京 | 半月刊。北京华北译书局编辑出版。办刊宗旨是，经纶天下，博世济众。主要栏目有格致、教育、理财、农工商、法律、舆论等，其中述及科技知识。光绪三十年三月二十九日，易名《北京杂志》，旋而停刊 |
| 36 | 《鹭江报》 | 光绪二十八年三月二十一日 厦门 | 旬刊。英传教士山雅各（James Sadler）在英领事馆支持下创办、主编，马约翰、胡修德、冯葆瑛、陈梦坡、连横等编辑。设论说、谕旨恭录、紧要奏折、中国时务、外国时务、本埠近事、闽峤近事、西文译编、电音汇录等栏及广告，载有科技知识。光绪三十一年停刊 |
| 37 | 《通问报》 | 光绪二十八年五月初六日 上海 | 周刊。美国基督教长老会主办，传教士吴板桥（SamuelI Isett Woodbridge）主持，陈春生主编。华美书馆印刷。设教会纪闻、信徒记传、瀛寰丛录、益智丛录、经题讲义、小说、圣日学课等栏，载有科技知识。一九五〇年十二月停刊 |

| 序号 | 期刊名称 | 创刊时间与地点 | 简况 |
|---|---|---|---|
| 38 | 《新世界学报》 | 光绪二十八年八月初一日 上海 | 半月刊。赵祖德主办，有耻氏发行，陈黻宸总撰，马叙伦、杜士珍、汤尔和等撰稿。其办刊宗旨是，汇通古今中外学术，吸纳学界最新成果，"以传诸人，以垂诸后。"其内容总计设有十八栏，即经学、史学、心理学、伦理学、政治学、法律学、地理学、物理学、理财学、农学、工学、商学、兵学、医学、算学、辞学、教育学和宗教学，比较完整地体现了近代学科体系。翌年四月初一日停刊 |
| 39 | 《大陆》 | 光绪二十八年十一月初十日 上海 | 初为月刊，后改半月刊。又名《大陆报》。作新社主办。戢翼翚主编，杨廷栋、秦力山、雷奋、杨荫杭、陈冷等编撰。设插画、社说、论说、学术、谭丛、史传、寄书、中国纪事、外国纪事、文苑、杂俎、小说、新著批评、讲筵等栏，载有科技知识。光绪三十一年十二月二十五日停刊 |
| 40 | 《北洋官报》 | 光绪二十八年十一月二十六日 天津 | 二日刊。又名《直隶官报》。北洋官报总局主办。其办刊主旨是，启发民智，疏通民情，力除上下隔阂之弊。主要栏目有宫门钞、奏议录要、各国新闻、外省新闻、畿辅近事等栏目，兼具政府公报、新闻报纸、学术刊物三重性质，内容涵盖时政、外交、吏政、户政、农政、兵政、商务、生理、医学等各领域，其中多有探讨中西学术之文章。又在保定、北京设分局出版 |
| 41 | 《湖北学生界》 | 光绪二十九年正月初一日 东京 | 月刊。留日鄂省同乡会主办，刘成禺、李书城等主其事，尹援一、王璟芳、窦燕石等编辑、发行，撰稿者多为鄂籍人士。以"输入东西之学说、唤起国民之精神"为办刊宗旨。设立论说、学说、政治、教育、军事、经济、实业（农学、工学、商学）、理科、医学、史学、地理、小说、词薮、杂俎、时评、外事、国闻和留学纪录等十八个栏目。在武昌、上海、江苏、北京、天津、湖南等多地发行。同年自第六期更名《汉声》，八月停刊 |
| 42 | 《湖北学报》 | 光绪二十九年正月十五日 武昌 | 旬刊。以培智育人、振兴实业为创刊宗旨。主要刊载史地、教育、外交、学务等方面的文章，其内容多译自日本书报。光绪三十一年易名《湖北教育官报》，并改为月刊发行 |
| 43 | 《浙江潮》 | 光绪二十九年正月二十日 东京 | 月刊。留日浙江同乡会主办。孙翼中、蒋方震、马君武等编撰。以"输入文明""发其雄心""养其气魄""汹涌革命潮"等为办刊主旨。设有图画、社说、论说、学说、历史、地理、科学、谈丛、文苑、时评、专件、调查会稿、浙江文献录等栏目。光绪三十年停刊 |

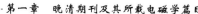

续表

| 序号 | 期刊名称 | 创刊时间与地点 | 简况 |
|---|---|---|---|
| 44 | 《科学世界》 | 光绪二十九年三月初一日上海 | 月刊。上海科学仪器馆创办，化学家王本祥、虞和钦等编撰。其办刊宗旨是传播科学知识，增进"吾民之知识技能"。主要栏目有论说、原理、实习、拔萃、传记、教科、学事汇报等，其内容多为自然科学知识，融知识性和趣味性于一体。翌年停刊，总计出版十七期 |
| 45 | 《童子世界》 | 光绪二十九年三月初九日上海 | 日刊。爱国学社主办，何梅士、吴忆琴等主编，钱瑞香、陈君衍、翁筱印等撰稿。以开通民智，输导文明，"养成童子之自爱爱国之精神"为宗旨。设有论说、时局、史地、理化、博物、小说、诗歌、译丛、专件等栏目。后改为双日刊、旬刊。同年五月二十一日停刊 |
| 46 | 《广益丛报》 | 光绪二十九年三月十九日重庆 | 旬刊。文摘报。正蒙公塾创办，杨庶堪、朱蕴章、胡湘帆、周文钦等编撰。以树新风，振民气为办刊宗旨。设上编、下编、外编和附编四部，其中上编述政事，内含内政、外交等事；下编述学说，内含普编（学派、教育、历史）、专门（格致、来录、丛书）等类。附编包含专件、杂录、来稿等内容。宣统三年十二月初十日停刊 |
| 47 | 《湖南学报》 | 光绪二十九年四月初一日长沙 | 旬刊。湖南省城学报处发行，皮锡瑞、单启鹏、许兆奎、颜可铸等撰稿。以汇录师范馆讲义为主，分统编、章程、经学、伦理、理化、数学、教育、地理、东文学、附录等 |
| 48 | 《经世文潮》 | 光绪二十九年闰五月初一日上海 | 半月刊。上海编译馆辑录，赵祖德发行。设教育、宗教、人种、哲学、史学、政治、社会、国际、殖民、法律、国计、兵、农、商、工艺、文学、地学、理化、医学、美术等二十部，内容皆采自当时各种报刊，基本涵盖所有近代学科。翌年正月三十日停刊 |
| 49 | 《中国白话报》 | 光绪二十九年十一月初一日上海 | 半月刊。林白水创办，镜今书局发行，刘师培等撰稿。以增进下层民众及妇孺学问见识，"鼓吹爱国救亡"为办刊宗旨。设有论说、历史、地理、教育、传记、新闻、时事问答、科学、实业、谈苑等栏目。自第十三期改为旬刊。翌年八月二十九日停刊 |

| 序号 | 期刊名称 | 创刊时间与地点 | 简况 |
|---|---|---|---|
| 50 | 《商务报》 | 光绪二十九年十一月十一日 北京 | 旬刊。官商集资创办。商部郎中吴桐林司理。北京工艺官局印刷科印行。以提倡改良农工商事业，睿商智，厚商财，增国力为宗旨。除广告外，设上谕、公牍、论说、浅说、现情（商情）、译述、实业、丛谈、小说等栏，其中载有科技知识。光绪三十一年十二月十一日停刊，三十二年四月初五日，改出《商务官报》，商部商务官报局出版，章宗祥主持。以发表商部之方针，启发商民之智识，提倡商业之前途，调查中外之商务为宗旨。设论说、译录、公牍、法律章程、调查报告、专件、记事、附录等栏。宣统三年七月停刊 |
| 51 | 《湖广月报》 | 光绪二十九年十一月十四日① 汉口 | 月刊。英国伦敦传教会教士杨格非（Griffith John）总理，教士计约翰（John Archibald）助编，林辅华、丁韪良、王理堂等撰稿。汉口圣教书局刊行。主要登载格致、时事新闻、教会纪闻、文学等内容 |
| 52 | 《大同报》 | 光绪三十年正月十四日 上海 | 周刊，后改为月刊。广学会主办，英国传教士高葆真（William Arthur Comaby）、莫安仁（Evan Morgan）等主编和主笔，以"交换知识、输入文明"为宗旨。设图画、论著、宪政、学政、农政、路矿、天文、地舆、各国风俗物产图表、上谕等栏，以西报、西书选译著称。一九一五年后改为《大同月报》，一九一七年停刊 |
| 53 | 《四川官报》 | 光绪三十年正月二十一日 成都 | 旬刊。锡良拨款创办，四川官报书局发行，总办陆钟岱，总纂龚道耕。称以宣德通情启发民智为宗旨。设谕旨、奏议、公牍、论说、新闻、专件、演说、附录等栏。宣统三年正月二十一日改出《四川五日官报》，成为公布法令之机关报。设谕旨、奏议、公牍、吏治门、军政门、民政门、司法门、教育门、实业门、边务、附录等栏，取消新闻、论说、演说等。宣统三年九月二十一日停刊 |
| 54 | 《东方杂志》 | 光绪三十年正月二十五日 上海 | 月刊。商务印书馆主办。李圣五、徐珂、孟森、杜亚泉等先后主编。以"启导国民，联络东亚"为宗旨。初以分类摘选各报时事、文件为主，间刊自撰文稿。后陆续辟有社说、时评、选论、内务、外交、军事、教育、财政、实业、交通、商务、宗教、杂俎、丛谈等栏目，宣扬普及教育，发展新学，振兴实业。一九四八年停刊 |

① 一说宣统二年（1910）创刊。

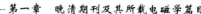

续表

| 序号 | 期刊名称 | 创刊时间与地点 | 简况 |
|---|---|---|---|
| 55 | 《萃新报》 | 光绪三十年五月十四日 金华 | 半月刊。文摘报。由金华革命党人张恭、刘焜、蔡汝霖、金兆銮等创立的龙华会主办、主编，办刊宗旨是"集英荟华"，开通民智，增进"浙东上游一般士人德、智、力"水平。辟有论说、上谕、学说、哲理、政法、教育、军事、舆地、史传、计学、实业、科学、卫生、时论、专件、丛谈、文苑、纪事以及附录等栏。仅刊行六期，更名《东浙杂志》刊行；旋又更名《浙源汇报》 |
| 56 | 《日新学报》 | 光绪三十年六月 东京 | 月刊。留日学生主办。以向国人传播新学知识，"促东洋之进步"为宗旨，设论说、教育、地理历史、理学、法制经济等栏，间刊照片及插图 |
| 57 | 《海外丛学录》 | 光绪三十年八月二十日 东京 | 月刊。云南官派留日学生由宗龙、刘昌明、陈治恭等创办，在东京编辑，昆明官书局印行。以资学识、开民智为宗旨。辟有论说、政治、外交、武备、实业、理财、教育、科学、卫生、史地、日俄战事记、东京闻见录、中外近事、杂俎、余录等十几个栏目，内容以译述为主，东西方之"佳书"、各学校之"讲义"、各国内政、外交、新闻等皆有所录。停刊时间不详 |
| 58 | 《青年爱》 | 光绪三十年八月 九江 | 半月刊。白话报。江西教育会所属青年爱社主办。以传播新知，增广闻见为宗旨。罗惺予等主笔。辟有论说、理化、算学等有关科学技术栏目 |
| 59 | 《福建白话报》 | 光绪三十年九月初一日 福州 | 半月刊。总发行所设上海。公孙、忍杞、宗敬等编撰。办刊宗旨是"专门开通福建妇女儿童及农工商兵等人的智识"。辟有论说、批评、学术、调查、地理、历史、军事、纪事、专件等十余个栏目，其中载有科技知识。停刊时间不详 |
| 60 | 《江西白话报》 | 光绪三十年 九江 | 半月刊。军国民教育会会员、江西留日学生张世膺主编。设论说、国文、历史、地理、伦理、体操、教育、理化、算学、实业、小说、唱歌、和文、英文、新闻、时评等栏。旋而停刊 |
| 61 | 《教育杂志》 | 光绪三十年十二月初一日 天津 | 半月刊。直隶学务处主办，后由直隶学务公所接办。其办刊趣旨是传播教育政策法规，介绍教育动态，探讨学术问题，推进教育发展。辟有论说、学术、讲义、学制、教授管理等栏目。光绪三十二年四月初一日，易名为《直隶教育杂志》 |

| 序号 | 期刊名称 | 创刊时间与地点 | 简况 |
|---|---|---|---|
| 62 | 《北洋学报》 | 光绪三十年 天津 | 周刊，后改为五日刊。北洋官报总局编印的政府官报，附属于《北洋官报》。设甲、乙、丙三编，甲编专论学术问题，乙编专论政艺问题，丙编专录科学问题。其内容总体上以传播新知为主导，学术性较强。同年八月与《法政杂志》合并，易名《北洋法政学报》 |
| 63 | 《直隶白话报》 | 光绪三十一年正月初一日 保定 | 半月刊。综合性的普及读物。两江会馆所属两江师范学堂主办。吴樾主编，撰稿者多为皖籍人士。办刊主旨是"开通民智，提倡学术。"辟有社说、学术、格致、历史、地理、实业、教育、卫生、军事、调查、传记、小说、丛谈、译丛等二十余栏，内含不少科技知识。同年八月停刊 |
| 64 | 《四川学报》 | 光绪三十一年二月初一日 成都 | 半月刊。四川学务处创办，本省提学使方和斋经理，四川学务公所编辑刊行，龚道耕、窦兆熊、昊天成、邹宪章供稿。其办刊主旨是启发民智，推进实业，促民励学自强。主要刊载奏章、论说、讲义、译文等类内容，其中载有科技知识。光绪三十三年九月，更名《四川教育官报》，仍由四川学务公所编辑、发行，办刊宗旨、栏目设置大略同前，其中，学术类内容多采自日本教材，载有科技新知。后改周刊发行 |
| 65 | 《湖北官报》 | 光绪三十一年三月初一日 武昌 | 初为旬刊，后改月刊。湖广总督张之洞饬办，江汉关道梁嵩生总办，进士任树滋总纂述。办刊宗旨是："崇正黜邪""益智愈愚""征实辩诬"，以"正人心、增学识"。辟有论述、科学、实业、政务、要闻、国粹、纠谬、杂纂等十五栏，内含科学新知。宣统三年停刊 |
| 66 | 《重庆商会公报》 | 光绪三十一年七月十五日 重庆 | 旬刊，后改周刊。重庆总商会主办。设阁抄、公牍、厘税、论说、商情、物价、采报、案件、录要、余谈、拾遗等栏，后陆续增设、改设实业、科学、要件、调查、纪实、商政界、商学界、商史、算学、来稿、白话、文苑、小说、杂姐等栏。宣统元年十一月十四日停刊 |
| 67 | 《醒狮》 | 光绪三十一年九月初一日 东京 | 月刊。留日学生主办。高天梅主编，主撰有柳亚子、马君武、陈去病等。办刊宗旨是，传播学术、研究时政，以达诛暴君、除盗臣之目的。辟有论说、学术、医学、教育、军事、政法、文艺、时评等栏目。翌年五月停刊 |

| 序号 | 期刊名称 | 创刊时间与地点 | 简况 |
|---|---|---|---|
| 68 | 《北直农话报》 | 光绪三十一年十一月初一日 保定 | 半月刊。简称《农话报》。直隶高等农业学堂主办，梁恩钰、张家隽等主编。以改良旧法、增长农家见识、振兴中国农业为办刊宗旨。辟有社说、农艺化学、农产制造、气象、肥料、土壤、蚕产、畜产、森林、园艺、植物病理、算学、博物、格致、调查、纪事等二十多个栏目，"凡与农业无关者，概不登录。"其中载有不少数学、物理学、化学、生物学方面等与农业有关的新学理、新方法、新技术。光绪三十四年改名《直隶农务官报》 |
| 69 | 《通学报》 | 光绪三十二年正月初八日 上海 | 旬刊。广学会主办，任廷旭主编，范祎、吕成章等编辑。以通中外，通古今，兼日报、白话报、专门学报之长为办刊趣旨。辟有算学、电学、植物、动物、医学、卫生、天文、地理、理化、历史、德育、汉文、英文等十几个栏目，对自然科学知识多有介绍。宣统元年正月十一日易名《通学月报》，并改为月刊出版 |
| 70 | 《直隶教育杂志》 | 光绪三十二年四月初一日 天津 | 半月刊。由《教育杂志》更名而来。直隶学务公所创办。陆费逵、朱元善、李石岑、何炳松、李季等先后主编。辟有言论、学术、实验、教授资料、教育人物、教授管理、教育法令、名家著述、质疑问答、杂录别录等栏目，重在译介日本与西方教育思想、教育制度，也刊有自然科学知识。宣统元年二月初一日更名为《直隶教育官报》 |
| 71 | 《北清烟报》 | 光绪三十二年五月 上海 | 月刊。上海英美烟草公司主办，上海群益印刷编译局承印。除香烟广告外，设代论、闻见录、谈丛、觞政、海外杂俎、长生术、谐谈、益智集、新小说、琐事杂志、示谕照登等栏，内含科技知识。一九一九年后，曾同时在该公司天津等烟厂出版 |
| 72 | 《关中学报》 | 光绪三十二年六月初一日 三原 | 半月刊。关中书院主办。以运转文明，有资于办学、教学工作为创刊宗旨。主要辟有论说、哲学、历史、地理、理科、教育、实业、政治、要闻等栏目，所载知识与教学管理、教学内容密切相关。其主要编辑兼撰（译）稿者有胡均、张秉枢、王世德等 |
| 73 | 《学桴》 | 光绪三十二年六月 苏州 | 月刊。东吴大学堂文理学院所属东吴学报社编辑，东吴大学堂学生会出版科出版。辟有论说、时事、学科、译丛、丛录、杂志、图画等栏目。其中"学科"栏述及天文、地理、数学、物理、化学、生物、心理等多个自然学科方面的知识。自第二期更名《东吴月报》，后又复名《学桴》，民国二年又更名《东吴》。嗣后又多次更名。其间由月刊改为双月刊、季刊 |

续表

| 序号 | 期刊名称 | 创刊时间与地点 | 简况 |
|---|---|---|---|
| 74 | 《南洋兵事杂志》 | 光绪三十二年八月初一日 江宁 | 月刊。简称《兵事杂志》。两江督练公所创办，徐绍桢、陶骏保、万德尊、齐国璜等新学之士撰译。其办刊主旨是，传播军事有关新知，启发军人灵性，培育尚武精神。主要辟有学术、通论、战史、战术、军事小说、调查录、卫生、精神教育等栏目，其中载有自然科学知识 |
| 75 | 《竞业旬报》 | 光绪三十二年九月十一日 上海 | 旬刊。白话报。竞业学会主办。傅熊湘、张丹斧、胡适先后主编。称以振兴教育、提倡民气、改良社会、主张自治为宗旨。设社说、论说、学术、译稿、传记、实业、军事、小说、时闻、时评、文苑、歌谣、谭苑、专件、广告等栏。第十期后，休刊年余。宣统元年正月出至第四十一期 |
| 76 | 《新译界》 | 光绪三十二年十月初一日 东京 | 月刊。中国留日学生主办，范熙壬总理，谷钟秀、刘赓澡、席聘臣、范熙壬等编辑，汤化龙、景定成、周锺岳等译述。以研究实学、推广公益为宗旨。辟有文学、理学、政法、教育、外交、军事、时事等栏目，内容译自东西书刊，注重思想性。停刊时间不详，现存七期 |
| 77 | 《教育》 | 光绪三十二年十月十五日 东京 | 月刊。留日学生社团爱智会创办。蓝公武、张东荪、冯世德等撰稿。以"涅毁为心，道德为用，学问为器，利他为宗"为办刊宗旨。辟有社说、学说、科学、思潮、批评、文苑等栏目，内容侧重于教育学、伦理学，也涉及理化、动植物学等自然科学知识。出两期即停刊 |
| 78 | 《理学杂志》 | 光绪三十二年十一月十五日 上海 | 月刊。小说林宏文馆有限合资会社创办。丁初我发行，薛蛰龙主编。以科学之普及、国之富强等为创刊宗旨。辟有论说、理论、学术、历史、工艺、教材、实习、丛录等多个栏目，其中介绍一些理化理论及应用技术。停刊时间不详，现存六期 |
| 79 | 《学报》 | 光绪三十三年正月初一日 东京 | 月刊。留日学生何天柱、梁德猷等编辑，上海学报社发行。辟有数学、理化、博物、生理、卫生、历史、地理、外语、伦理、美术、时事等栏目，侧重于自然科学。翌年六月停刊 |
| 80 | 《科学讲义》 | 光绪三十三年正月初一日 上海 | 月刊。斯学主持，留日学者编辑，以研究传播吸取"世界最新科学"为办刊宗旨。辟有算术、代数、几何、三角、物理、化学、生理、植物、动物、地理、历史、伦理、法制以及外文等栏目，内容基本涵盖近代自然科学各学科 |

续表

| 序号 | 期刊名称 | 创刊时间与地点 | 简况 |
|---|---|---|---|
| 81 | 《振华五日大事记》 | 光绪三十三年三月 广州 | 五日刊。莫梓轹主办，亚槐、愚公等编撰。以启发民智、推进实业、发展公益、改良社会等为办刊宗旨。主要辟有论说、学理、浅说、群言、本省大事、中国大事、世界大事等栏目，载有科学新知内容。同年十二月底停刊，旋而改出《半星期报》 |
| 82 | 《万国商业月报》 | 光绪三十四年三月 上海 | 月刊。上海立发洋行发行，黄赞熙等主笔。以"欲为中国砌富强之础"为宗旨。设图画、社论、商业译论、商务纪闻、实业译论、实业纪闻、财政译论、财政纪闻、路矿纪闻、航业译论、农务译论、农务杂志、新机器、新艺术、杂俎、小说、市价表、告白等栏，内含科技知识 |
| 83 | 《江西农报》 | 光绪三十三年四月初一日 南昌 | 半月刊。江西农务总会主办，乡绅龙钟洢主编。以研究农业理论技术，阐发古代农学义理，师法欧美农学专长，促进全省农业发展为办刊宗旨。辟有农事新闻、学术、论说、编译、试验报告、调查报告、问答等栏目，其内容涉及不少关于农业方面的理化、数学、生物学知识。后改月刊，停刊时间不详 |
| 84 | 《农工商报》 | 光绪三十三年六月十一日 广州 | 旬刊。江宝珩、江猷承主办，广东农工商总局资助出版。以研究发展实业为办刊宗旨。主要刊载农工商发展动态及其理论和应用技术，也载有广告、新闻。翌年十一月停刊，后又改出《广东劝业报》，宣统三年十月改制，另出《光汉日报》，旋而停刊 |
| 85 | 《科学一斑》 | 光绪三十三年六月 上海 | 月刊。留日学生社团上海科学研究会主办，宏文馆出版发行，以探讨学术和介绍新知为主旨。曹祖参、沈丹成等主编，撰稿者多为留日学生。辟有国文、教育、算学、历史、地理、理化、音乐、体操、法政等栏目。内容大部译自日文书报，具有明显的启蒙性。旋而停刊 |
| 86 | 《振群丛报》 | 光绪三十三年十月二十九日 上海 | 月刊。振群学社创办、刊行，李葭荣、王之瑞主编。其办刊主旨是开通民智，培育国民立宪思想。辟有论说、算学、地学、工艺、理化、历史、政法、文苑等栏目，其中多有科技类知识 |
| 87 | 《理工》 | 光绪三十三年十一月十五日 上海 | 月刊。亦名《理工报》。留欧理工科学生在清驻德公使与江、鄂总督资助下创办，宾步程主编。上海商务印书馆印刷发行。以输入理工科学术知识为办刊宗旨，所载内容多为欧洲理工科大学所授知识，有一定的深度 |

续表

| 序号 | 期刊名称 | 创刊时间与地点 | 简况 |
|---|---|---|---|
| 88 | 《新朔望报》 | 光绪三十四年正月初一日 上海 | 半月刊。张无为、立群等编撰。以改良社会、增进学识、代表舆论为宗旨。辟有社说、科学、政治、文苑、商业、智丛等栏目，对科技知识有所介绍。旋而停刊，改出《国华报》 |
| 89 | 《学海》 | 光绪三十四年正月二十八日 东京 | 月刊。北京大学留日学生编译社①创办、编辑，上海商务印书馆发行。以详究学理，输入新知，增进国民知识，有资政界活动为办刊宗旨，提倡学以致用。分甲乙两编，甲编以文法政商方面内容为主，乙编以理工农医方面内容为主。其所介绍的自然科学知识有较强的学术性。甲、乙两编计出九期，即停刊 |
| 90 | 《教育杂志》 | 宣统元年正月二十五日 上海 | 月刊。上海商务印书馆创刊，教育家、出版家陆费逵、朱元善、李石岑等相继主编。以研究教育、改良学务为办刊宗旨。主要辟有社说、评论、学术、实验、调查、文牍、教育人物、教育法令、教授资料、名家著述以及杂纂、文艺等栏目，所涉内容广泛，具有科技传播功能。一九四八年停刊 |
| 91 | 《数理化学会杂志》 | 宣统元年六月 东京 | 双月刊。数理化学会主办。秦沅、陈有丰等编辑。以"图数理化学之进步与普及"为办刊宗旨，辟有数学、物理、化学、杂录、附录等五个栏目，有较强的专业性 |
| 92 | 《龙门杂志》 | 宣统二年二月三十日 上海 | 月刊。上海龙门师范学堂主办。以探讨学务、研究教育为办刊宗旨。设主张、论说、记事、学界大事记、参观心得、课本批评、试教研究、科学、调查报告、教育谭、评论、小说、文苑、杂纂等栏目，含有科学知识 |
| 93 | 《师范讲义》 | 宣统二年五月二十日 上海 | 月刊。上海师范讲习所主办，报人汪诒年主编。以汇集编纂教学资料，辅导培养新学师资为办刊宗旨。连载数学讲义、动物学讲义、论理学讲义、生理学讲义、矿物学讲义、中国历史讲义、中国地理讲义、国文典讲义、教授法讲义、物理学讲义、东西洋史讲义、化学讲义、体操讲义、外国地理讲义、中国地理讲义、管理法讲义、教育史讲义、修身讲义、博物学讲义、植物学讲义、理化学初步讲义以及质疑问答。戴克敦、严保诚、徐傅霖、钟观光、杜亚泉、沈颐、寿孝天等著名学者供稿 |

---

① 北京大学留日学生编译社系由京师大学堂首批派遣的留日学生陈发檀、黄德章、朱深、冯祖荀、王舜臣、王桐龄等27人于1908年发起成立。编译社分为八科，各科设主任两名，负责《学海》的编撰发行。

续表

| 序号 | 期刊名称 | 创刊时间与地点 | 简况 |
|---|---|---|---|
| 94 | 《江宁实业杂志》 | 宣统二年七月二十日　江宁 | 月刊。江宁劝业公所主办，曹赤霞、江酒臣等编撰。设图画、诏令、奏议、文牍、规章、调查、纪事、时评、论说、白话、西文译著、东文译著、文苑、附刊、小说等栏 |
| 95 | 《协和报》 | 宣统二年九月初四日　上海 | 周刊。《德文新报》社主办。德国人芬克（Carl Fink）主持，德国传教士费希礼、白虹先后任主编。以敦促中德友谊、宣传西方的科技文化为宗旨。辟有论说、学术、商务、农务、政治、军事、新闻、丛谈等栏目，载有科技知识。一九一七年停刊 |

上列 95 种期刊系从晚清国内外刊行的 2000 余种中文期刊中摸查统计而来，虽然未必全面精确，但可以反映其大概情形。如是而论，晚清载有物理学知识的期刊在整个期刊中所占比例约达 5%。这些期刊大体可以分为两类。

一类属文理综合性期刊，如《六合丛谈》《万国公报》《中西闻见录》《新世界学报》《东方杂志》《北洋学报》《科学一斑》等，其所载内容虽以新闻、宗教、文史和商业信息等为主，但也不同程度载有声、光、化、电、算之类的科技知识。这些知识虽说只是"一鳞一爪，破碎不完"①，但毕竟具有科普之功，给中国社会注入"新的文明"。特别是在专业性科技期刊尚未诞生时，这些"夹带"着科技知识的综合性期刊更是充当了科技传播的先锋，其作用不容小觑，视之为"科技期刊"亦未为不可。

另一类是以刊载科技知识为主的专业性期刊，如《格致汇编》《科学世界》《亚泉杂志》《学报》《数理化学会杂志》《理工》《学海》等。这些期刊具备较高的专业学术水准，标志着晚清科技传播水平的提高。

综观上述期刊的刊行概况，大略有如下特点。

其一，从创刊者看，上列期刊中由外籍人士创办者 24 种，由本国人士创办者 71 种。外籍人士以传教士为主体，其代表人物有伟烈亚力、慕维廉、艾约瑟、韦廉臣、湛约翰、林乐知、丁韪良、包尔腾、李提摩太、傅兰雅、范约翰、李佳白、湛罗弼、山雅各、吴板桥、杨格非、高葆真等；本国人士以留学生和报人、学者为主体，其代表人物有高天梅、范熙壬、蓝公武、曹祖参、陈丹成、蓝公武、张东荪、宾步成、由宗龙、张世膺、任廷旭、李秋、梁启超、邓实、赵祖

---
① 戈公振：《中国报学史》，上海古籍出版社 2003 年版，第 136 页。

德、孙翼中、蒋方震、马君武、杜亚泉等。1857～1899 年，总计创刊 26 种，其中由外籍人士创办者多达 17 种，约占 65.4%；1900～1911 年，总计创刊 69 种，其中由外籍人士创办者仅 7 种，约占 10.1%。这组数据表明，外籍人士在 19 世纪中国科技传播中占有举足轻重的地位，但进入 20 世纪后其影响力则急剧下降，中国知识分子一跃成为科技传播的主力。

其二，从地域分布看，这些期刊分别创刊于国内外 23 个城镇，其中国内城镇 21 个，国外城镇 2 个，具体情况见表 1 - 2。就国内而言，创办地点多为通商口岸，其中创刊于上海者多达 45 种，约占所列期刊总数的 47.4%；其次为广州，刊行 6 种，约占其总数的 6.3%。就国外而言，10 种期刊创办于东京，约占上列期刊总数的 10.5%。上海为"中国各处通商埠头之冠"，经济发达，"人才之荟萃于此者极多"[1]，"大实业家、大教育家、大战术家、大科学家、大经济家、大文豪家、大美术家，门分类别，接踵比肩也"[2]；东京为东亚著名都市和清末中国留学生集聚之区[3]。二者成为期刊集中创办之地，自在情理之中。

表 1 - 2　　　　　　　　　晚清"科技期刊"地域分布　　　　　单位：个

| 创刊地点 | 数量 | 创刊地点 | 数量 |
| --- | --- | --- | --- |
| 广州 | 6 | 武昌 | 2 |
| 上海 | 45 | 九江 | 2 |
| 福州 | 1 | 保定 | 2 |
| 北京 | 4 | 重庆 | 2 |
| 汉口 | 2 | 金华 | 1 |
| 香港 | 1 | 三原 | 1 |
| 澳门 | 1 | 江宁 | 2 |
| 长沙 | 2 | 南昌 | 1 |
| 杭州 | 1 | 厦门 | 1 |
| 成都 | 2 | 东京 | 10 |
| 苏州 | 1 | 横滨 | 1 |
| 天津 | 4 | 合计 | 95 |

---

① 《综论本年上海市面情形》，载《申报》1887 年 1 月 21 日。

② 苏峰：《人口多而团体少》，载《民立报》1910 年 12 月 10 日。

③ 据估算，1901 年后中国留学生人数逐年增加，到 1905 年达到 8000 多人，为"任何留学国所未有者"。（实藤惠秀：《中国人留学日本史》，谭汝谦、林启彦译，北京大学出版社 2012 年版，第 30～31 页。）

其三，从期刊类别看，大多数期刊为综合性刊物，只有少数期刊为自然科学或偏重于自然科学的刊物，见表1-3。值得注意的是，这些刊物虽然载有物理学知识，但皆非专门的物理学学刊。从收载情况看，表1-4所列刊物比较多地载有物理学知识，其中《通学报》《学报》《师范讲义》《数理化学会杂志》《学海》（乙编）等辟有物理学知识专栏，其他刊物则是零散地载有一些物理学知识。从文献属性看，多为基础知识，其内容多采自西书、西刊。如《格致汇编》"乃检泰西书籍并近事新闻有与格致之学相关者，以暮夜之功，不辞劳苦，择要摘译"，汇集而成。[①]《知新报》"采译英、葡、德、法、美、日各报，附印译书数种"，《时务报》"采译英法俄日各报"。[②]《格致新报》中"格致新义"一栏内容，主要采自英、法、美等国"学问报"。《海外丛学录》系"采东西洋之佳书，录各学校之讲义"而成；《岭学报》每期设"东西文译篇"，多采自西方报刊；《萃新报》则"采辑海内外新报之学说丛谈"而成。

表1-3　　　　　　　　自然科学和偏重于自然科学期刊一览表

| 序号 | 刊名 | 序号 | 刊名 |
| --- | --- | --- | --- |
| 1 | 《格致汇编》 | 11 | 《科学一斑》 |
| 2 | 《格致新报》 | 12 | 《新学报》 |
| 3 | 《亚泉杂志》 | 13 | 《理学杂志》 |
| 4 | 《科学世界》 | 14 | 《学海》（乙编） |
| 5 | 《科学讲义》 | 15 | 《师范讲义》 |
| 6 | 《理工》 | 16 | 《数理化学会杂志》 |
| 7 | 《格致益闻汇报》 | 17 | 《理学杂志》 |
| 8 | 《普通学报》 | 18 | 《益闻录》 |
| 9 | 《新世界学报》 | 19 | 《北洋学报》 |
| 10 | 《学报》 | 20 | 《北直农话报》 |

---

① 徐寿：《格致汇编序》，载《格致汇编》1876年第1卷春。
② 徐维则：《增版东西学书录》卷四《报章第二十九》，载熊月之主编：《晚清新学书目提要》，上海书店出版社2014年版。

表1-4　　　　　　　　　　刊载物理学知识的重要期刊

| 刊名 | 专栏名 | 刊名 | 专栏名 |
|---|---|---|---|
| 《通学报》 | 磁学科、理化科 | 《中西闻见录》 | 无 |
| 《学报》 | 物理 | 《格致汇编》 | 无 |
| 《师范讲义》 | 物理学讲义、理化学初步讲义 | 《格致新报》 | 无 |
| 《数理化学会杂志》 | 物理部 | 《亚泉杂志》 | 无 |
| 《学海》（乙编） | 理学界 | 《科学一班》 | 无 |
| 《新学报》 | 博物 | 《湘学报》 | 无 |
| 《四川学报》 | 讲义 | 《童子世界》 | 无 |
| 《新世界学报》 | 无 | 《理学杂志》 | 无 |

其四，如前所述，晚清期刊中其题名内含有"物理"一词的文献总计101篇。另据《晚清期刊全文数据库》统计，其题名内含有"数学"或"算学"二词的文献总计555篇，含有"化学"一词的文章总计达527篇。如是而论，晚清期刊所载物理学文献似乎远低于数学和化学。从部分期刊的收载情况看，也的确如此。如《通学报》"无师自通"栏目中《算学科》收文196篇，而属于物理学范畴的《磁学科》收文只有6篇。《学报》总计收文317篇，其中数学24篇，物理16篇，化学及理化16篇；《数理化学会杂志》总计载文104篇，其中数学部34篇，物理部14篇，化学部15篇。《亚泉杂志》总计载文75篇，其中数学18篇，物理8篇，化学36篇。然而若按物理学所属力学、热学、声学、光学、电磁学等分支学科统计，其有关文献刊载量很大①，尤其是关于物理学应用类文献数量颇多。

以今人视之，上列期刊并非严格意义上的科技期刊，但将其置于晚清社会背景下来看，因其带有不同程度的科技色彩，在科技传播中占有重要地位，亦未尝不可将其视为广义上的"科技期刊"。就其所载电磁学知识而言，正如后文所述，总体上还比较浅显，普及性强，学术性弱，但对"民智未开"的晚清社会来说，其价值或许不在"深"，而在"新"。这些新知识让国人领略到"西洋艺术"的神奇，看到超越"四书五经"之外的文化，引领其开眼看世界，逐渐走向师法西方之路。

---

① 关于晚清期刊所载物理学各分支学科文献数量，笔者将另文予以阐述。

## 第二节　晚清期刊所载电磁学篇目

电磁学是物理学的分支学科。18 世纪之前，电磁学主要观察研究电、磁现象及其特性，或者说主要研究静电学和静磁学；19 世纪之后，随着电流磁效应、电磁感应现象的发现和电磁场概念的提出，电磁学逐渐发展成为一门探讨电性与磁性交互关系的学科，实现了磁学和电学的统一。

电与磁虽然是一种物质的两种不同表现形式，但在电流磁效应发现之前，电学和磁学一直是毫无关系的两门学科。因此，这里拟以"磁学"和"电学"为题来梳理晚清期刊所载电磁学篇目。

磁学（magnetism）是一门研究磁场、磁现象、磁材料、磁效应及其实际应用的学科。我国很早就有磁现象、磁效应的记录。《吕氏春秋》云："慈石召铁，或引之也。"《淮南子》曰："慈石能吸铁，及其于铜则不通矣。"东汉学者王充在总结前人磁学研究成就时，记录了"磁石引针"现象和杓形司南的指向装置。宋代学者沈括不仅改进了磁性指南器，而且记录了磁偏现象。

笔者以"磁学"为关键词，对《晚清期刊全文数据库》进行检索，其题名中含有"磁学"一词者总计 13 篇[①]，见表 1-5。

表 1-5　　　　　　　　　　　"磁学"篇目题名

| 序号 | 题名 | 资料来源 | 作者 |
|------|------|----------|------|
| 1 | 磁学问答 | 《益闻录》1898 年第 1745 期 | |
| 2 | 磁学问答 | 《益闻录》1898 年第 1747 期 | |
| 3 | 磁学问答 | 《益闻录》1898 年第 1749 期 | |
| 4 | 磁学问答 | 《益闻录》1898 年第 1751 期 | |
| 5 | 磁学问答 | 《益闻录》1898 年第 1754 期 | |
| 6 | 无师自通磁学科 | 《通学报》1906 年第 1 卷第 4 期 | 吕成章 |
| 7 | 无师自通磁学科 | 《通学报》1906 年第 1 卷第 5 期 | 吕成章 |
| 8 | 无师自通磁学科 | 《通学报》1906 年第 1 卷第 6 期 | 吕成章 |
| 9 | 无师自通磁学科 | 《通学报》1906 年第 1 卷第 7 期 | 吕成章 |
| 10 | 无师自通磁学科 | 《通学报》1906 年第 1 卷第 8 期 | 吕成章 |
| 11 | 无师自通磁学科 | 《通学报》1906 年第 1 卷第 9 期 | 吕成章 |
| 12 | 无师自通磁学科 | 《通学报》1906 年第 1 卷第 10 期 | 吕成章 |
| 13 | 丛录：研究磁学 | 《通问报》1907 年第 269 期 | |

① 连载文献分别统计，即每刊登一次计作一篇。后文有关电磁学篇目统计皆准此办理。

电学（electricity）主要研究"电"的形成及其应用，大体涉及静电、静磁、电磁场、电路、电磁效应和电磁测量等内容。18世纪以来，电学研究成果迭出，不仅在理论上多所重大突破，而且在应用领域也是多所重大发明，切实推动了科学技术的发展。

晚清时期，西方电学知识源源不断地输入中国，比较有代表性的译介成果有丁韪良所撰《格致入门》中的《电学入门》和《电学测算》，傅兰雅、徐建寅合译的《电学》《电学源流》，傅兰雅译撰的《电学图说》《电学须知》，傅兰雅、周郇译述的《电学纲目》，傅兰雅辑译的《电学图说》，傅恒理所译《电学总览》，李提摩太、葭深居士译述的《电学纪要》，欧礼斐著译的《电理测微》，甘能翰著《说电》等。《万国公报》有文专门介绍了一些西方电学著作：

"英国近人丁韪良著《格致入门》一书，书凡七卷，其中言电气者多至四卷……又英国近人傅兰雅著有《格致汇编》《益智新录》及《电气镀金法》，书中所言尤多新法，足补前人所未言。此二人皆在中国，一在京师，为同文馆师；一在上海，为广方言馆师。……余又博考西国人著书专言电气之书甚多，如苟白得有电气书，固尼思阿有电气书，拜腊有电气书，贾法尼有电气书，此类极多，而英国瑙挨德所著之《电学》十卷专言电气尤详。其书都计二十余万言，为图四百有二，可谓深于电学者矣。此书傅兰雅已翻译为中国文字矣。"[1]

文中所言丁韪良所作《格致入门》七卷，包含力学、水学、气学、火学、电学、化学、测算举隅。"瑙挨德"即英国物理学家诺德（Henry Michin Noad，1815～1877），著《电学教科书》（*The student's textbook of electricity*），傅兰雅、徐建寅将其译成中文，名曰《电学》。"苟白得"即英国物理学家吉尔伯特，著有《磁石论》（De Magnete）。"贾法尼"为意大利医生、动物学家、电流的发现者伽伐尼，著有《电对肌肉运动影响的评述》（*Commentary on the effects of electricity on muscular motion*）。至于固尼思阿、拜腊所著"电气书"为何著作，待考。《格致新报》在"答问"中曾提及《透物电光》《炭轻四灯》《电报新法》等电学著作。[2]

笔者以"电学"为关键词，对《晚清期刊全文数据库》进行检索，其题名中含有"电学"一词者总计82篇，见表1-6。

① 朱逢甲：《电气考》，载《万国公报》1889年第4期。
② 汉皋疑难居士：《答问：第一百五十二问》，载《格致新报》1898年第12期。

表 1-6　　　　　　　　　　　　"电学"篇目题名

| 序号 | 题名 | 出处 | 著译者 |
|---|---|---|---|
| 1 | 电学问答 | 《格致汇编》1880 年第 3 卷秋 | |
| 2 | 电学问答（续前） | 《格致汇编》1880 年第 3 卷冬 | |
| 3 | 电学问答（续前） | 《格致汇编》1880 年第 3 卷冬 | |
| 4 | 格物杂说：电学致富康 | 《格致汇编》1892 年第 7 卷春 | |
| 5 | 政事：罗经电学攸关 | 《万国公报》1879 年第 546 期 | 觉智不足氏 |
| 6 | 近事要务十则：究电学以知未能 | 《万国公报》1882 年第 672 期 | |
| 7 | 推陈出新：三日电学 | 《万国公报》1889 年第 5 期 | |
| 8 | 各西国近事：大英国：推崇电学 | 《万国公报》1890 年第 13 期 | |
| 9 | 格致有益于国：法拉待先生电学志略 | 《万国公报》1891 年第 24 期 | 韦廉臣 |
| 10 | 西国近事：电学精进 | 《万国公报》1893 年第 51 期 | |
| 11 | 西国近事：电学汇志 | 《万国公报》1893 年第 55 期 | |
| 12 | 各国近事：杂俎：电学发达 | 《万国公报》1902 年第 158 期 | |
| 13 | 各国杂志：法国：电学成丝 | 《万国公报》1902 年第 163 期 | |
| 14 | 论电学 | 《万国公报》1906 年第 205 期 | 高葆真 |
| 15 | 考求电学 | 《画图新报》1881 年第 2 卷第 1 期 | |
| 16 | 电学新奇 | 《画图新报》1882 年第 3 卷第 8 期 | |
| 17 | 重添电学 | 《益闻录》1884 年第 403 期 | |
| 18 | 电学问答 | 《益闻录》1898 年第 1756 期 | |
| 19 | 电学问答 | 《益闻录》1898 年第 1760 期 | |
| 20 | 电学问答 | 《益闻录》1898 年第 1763 期 | |
| 21 | 电学问答 | 《益闻录》1898 年第 1766 期 | |
| 22 | 电学问答 | 《益闻录》1898 年第 1768 期 | |
| 23 | 电学问答 | 《益闻录》1898 年第 1771 期 | |
| 24 | 电学问答 | 《益闻录》1898 年第 1773 期 | |
| 25 | 电学问答 | 《益闻录》1898 年第 1776 期 | |
| 26 | 电学问答 | 《益闻录》1898 年第 1779 期 | |
| 27 | 电学问答 | 《益闻录》1898 年第 1782 期 | |
| 28 | 电学问答 | 《益闻录》1898 年第 1784 期 | |

续表

| 序号 | 题名 | 出处 | 著译者 |
|---|---|---|---|
| 29 | 电学问答 | 《益闻录》1898 年第 1789 期 | |
| 30 | 电学问答 | 《益闻录》1898 年第 1793 期 | |
| 31 | 电学问答 | 《益闻录》1898 年第 1797 期 | |
| 32 | 电学六奇 | 《中西教会报》1895 年第 1 卷第 9 期 | 王锡畴 |
| 33 | 格致：电学进境 | 《知新报》1898 年第 78 期 | |
| 34 | 答问：第三十九问：鄙人潜心电学…… | 《格致新报》1898 年第 5 期 | 忆梅馆主人 |
| 35 | 答问：第一百二十七问：电学中比例…… | 《格致新报》1898 年第 10 期 | 储馨远 |
| 36 | 电学试验 | 《亚泉杂志》1900 年第 5 期 | |
| 37 | 电学三 | 《亚泉杂志》1901 年第 6 期 | |
| 38 | 电学试验续 | 《亚泉杂志》1901 年第 8 期 | |
| 39 | 《朱子语类》已有西人格致之理条证·右电学 | 《湘报》1898 年第 64 期 | 唐才常 |
| 40 | 泰西最新科学小说：游窟室佳客骇壮观，讲电学畸人施绝技 | 《新小说》1902 年第 1 卷第 2 期 | |
| 41 | 格致总论：声学光学电学磁气学 | 《政艺通报》1902 年第 5 期 | |
| 42 | 电学新理合纪 | 《政艺通报》1902 年第 14 期 | |
| 43 | 世界新电学杂纪 | 《政艺通报》1903 年第 2 卷第 1 期 | |
| 44 | 电学新发明之利器 | 《政艺通报》1905 年第 4 卷第 18 期 | |
| 45 | 外国新闻：电学发明 | 《四川官报》1904 年第 24 期 | |
| 46 | 京外新闻：无线电学 | 《四川官报》1905 年第 21 期 | |
| 47 | 时闻：创设无线电学堂 | 《教育杂志》（天津）1905 年第 9 期 | |
| 48 | 时闻：无线电学堂改习行军电 | 《教育杂志》（天津）1905 年第 11 期 | |
| 49 | 丛钞：电学新奇 | 《商务报》（北京）1904 年第 19 期 | |
| 50 | 论说：研究电学以广利源说 | 《商务报》（北京）1905 年第 40 期 | |
| 51 | 论说：研究电学以广利源说 | 《商务报》（北京）1905 年第 41 期 | |
| 52 | 实业：电学 | 《商务报》（北京）1905 年第 54 期 | |
| 53 | 时闻：计学馆添课电学 | 《直隶教育杂志》1906 年第 8 期 | |
| 54 | 理学一夕话：古代之电学 | 《理学杂志》1906 年第 2 期 | KH 生 |

| 序号 | 题名 | 出处 | 著译者 |
|---|---|---|---|
| 55 | 论电学大发明之历史 | 《北洋学报》1906 年第 15 期 | |
| 56 | 论电学与琥珀之关系 | 《北洋学报》1906 年第 15 期 | 高葆真 |
| 57 | 论电学与琥珀之关系（续） | 《北洋学报》1906 年第 28 期 | 高葆真 |
| 58 | 陆军工兵普习行军电学 | 《广益丛报》1906 年第 108 期 | |
| 59 | 电学之始 | 《通学报》1907 年第 54 期 | |
| 60 | 电学科：通学报电气工学 | 《通学报》1907 年第 67 期 | 盛国城 |
| 61 | 电学科：通学报电气工学（续） | 《通学报》1908 年第 70 期 | 盛国城 |
| 62 | 丛录：电学之出琥珀 | 《通问报》1907 年第 243 期 | |
| 63 | 丛录：试验电学之进步 | 《通问报》1907 年第 243 期 | |
| 64 | 丛录：续试验电学之进步 | 《通问报》1907 年第 244 期 | |
| 65 | 益智丛录：电学之进步 | 《通问报》1911 年第 470 期 | |
| 66 | 论说：论中国宜兴电学专科 | 《四川教育官报》1907 年第 11 期 | 莘翁 |
| 67 | 别录：电学名家 | 《四川教育官报》1908 年第 11 期 | |
| 68 | 学界新闻：创设邮电学堂之地基 | 《大同报》（上海）1909 年第 11 卷第 22 期 | |
| 69 | 译述：电学：论十九周电学之进步 | 《大同报》（上海）1911 年第 09 期 | 汤穆森艾流 |
| 70 | 译述：电学：论十九周电学之进步（续） | 《大同报》（上海）1911 年第 10 期 | 汤穆森艾流 |
| 71 | 译述：电学：论十九周电学之进步（续） | 《大同报》（上海）1911 年第 11 期 | 汤穆森艾流 |
| 72 | 译述：电学：论十九周电学之进步（续） | 《大同报》（上海）1911 年第 12 期 | 汤穆森艾流 |
| 73 | 译述：电学：论十九周电学之进步（续） | 《大同报》（上海）1911 年第 13 期 | 汤穆森艾流 |
| 74 | 译述：电学：论十九周电学之进步（续） | 《大同报》（上海）1911 年第 14 期 | 汤穆森艾流 |
| 75 | 译述：电学：论十九周电学之进步（续） | 《大同报》（上海）1911 年第 15 期 | 汤穆森艾流 |

续表

| 序号 | 题名 | 出处 | 著译者 |
|---|---|---|---|
| 76 | 译述：电学：论十九周电学之进步（续） | 《大同报》（上海）1911 年第 16 期 | 汤穆森艾流 |
| 77 | 译述：电学：论十九周电学之进步（续） | 《大同报》（上海）1911 年第 17 期 | 汤穆森艾流 |
| 78 | 译述：电学：论十九周电学之进步（续） | 《大同报》（上海）1911 年第 18 期 | 汤穆森艾流 |
| 79 | 外国之部：电学界之新发明 | 《教育杂志》1909 年第 1 卷第 8 期 | |
| 80 | 学堂消息：武昌开设邮电学堂 | 《教育杂志》1910 年第 2 卷第 5 期 | |
| 81 | 咨札类：本部咨呈外务部电政局选派无线电学生前往香港天文台学习请照会英使议复文 | 《交通官报》1910 年第 6 期 | |
| 82 | 社友来稿汇录：电学发明及电气疗病之源流 | 《中西医学报》1911 年第 18 期 | 时际虞 |

以上磁学、电学篇目载于《益闻录》《格致汇编》《政艺通报》《通学报》《万国公报》等 25 种期刊上，署名作者有吕成章、高葆真、盛国城、王锡畴、储馨远、汤穆森艾流等，其生平事迹待考。

需要说明的是，以上所列电磁学篇目仅仅是《晚清期刊全文数据库》内题名中含有"磁学"和"电学"的篇目，晚清期刊所载有关电磁学知识的篇目实际远多于此。晚清一般将"电"称为"电气"，笔者对《晚清期刊全文数据库》进行检索，其题名中含有"电气"一词者达 264 篇，其题名中含有"电"一词者多达 5843 篇，因篇幅所限不再赘列。后文将主要利用这些文献以及其他相关资料和来分析晚清期刊所述电磁学知识的传播状况。

# 第二章

# 电磁学基础知识

电磁学是研究电性和磁性交互关系的学科。从期刊文献看，晚清学人在引入这门学科时，率先从基础知识入手，比较系统地阐述了电磁学的基本概念和原理。

## 第一节　磁学基础知识

晚清期刊中，比较集中地阐述磁学基础知识的文献有《益闻录》所载《磁学问答》和《格致汇编》所载《电学问答》中有关磁学问题。前者总计 37 题，见表 2-1；后者总计 12 题，见表 2-2。二者以问答形式，解答了一些磁学基础知识，虽然比较浅近，但基本涵盖磁场和磁感应领域基本概念和原理。此外，《通学报》所载"无师自通磁学科"和《格致新报》所载《格致初桄·论吸铁》也较集中地阐述了一些磁学基础知识。

表 2-1　　　　　　　　　　《益闻录》所载《磁学问答》

| 序号 | 提问 | 答案 |
|---|---|---|
| 1 | 磁石何物？ | 矿中有铁质一种，力能吸铁者，即磁石 |
| 2 | 铁质安能吸铁？ | 此生铁中涵蕴养气与铁锈之类，而养气较少，其性能吸铁，故有此力 |
| 3 | 磁石生何地？ | 印度瑞瑙威日耳曼厄尔伯岛等地产磁最夥，他国则亦有而罕 |
| 4 | 何法以验磁石？ | 以磁石投铁屑中，铁屑立即黏附，或以磁石置铁屑之旁，铁屑为磁气所引，由远及近，至附贴而止。此皆磁石之证，若铁屑不附，则非磁石可知 |

| 序号 | 提问 | 答案 |
| --- | --- | --- |
| 5 | 磁与铁屑之间隔以他物，犹能吸引否？ | 以铁屑散于厚楮及玻璃上，其下置一磁石，便见铁屑自移至磁石所在，成纹有条绪，或手携细筛，散铁屑于楮上，其成纹亦然。或又以铁珠悬诸空际，以磁石近之，珠为所吸，向前少些，不复直挂，视其向前几何，知磁力之多寡。用此法又可验磁力行空中并能透物，惟不透铁质 |
| 6 | 磁石有制成者乎？ | 有也。钢与铁本无磁气，附于磁则亦有磁力。按铁受磁气，捷于影响，而失去亦甚速。譬以铁圈附于磁石，悬空不坠，顷刻间此圈亦有磁力，能吸他圈，他圈又吸他圈，渐次增益，累累如连珠。若将最上一圈移去，不附于磁石，其下数圈同时坠落，盖磁力全失矣。磁力通于钢，颇不易易，须彼此久合，始通磁力；或以磁石擦钢上，久之磁气亦达，既达则不易失，恒具吸铁之力，无以异于真磁石，是为伪磁石，一名制成磁石。今行舟之指南针与肆间所售磁石，皆是此类 |
| 7 | 磁石四周吸力均否？ | 否，否。磁石吸力在两端，中间则无。西人名两端曰两极，如地舆然；名中间无力处曰无干界，言磁气不相干也 |
| 8 | 磁石总有两极与无干界否？ | 无干界有不在适中者，其气为违例。又有一磁而吸力不仅在两极者，其中间吸处亦名磁极。一磁可有三四极 |
| 9 | 磁石恒吸铁，使二磁相近，亦互吸否？ | 二磁相近，必一极吸而一极拒，其事可诧异。譬有一磁于此，支小柱上，自能移动。手携磁石近之，此极吸彼极拒，此极拒则彼极吸。从知两极之力不同也，且两极各有所归，无阻则一极归南，一极归北。归南者予名以南极，归北者名以北极。南极与南极相拒，北极与北极亦相拒，一南一北相吸而相亲。西人以指北者为南极，以其混，故倒之 |
| 10 | 生铁不留磁气，随受随失，若已炼之熟铁如何？ | 熟铁既受磁气，亦能久留不失，惟不及钢之久耳 |
| 11 | 钢能久留磁气，常一律否？ | 钢愈炼，涵磁气愈久，今西人所用指南针，有多年不减其力者，炼工较深也 |
| 12 | 磁石吸力以远近寒热而不同乎？ | 磁与铁愈相近，吸力愈大，稍远则力杀矣。以磁石炙热之，其力顿减，既而凉至原度，力仍还复，无异于初，然不可煨红，煨红则其力全失，不再还复 |
| 13 | 磁气所吸，惟钢铁已乎？ | 古人惟知磁石吸生熟铁、钢铁锈、高摆德尼、盖尔克、落默等。按高摆德尼、盖尔克、落默三种皆钢铁之类，出矿土中，不知华文何名，因译其音。近今学士讲求益密，知极大磁石能施其力于各物，惟物中有为磁气所吸者，有拒而不受吸者。等等 |

续表

| 序号 | 提问 | 答案 |
|---|---|---|
| 14 | 磁石两级常南北向，其故安在？ | 地有吸引之力，磁气为其牵制，故常南北向，至其力维何，古学士曾创数说，今已弃之。今人概谓其力非他，乃地中电气常南北行，拖带磁石，遂有此景 |
| 15 | 磁石于寻常重力外，别有向下重力否？ | 无此力，故纯钢一条，未受磁气，权得几何两，既受磁气，仍权得几何两，不稍增益，如有向下重力，必当加重 |
| 16 | 磁石有横拖之力否？ | 亦无此力。试以软木一片，浮于水面，既而以大磁石加软木上，初固浮荡不定，寻即止于一处，不复动，长久如此。若磁石有横拖之力，必在水面移动少些，不能屹然亘止 |
| 17 | 既无向下横拖之力，磁石之力安在？ | 磁石有反背之二力，特在两极，如以上所言者 |
| 18 | 此反背之二力，其方向何如？ | 欲知此理，须先明何为天午线，何为地午线。天午线者，非真有其线，惟人心中虚拟一线于地上，无论何处，设想一大薄片，南北经地舆两极，下及地心，上及天顶，中经我所在之地，是即天午线。地午线者，设想地面上有一线，南至南极，北至北极，中经我所在之地，是即地午线。又设想一大薄片与磁针同在一线，南北与磁石两极同其方向，不稍偏侧，是名磁午线。因磁石两极非适对地舆两极，故磁午线与天午线大率不在一线。若磁针北极偏东若干，视其与天午线交成一角，得若干度，名曰偏东若干度，偏西则名偏西若干度 |
| 19 | 除偏东偏西外，磁针有升降之殊乎？ | 于磁针中间支直柱处，引一平线，与水面适平，不差分毫，继而视北针与平线交成一角，得若干度，谓为坠下几度 |
| 20 | 磁针升降偏侧，何法以验？ | 以磁针悬空际，借令悬处适当，其重心自必旋转自如，及其止定，一可验磁午线之向，二可观偏侧几度，三可见升降几何，惟此针每为线所制，不能全准。故西人别有针盘为行舟之大用。法以铜木等料，制成圆盘，四周镌刻度数及八方之向，中央竖一钢针，钢针上支一磁针，其方向总在磁午线。苟知磁午线与地午线偏侧几何，虽在汪洋大海中，一观磁针，即知地午线所在，而舟行歧正朗若列眉矣 |
| 21 | 磁针偏侧常遵定律否？ | 否否。磁针随地而变也，今欧罗巴、亚斐理加两州皆北针偏西，亚西亚与南北墨利加皆偏东。又磁针随时而变也同在一方，有世变，有岁变，有日变。有倏忽之变，学士名之曰乱动 |

续表

| 序号 | 提问 | 答案 |
|---|---|---|
| 22 | 世变如何？ | 世变者，计数百年间磁针偏侧之数。譬在法京巴黎斯，一千五百八十年，偏东十一度三分；一千六百六十六年，适在天午线上；一千七百年，偏西八度一分二厘；一千七百八十年，偏西二十度三分五厘；一千七百九十年，偏西二十二度；一千八百十四年，偏西二十二度三分四厘；一千八百二十五年，偏西二十二度一分三厘；一千八百三十五年，二十二度四厘；一千八百五十年，偏西二十度三分一厘；一千八百六十年，偏西十九度二分二厘；一千八百七十五年西历五月间，偏西十七度三分一厘；一千八百七十八年西九月间，偏西十七度。据是一千五百八十年至一千八百十四年，磁针共移三十四度，其偏西最大之数在一千八百十四年。自是厥后逐渐退回，然至今犹在天午线之西 |
| 23 | 岁变、日变何如？ | 每岁每日或有变迁，为数颇微，无甚关系，又无一定之例 |
| 24 | 乱动何如？ | 乱动者，磁针忽然移动，不遵常例。原其故，或以北天生红光；或以火山在尔，届发火之期；或以雷电交作，相去颇近，惟红光之力最远。尝见红光在于欧洲之北，而巴黎磁针偏西二十分之久，其近北极之地，磁针移行数度，且红光未发，先见此变故。乱动者，亦红光之预兆也 |
| 25 | 磁针升降之变何如？ | 升降之变亦随地以异，地愈近北极，北针愈降，至近极处，降九十度。自是渐南渐升，入赤道则平；或未及赤道，在附近赤道处已平；过赤道而南，南指之针渐降，此因地而变也。又同是一方，亦有升降之变，即如法京巴黎城中，一千六百七十一年，针降七十五度，此后降数渐减。一千八百七十五年九月三十日，降六十五度三分四厘六毫；自二十五年以来，计折中之数，岁减三厘三毫 |
| 26 | 欲地中磁气不牵制，磁针当何如？ | 以同形同力之二针，互相倒合，使两头皆一为南针，一为北针，则一引一拒，适可相抵，而磁气之力不见于针上 |
| 27 | 钢条能受磁气多寡何如？ | 通气之磁力愈大，钢条受气愈伙，惟不能久留，少选即减几许，倘钢条无所变，其受气之量，先后相同，此事屡试屡验，始终无二致，西人谓之为饱饫，犹人之饱饫，不能再食也 |
| 28 | 钢条炼工不同，容磁气亦多少不等否？ | 炼工愈深，能容磁气愈多。又炼时热力愈大，则炼成后容气之量亦愈大。炼时热力得一千一百度，其容量一倍于热力八百度炼成之钢 |

续表

| 序号 | 提问 | 答案 |
|---|---|---|
| 29 | 磁石、磁钢当如何安置? | 二磁同置一处,如同名之二针,彼此相近,二磁之力皆损。譬有甲乙二磁,于此各以南针置一处,甲磁激乙磁,北针之力,乙磁激甲磁,北针之力,二磁相克,其力大杀,倘二磁在迩,一以南针,一以北针,置一处,二磁之力反增。又磁石在匣中,或在几案上,毋使北针在北,南针在南,因地中气与磁石相克与二磁同,故必以北针在南,南针在北,庶可保其气力。今肆间藏储磁石,必以二磁互倒,使南针与北针并,又以铁片附梢处,铁片既受气激,异名之气磁力,乃久存不失 |
| 30 | 磁与钢互擦通气,用单块与否? | 否否。往往数块合为一束,西人名为磁束,合时以同名针聚于一端,南针与南针合,北针与北针合,不可倒置。法以磁钢制成长条,平叠为三层,每层四五根不等,两头镶以铁,其两旁之长条,较中间之长条略短,条数愈多,磁力愈大,惟既合之后,其力总数远不及各条分计之数,因各条发磁力互相攻克,故总数稍减也 |
| 31 | 钢条成磁,其形曲直何如? | 有直者,有曲者。曲者状如马鞍,西人名为马铁磁,以形相若也。法以钢条弯曲,两端聚于一处,相并而齐,于通气时须以磁石常自中间顺擦至两端,不稍逆,既成磁则以铁块附两端,铁块下悬一小锤,日久不堕。此种钢磁有力甚大,殆以两极相近之故,若以数钢条合为一束,其得力尤大 |
| 32 | 磁力能自增否? | 附磁石之铁片,悬以他物,按日渐增,数日后可增重几一倍,若增至铁片落下,磁力顿减,须以轻物按日渐加其力,始还复 |
| 33 | 欲磁气传于钢铁,常用何法? | 有三法焉。一以地气传,一以磁石传,一以电气传 |
| 34 | 以磁石传气如何? | 以钢条之一端,合于磁石之一极,不久钢条亦有磁气,并分两极及无干界,无异于磁石,惟钢条合磁石处,其气与磁石之气相背。譬以钢条上端合磁石北极之上端得南极气,下端得北极气,盖异名合,同名则离,磁性然也。设钢条太长,或炼工太大,所传之气不及其梢,苟以二磁石异名之二级合于钢条之两端,一端接北针,一端接南针,其磁气通传,自必更伏。惟接时须彼此正直,乃可使以铜木块,顺钢条之长势力为摩擦,俾钢条质稍为跃动,通气尤易且速 |
| 35 | 以磁石传磁气,以何法为妙? | 有至便之法,以磁石一极,摩擦钢条之全身,以九次十次为度,又须摩擦先后一辄,不可一顺一逆,末后钢条亦有磁气。如擦者为磁石南极,铁条上停擦之一端为北极,其对面一端为南极 |

| 序号 | 提问 | 答案 |
|---|---|---|
| 36 | 尚有他法否？ | 有杜雅梅法。杜雅梅，人名。法以磁石长条二，前后直置，中间相距少许，其相近之两端，一为南极，一为北极，既而以无气钢架于二条上，又次以二磁石侧置钢条中央，一端为南极，一端为北极，其侧势以二十五度为率，卒以二磁石分擦，各至钢条梢处，既至梢处，携至中间，又自中间擦至梢上，且垫于钢条下者为南极，其上侧磨者亦当是南极，在下者为北极，侧磨者当是北极，如此则上下以同名之极传磁气，而钢条得磁力尤大。又磨时须缓，不可易其侧势。用此法制指南针及薄钢条最为相宜 |
| 37 | 尚有何法？ | 有厄毕呶法。厄毕呶，亦人名。法与杜雅梅相似，惟磨时二磁不必两分，然中间夹一铜木块，自中间磨至钢条之梢，旋即自此梢同磨至彼梢。既至彼梢，二磁同，又同磨至此梢，卒至中间而止，务使两梢受磨次数相等，其侧势以十五度至二十度为率。此法用于厚钢条为美，惟传气偶或不匀，亦为憾事 |

资料来源：《磁学问答》，载《益闻录》1898 年第 1745、1747、1749、1751、1754 期。

表 2-2　　　《格致汇编》所载《电学问答》中的"磁学"问题

| 序号 | 提问 | 答案 |
|---|---|---|
| 1 | 除钢铁外，吸铁能吸他金否？ | 不能吸起他金，惟白铜与石片遇吸铁最大力量，可以吸起少许 |
| 2 | 吸铁最大量在何处？ | 其最大力量之处在两端，因两端气聚之故 |
| 3 | 吸铁无力在何处？ | 无力之处在中间，因中气第运行未经停住之故 |
| 4 | 如玻璃纸木等物毫无吸气，吸铁之气能透过否？ | 可以透过，譬如置玻璃纸木等物于铁片上，吸铁之气自能透过其物，吸起铁片，并能牵引数铁片 |
| 5 | 如有两个指南针，北向与北向相对，验得何如？一北向、一南向相对，验得何如？指南针北向，与铁相对，验得何如？ | 北向与北向相对则推，北向与南向相对则吸，与铁相对亦吸，盖阴阳之理使然 |
| 6 | 如有一块吸铁，折为数段，其近北一段系尽属北向否？近南一段系尽属南向否？ | 非也。吸铁必兼两向，若分为数段，则所分之段亦各自成其南北向 |
| 7 | 吸铁两端力量相等否？或有法可制一端之力更大否？ | 吸气运行铁之两端，其力自必相等，断不能制使一轻一重 |

续表

| 序号 | 提问 | 答案 |
|---|---|---|
| 8 | 如或铁或钢磨于吸铁上，有何明验？ | 铁与吸铁相磨，收气最易，钢与吸铁相磨，收气较难。故铁一离开，便无吸气，钢虽离开，仍有吸气 |
| 9 | 吸铁煅红，有何明验？ | 煅红时吸气散尽，冷后吸气渐回，但其力比前稍减 |
| 10 | 地球如指南针何说？ | 地球南北极如一大指南针，南北向自有一定 |
| 11 | 地球指南针与制成指南针，其差度何在？ | 地球指南针与制成指南针所差之角或偏东，或偏西，周地球各处差度不一 |
| 12 | 天津与伦敦差度若干？ | 伦敦偏西差十九度，天津偏西差二度十五分 |

资料来源：《电学问答》，载《格致汇编》1880 年第 3 卷秋。

## 一、磁体及其性质

顾名思义，磁体即具有磁性的物体，能吸引铁、镍、钴等类物质。从其质地而言，可分为磁石和磁铁（或磁钢）。磁石为含有磁铁的矿石，"矿中有铁质一种，力能吸铁者，即磁石。"而磁铁一般是指经过人工锻造而成的磁性金属。《通学报》有文云："磁之为物，英文曰 magnet，其字从希腊得来。希腊论磁为 magnas，因古时于 magnesia 地方，寻获一种矿质，性能吸铁，故即以其地名之。"[1]《画图新报》有文云："磁石又名吸铁石，人皆知其能吸铁，然不知其大用。……此石于中国、锡兰、喇亚伯、瑞颠、挪耳回诸地多有之，英美两国所产不多。"[2]《理化学初步讲义》曰："铁矿之中有曰磁铁矿者，为养化铁一种（铁$_3$养$_4$），而有吸铁之奇性。遇铁粉或铁丝，能吸之使近，此因含有磁气之故，名曰磁性，而其矿曰天然磁石。"[3]上文所谓喇亚伯、瑞颠、挪耳回即阿拉伯、瑞典、挪威，皆磁石丰产之地，"铁$_3$养$_4$"即 $Fe_3O_4$ 的汉写式。

从磁性持续时间视之，磁体可分为永磁体和暂磁体。永磁体能长久保持其磁性，如磁矿石；而暂磁体则只是暂时保持磁性，如用铁等材料所制磁体。《理化学初步讲义》曰："磁气有感应之作用，如以软铁（熟铁）之一端近于磁石，他端置铁粉中，则软铁感受磁性，亦变而为磁石，名曰永久磁石。……普通制磁条法，将钢铁煨红，淬入水中，冷后取出，平置几上，取强磁石之一端，以同方向摩擦数回，即成磁石。放置久后，亦渐失磁性。"[4]

---

① 吕成章：《无师自通磁学科》，载《通学报》1906 年第 1 卷第 4 期。
② 《格物浅说：论吸铁》，载《画图新报》1892 年第 13 卷第 1 期。
③④ 钟观光、陈学郢：《理化学初步讲义》，载《师范讲义》1910 年第 5 期。

以形状划分，磁体又可分为条形、针形、蹄形、圆环形等。《通学报》曰："磁除天生磁石外，有人造之磁，或作马掌形，或作长条，或作尖形之针。"①《理化学初步讲义》曰：磁体"用针者曰磁针，用条者曰磁条，用弯条如马蹄铁形者曰蹄铁形磁条。"②

磁体最基本的特点是磁性，其磁性最强部位称磁极。不论大小，磁体皆有两个磁极。一般而言，动磁体在静止时，一个磁极指向南方，称南极（S极）；另一磁极指向北方，称北极（N极）。《理化学初步讲义》曰："磁石吸铁强处，惟在两端，名曰磁石之两极。如以磁针横支于尖端之上，则一极常指北方，名曰指北极，他极常指南方，名曰指南极。"③《通学报》云："凡磁必有两极，试取磁针悬之，其一端恒旋向北，曰北极；一端恒旋向南，曰南极。"④

吾人皆知，地球为一巨大磁体，有地磁南北两极。《格致略论》曰："地球为极大之吸铁器，亦有两极点，一近于北极，一近于南极。"⑤《通学报》云："地球为一大磁，其两极亦如磁极。磁针能自指南北，以其向北一端为地之北磁极所吸，向南一端为地之南磁极所吸，故磁针之南北两极仅以方向言之，实则在北者当称南极，在南者当称北极。格致家谓北极为红极，南极为蓝极，于磁之两端，以色别之。"⑥《理化学初步讲义》云："地球为一极大磁石，其南北极近旁，存有磁气两极""其指北极常向磁条之南极，指南极常向磁条之北极。"⑦磁体两极力量相等，断不能使其"一轻一重。"⑧

磁体具有磁力，但其分布并均匀，两极最强，中间最弱。《画图新报》曰："各种吸铁石皆有两级，如将长条之吸铁石放于铁屑中，则见两端所吸较中间为多"，见图2-1，"凡吸必从两端，渐至中间即无有矣，因有南北二极也。"⑨《通学报》曰："磁之吸力以两极为最大，离极愈远，吸力愈小，至中央则全无吸力。"⑩《益闻录》曰："磁石吸力在两端，中间则无。西人名两端曰两极，如地舆然；名中间无力处曰无干界，言磁气不相干也。"⑪《格致初桄》曰："磁石惟有吸铁之力也，其吸力在两端。"⑫《理化学初步讲义》曰："磁石之中央无吸铁性，见图2-2，埋磁条于铁粉中，引上之，则两端附有铁粉，击之不落，而中央几无铁粉。是磁石吸铁强处，惟在两端。"⑬

①④⑥⑩　吕成章：《无师自通磁学科》，载《通学报》1906年第1卷第4期。
②③⑦⑬　钟观光、陈学郢：《理化学初步讲义》，载《师范讲义》1910年第5期。
⑤　《格致略论》（第一百二十八），载《格致汇编》1876年第1卷秋。
⑧　《电学问答》，载《格致汇编》1880年第3卷秋。
⑨　《格物浅说：论吸铁》，载《画图新报》1892年第13卷第1期。
⑪　《磁学问答》，载《益闻录》1898年第1745期。
⑫　白耳脱保罗：《格致初桄：论磁石吸铁之力》，载《格致新报》1898年第10期。

图 2 - 1　磁体实验图（一）

图 2 - 2　磁体实验图（二）

　　磁极的基本特性是，同名磁极相互排斥，异名磁极相互吸引。《通学报》云：
"凡磁与磁相遇，不独有吸力，且有推力。北极遇南极则相引，北极遇北极或南
极遇南极则相推。故有一公例曰异极相吸，同极相推。"① 《益闻录》云："二磁
相近，必一极吸而一极拒……南极与南极相拒，北极与北极亦相拒，一南一北相
吸而相亲。"② 《格致汇编》曰：磁极 "北向与北向相对则推，北向与南向相对则
吸。"③ 《格致初桄》亦曰："吸针之两端，谓之两极。……同性相拒，异性相吸。
此理与电气所发者亦同。"④

　　按照磁学理论，磁体可分为顺磁体和逆磁体。顺磁体能被磁体吸引，而逆磁
体则不能。《竞业旬报》有文论及这一现象："铁为磁石所吸（俗谓吸铁石者
是），故名曰亲磁性体。玻璃不能为磁石所吸，故名之曰反磁性体。亲磁性体之
所以能为磁石吸引者，因其物质之分子受磁气之推引，被吸之端为异名之极，他
端为同名之极。而玻璃分子则否，此其理故甚明显"⑤ 玻璃虽然不能被磁体所
吸，但能够传导磁气。究其原因，"实因玻璃中含有以脱之故"。"以脱"即"以
太"，曾是物理学家所假定的一种电磁波的传播媒质。据此，该文作者不仅认为
磁气借以太而传导，而且认定"反磁性体之传导磁性，实原于以脱，以脱必为亲
磁性体。"⑥

　　磁体具有磁化效应，即能使原无磁性的物质获得磁性。磁化方法主要有两

---

① 吕成章：《无师自通磁学科》，载《通学报》1906 年第 1 卷第 4 期。
② 《磁学问答》，载《益闻录》1898 年第 1745 期。
③ 《电学问答》，载《格致汇编》1880 年第 3 卷秋。
④ 白耳脱保罗：《格致初桄：论磁石之摄力与拒力》，载《格致新报》1898 年第 11 期。
⑤⑥　卧虬：《新智囊：磁气之传导原于以脱说》，载《竞业旬报》1908 年第 15 期。

种：一是用磁体任何一极，沿同一方向连续摩擦物体；二是以直流电通向绕有绝缘导线的物体。《益闻录》曰："以磁石一极，摩擦钢条之全身，以九次十次为度，又须摩擦先后一辄，不可一顺一逆，末后钢条亦有磁气。如擦者为磁石南极，铁条上停擦之一端为北极，其对面一端为南极。"[1]《格致初桄》曰："用一块磁石，以钢移过其面数次，每次顺摩而不逆擦，则钢亦传成吸铁器。"另将包以柴草之软铁钉通以电流，铁钉"即成为吸铁器，亦能吸起铁屑。……此所谓电气传成吸力也。"[2]《竞业旬报》曰："以金属丝绕铁棒，通以电流，则铁棒现磁气。"[3]

在磁化效应中，因磁介质有异，磁化度亦有差。如铁易被磁化，也易失磁；而钢虽不易磁化，但一旦磁化，则不易失去。《格致汇编》曰："铁与吸铁相磨，收气最易，钢与吸铁相磨，收气较难。故铁一离开，便无吸气，钢虽离开，仍有吸气。"[4]《益闻录》曰："熟铁既受磁气，亦能久留不失，惟不及钢之久耳。""磁力通于钢，颇不易易，须彼此久合，始通磁力，或以磁石擦钢上，久之磁气亦达，既达则不易失，恒具吸铁之力，无以异于真磁石。"[5]《格致初桄》曰："以铁虽能传成吸铁器，终不能常留吸铁之力"，钢则不然，磁化后可得持久。[6]《理化学初步讲义》曰："磁气有感应之作用，如以软铁（熟铁）之一端近于磁石，他端置于铁粉中，则软铁感受磁性，亦变而为磁石，能吸铁粉。"[7]

在磁化效应中，还存在所谓"磁饱和"现象，即因受导磁材料物理结构所限制，磁通量达到一定程度时，无法再行增加。《益闻录》云："通气之磁力愈大，钢条受气愈伙，……倘钢条无所变其受气之量，先后相同……西人谓之为饱饫，犹豫人之饱饫，不能再食也。"钢条"炼工愈深，能容磁气愈多。又炼时热力愈大，则炼成后容气之量亦愈大。"[8]

磁体磁力大小既与温度相关联，温度愈高，磁性愈减，二者呈反比例关系；又与物距相关联，物距愈近，磁力愈大，反之亦然；还与磁体大小相关联，磁体愈大，磁力愈强，二者呈正比例关系。《格致汇编》曰：磁铁"煅红时吸气散尽，冷后吸气渐回，但其力比前稍减。"[9]《益闻录》曰："磁与铁愈相近，吸力愈大，稍远则力杀矣。以磁石炙热之，其力顿减，既而凉至原度，力仍还复，无异于初，然不可煨红，煨红则其力全失，不再还复。""以磁钢制成长条，平置为

---

① 《磁学问答》，载《益闻录》1898 年第 1751 期。
② 白耳脱保罗：《格致初桄：论传成吸铁器法、论电堆传成吸力》，载《格致新报》1898 年第 11 期。
③⑨ 卧虹：《新智囊：磁气之传导原于以脱说》，载《竞业旬报》1908 年第 15 期。
④ 《电学问答》，载《格致汇编》1880 年第 3 卷秋。
⑤⑧ 《磁学问答》，载《益闻录》1898 年第 1745 期。
⑥ 白耳脱保罗：《格致初桄：论传成吸铁器法》，载《格致新报》1898 年第 11 期。
⑦ 钟观光、陈学郢：《理化学初步讲义》，载《师范讲义》1910 年第 5 期。

三层，每层四五根不等……条数愈多，磁力愈大。"[1]

磁体存在磁偏角现象。所谓磁偏角，即地磁北向和正北向之间的夹角，或者说是磁子午线与地理子午线之间的夹角。这意味着地球磁极指向与地理南北极指向偏离，沈括在《梦溪笔谈》中已记述这一现象。表 2 - 1 中第 18 ~ 25 题、表 2 - 2 中第 11 ~ 12 题和《格致汇编》"互相问答"皆阐述了磁偏角现象有关问题。如《格致汇编》云："地球摄铁之南北两极与地球之正南北两极不合。指南针所对者为摄铁之南北两极，故所谓指南针非真指南，常偏东或偏西，有几秒几分几度不定。……用指南针者必当知其偏差之数而依其差数配准。"[2] 值得一提的是，表 2 - 1 中第 18 题还专门介绍了磁子午线。磁子午线是连接南北磁极的线，"南北与磁石两极同其方向，不稍偏侧，是名磁午线。因磁石两极非适对地舆两极，故磁午线与天午线大率不在一线。若磁针北极偏东若干，视其与天午线交成一角，得若干度，名曰偏东若干度，偏西则名偏西若干度。"

## 二、磁场及磁力线

磁场又称磁界，是围绕磁体而形成的一种无形的具有辐射性的场域，它对置于其中的小磁针有磁力作用，磁体间相互作用即以磁场力为媒介。《通学报》曰："凡磁之吸力所能到之处，谓之磁力界。"[3] 《学报》有文准确地界定了磁场的含义：

"今取一静止之磁针，近于他吸铁石，则针忽变方向，与吸铁石同极相拒，异极相引，然使吸铁石块与磁针渐远，则此相吸或相拒之作用渐减，终至消灭。如斯一个吸铁石周围若干距离之处，能显相引或相拒之作用于他吸铁石质，吾人称其处曰磁界。"[4]

磁场力不仅有强弱之别，亦且有方向之异。磁场中任一点，小磁针北极之受力方向（静止时 N 的指向）即为该处之磁场方向。《学报》述及这一特性曰：

"磁界有大小与方向。所谓磁界之方向者，即在磁界内北极所受力之方向。欲知在某点之磁界方向，可持来磁针于此，暂时而磁针静止，是因南北两极所受之力，强弱相等，方向正相反。此时磁针北极所向之处，即吾人所欲知之磁界方向。故观小磁针静止之方向，即可知磁界内任意何点磁力之方向。"[5]

磁场力发生作用的过程中，总会表现为无形的具有方向性的"曲线"形式，

① 《磁学问答》，载《益闻录》1898 年第 1745 期。
② 《互相问答：第四十四》，载《格致汇编》1876 年第 1 卷夏。
③ 吕成章：《无师自通磁学科》，载《通学报》1906 年第 1 卷第 5 期。
④⑤ 青来：《动电气学述要》（续），载《学报》1907 年第 1 卷第 3 期。

学界名之为"磁力线"。《通学报》曰:"试以铁屑平铺纸上,置铁其中,在磁力界内,铁屑一一直立。细察之,各自成纹,不相紊乱,惟两极之端作直线形,其旁则渐成曲线,是为力线。"① 磁力线是闭合曲线,规定小磁针的北极所指的方向为磁力线的方向。磁力线是用来形象地描述磁场状态的一种工具,以磁力线上某一点的切线方向可表示该点的磁场强度的方向,以磁力线的疏密程度可表示磁场的强度。《学报》对磁力线也有明确的说明:

"今取一厚纸,置于一吸铁石上,而撒布生铁粉于纸面,以指击纸,则铁粉绕纸下之吸铁石而成细线形,排列于纸面。设想分某一线为数极小之部分,此等小部分,均因感受磁性而成小吸铁石质,故与上述小磁针同理,其北极所指之方向,即示在此点之磁界方向。如斯排列之铁粉线各小部分,各示在其点之磁界方向,吾人名此等线曰磁力线。若夫磁界之大小,以何法知之?则因磁力线之数与磁界大小相正比,磁力线密则磁界大,磁力线疏,则磁界小。故磁力线不但示磁界之方向,且可藉以知其磁界之大小。"②

这里既给出磁力线的定义,又指出磁力线与磁界的关系:"磁力线密则磁界大,磁力线疏,则磁界小。"

## 三、磁体的应用

磁体用途广泛,晚清期刊主要介绍了指南针和磁动力。指南针,吾国古称"罗盘"或"罗经",可用以判别方位。《通学报》述其由来曰:

"罗经之制,不知其所自始,相传创于中国,后由大方流入欧洲,虽无确证,然谓中国之知有磁石先于希腊,或是不诬。考罗经之名于西历十二周时始见西籍,其制造不若今日之精,仅用铁针一枚,先与磁石摩擦,乃以尖针自下抵之,或令浮于水面,故不能灵活,仅约略指南北而已。迨后有荷兰人始于针下添一盘,其制渐精。自是而后,研究磁学者代不乏人。"③

此所谓"大方"或指阿拉伯,待考。一般认为,我国在战国时已出现"司南",用以指向。12 世纪末 13 世纪初,指南针传入欧洲。欧洲人对指南针加以改造,在针下添置一盘,可使磁针自由转动,更为灵活。《格致初桄》曰:"罗盘是一枚吸铁针,平置于小柱尖端,自能随处转动。……其针常有定向,视之可以辨南北也。……考罗盘之功用,在欧洲创于前四五百年,而中国则知之久

---

① 吕成章:《无师自通磁学科》,载《通学报》1906 年第 1 卷第 5 期。
② 青来:《动电气学述要》(续),载《学报》1907 年第 1 卷第 3 期。
③ 吕成章:《无师自通磁学科》,载《通学报》1906 年第 1 卷第 4 期。

矣。"①《理化学初步讲义》更以图文形式介绍了指南针的由来和形制：

"磁针俗称指南针，以黄帝造指南车，首创此针，因沿用其名也。西人名定北针，置船上，以测北极而定航路。法置磁针于盒内，面刻若干分度，以为指南。盒外设有活枢，使不随船倾倒。是为罗盘。"见图2-3。

图2-3 罗盘

资料来源：钟观光、陈学郚：《理化学初步讲义》，载《师范讲义》1910年第5期。

《学海》有文比较详细地阐述了航海所用"罗针盘"的构造以及制作程序，并介绍了洛特克鲁必（Rhode Caivin）所作之"完全罗针盘"，见图2-4。② 该罗针盘有八条指针，定向准确，"予航海家以莫大之利益"。

图2-4 完全罗针盘

《万国公报》有文考述了我国古代指南针的制作情况，大略曰：

"中国唐时，方士邱延翰初造罗经，定念四山向，揆其指南针之形景，不得谓有非指正南之意。唐末救贫仙杨益于罗经始添缝针，西偏丁位。宋儒沈括，宋都汴京时人也。其《梦溪笔谈》云：方家以磁石磨针，不指出正南，常微偏东。继而有方士赖文俊，添有中针，东偏丙位。赖文俊著有《绍兴大地八铃》。之数

① 白耳脱保罗：《格致初桄：论罗盘》，载《格致新报》1898年第11期。
② 王修：《磁石力说》，载《学海》（乙编）1908年第1卷第4期。

人者，虽造针指南，究不知其所以指南之故，亦第为堪舆地理作矩矱耳。由中国明世以来，泰西诸国电学盛兴，知电气余于地上，随地有小别，岁中有纪录磁石无电气旋里，不能吸引，适可取。明世之先，中国方士诸家造罗经，针偏东西之说，以补其不足矣。设有人问方士所录针有偏东偏西，于泰西电学何以有补？有将应之曰：观夫指南针之偏东西也，固有道寓于内耳。"[①]

这里提及几位我国历史上对指南针有所利用和研究的重要人物。邱延翰、杨益皆唐代著名术士，有堪舆学方面的著述和实践，其中，邱延翰制成二十四向式"罗盘"，杨益则将"司南"由原来的汤匙形改作浮磁针形。沈括、赖文俊皆宋代人，前者著《梦溪笔谈》，指出"磁偏角"现象，后者为著名相地术大师，著有《绍兴大地八铃》和《三十六铃》，对罗盘进行了改进。文内所谓"念四山"，即"二十四山"，为堪舆学术语，风水师用以判定凶吉的二十四个方位[②]。但正如作者所言，中国古代虽有制作指南针的实践，"不知其所以指南之故"，不能不说是一大憾事。

据《晚清期刊全文数据库》，其题名中含"指南针"的篇目总计8篇，见表2-3。

**表2-3　　　　　　　　　　"指南针"篇目题名**

| 序号 | 题名 | 出处 | 作者 |
|---|---|---|---|
| 1 | 军政：新制指南针 | 《集成报》1897 年第 10 期 | |
| 2 | 指南针影 | 《益闻录》1897 年第 1671 期 | |
| 3 | 答问：有指南针一枚…… | 《格致新报》1898 年第 1 期 | 双红豆斋主 |
| 4 | 答问：磁石指南针…… | 《格致新报》1898 年第 14 期 | 林剑冶 |
| 5 | 谈天：指南针 | 《杭州白话报》1902 年第 31 期 | |
| 6 | 杂俎：指南针 | 《振群丛报》1907 年第 2 期 | 出岫　愁装 |
| 7 | 杂录：巧捷指南针 | 《东吴月报》1907 年第 10 期 | |
| 8 | 理化学初步讲义：磁石及指南针 | 《师范讲义》1910 年第 5 期 | 钟观光<br>陈学郢 |

如前所述，磁体具有指极性的特点，如无外力干扰，其一端指向南，另一端

---

① 觉智不足氏：《罗经电学攸关》，载《万国公报》1879 年第 546 期。
② 二十四山即甲、卯、乙；辰、巽、巳；丙、午、丁；未、坤、申；庚、酉、辛；戌、乾、亥；壬、子、癸；丑、艮、寅。罗盘的制作，以"卯"代表东方，以"午"代表南方，以"酉"代表西方，以"子"代表北方，以"坤"代表正西南，以"巽"代表正东南，以"乾"代表正西北，以"艮"代表正东北。

指向北。指南针即依据这一原理制作。《格致略论》曰："凡人所能作之吸铁，必服地球之吸铁力。如将吸铁条轻悬之，令易活转，则一端必向地球北吸铁极之点，一端必向地球南吸铁极之点。……因此理作指南针，其针藉一尖枢托之，易于转动，无论移至何处，总能自归南北。"[1]《格致新报》曰："地球亦一极大之磁石也。指南针为磁石所造，与地球性同，能指南北，俗传上有孔雀血或云雄鸡血，皆齐东野语，不足信也。"[2]《振群丛报》曰："将已感磁气之针，平置小柱尖处，始则动摇不定，定后则一端指南极，一端指北极，其故因地球亦为一大磁针，针之两端近于南北两极。准物理公例，磁气分红蓝两极，同极相拒，异极相吸，与电气无异。故磁针之指南，实因其针之磁气与南极之磁相反，故能相吸也。"[3]《杭州白话报》曰："凡是磁铁磁石，都含有一种磁气。这磁气分为两类，一叫正磁气，一叫负磁气。……地球上两个磁极也分正负，北为正极，南为负极，你看指南针摆定时候，针的两端，正负已分，负端对着北极，正端对着南极，一些儿也不差误。"[4]

磁具有动力作用，可用以制造驱动装置，如枪炮、起重机等器械。最早发明电磁炮的是挪威奥斯陆大学教授克里斯汀·伯兰克。1901 年，他制成首门电磁炮，能将 0.5 公斤重的炮弹加速到 500 米/秒；1903 年，他又制成第二门电磁炮，能将 10 公斤重的炮弹加速到了 100 米/秒的速度。《湖北学生界》介绍这一成果云：

"诺威巴克兰岛教授以多年苦心研究，发明一新式大炮，在克利司尼亚地方试验，颇有成绩，其发射力全用电气与磁气，不用火药，弹丸出炮口之际，亦不发音。然发射极迅速，较寻常大炮弹丸所达之距离稍远，费用亦少减，欧洲军人均注意此大炮，若使用果便，将来战斗法又有非常之大变动也。"[5]

此所谓"诺威"即挪威，巴克兰岛即伯兰克。此外，《四川官报》《江西官报》《新新小说》《鹭江报》《政艺通报》等刊也报道了这一新发明。[6]

《新民丛报》则介绍了一种磁力起重机：

"磁气有揭物之力，久为学术上所说明。其实际应用，至近年始多发明。最初以磁气取出眼球内所入之铁片，其后用以碎铁矿，又用以分铁与废物，最近用为起重机，起四吨乃至十二吨之铁板，极为轻便。又装置于自转车，则登阪容

---

① 《格致略论》（第一百二十八），载《格致汇编》1876 年第 2 卷秋。
② 林剑冶：《答问：第一百八十二问》，载《格致新报》1898 年第 14 期。
③ 出岫、愁装：《杂俎：指南针》，载《振群丛报》1907 年第 2 期。
④ 《谈天：指南针》，载《杭州白话报》1902 年第 31 期。
⑤ 《谈奇：磁气发射之大炮》，载《湖北学生界》1903 年第 1 期。
⑥ 《磁气大炮》，载《政艺通报》1903 年第 2 卷第 5 期；《外国十日大事记：磁气无音大炮》，载《鹭江报》1903 年第 30 期；《外国新闻：磁气入炮》，载《四川官报》1904 年第 16 期；《外交杂志：磁气入炮》，载《江西官报》1904 年第 6 期；《磁气炮》，载《新新小说》1904 年第 1 卷第 1 期。

易，已发明种种之应用云。"①

这里作者既述及利用磁力起重，又提及利用磁力捣碎矿石、吸取眼内铁片和分拣"铁与废物"。磁力也可应用于医疗领域，《政艺通报》记述美国医生利用磁石吸取腹内铁钉之事云："凡人身内，误入铁物，以磁石吸而出之。……美国有小儿，吞铁钉于腹，医者以镜照之，审知部位，微破其皮，按以磁石，铁钉穿肌而出，戛然有声，曳而去之，易如反掌。"②

# 第二节　电学基础知识

晚清期刊在介绍磁学基础知识的同时，也对电学基础知识予以阐述，如《益闻录》所载《电学问答》，《格致汇编》所载《电学问答》和《论电》，《格致新报》所载《格致初桄·电学》等即比较集中地解答了不少电学问题。其中，《益闻录》所载《电学问答》计收题60问，见表2-4；《格致汇编》所载《电学问答》计收题86问，《论电》计收题105问，分别见表2-5、表2-6；《格致初桄·电学》计收题47问，见表2-7。《论电》的作者欧礼斐（C. H. Oliver, 1857~1937），爱尔兰人，曾任京师同文馆总教习。《格致初桄》作者为法国物理学家白耳脱保罗。从这些资料看，晚清期刊大体述及如下电学基础知识。

表2-4　　　　　　　　　《益闻录·电学问答》所列问题

| 序号 | 提问 | 出处 |
|---|---|---|
| 1 | 电气从何生发？ | 《益闻录》1898年第1756期 |
| 2 | 物中有无电气，何法可验？ | |
| 3 | 电气入一物，立即遍透否？ | |
| 4 | 有电之物，传电于他物，其景何如？ | |
| 5 | 有电之物，近即他物，能吸引其物否？ | 《益闻录》1898年第1760期 |
| 6 | 有电二物，彼此常相拒否？ | |
| 7 | 阴阳二电，何时生发？ | |
| 8 | 二电发生，随物类而别否？ | |
| 9 | 以同类之物相擦，所生为何电？ | |

---

① 《华年阁杂录：磁气之奇用》，载《新民丛报》1903年第32期。
② 《电光医具》，载《政艺通报》1905年第4卷第5期。

续表

| 序号 | 提问 | 出处 |
|---|---|---|
| 10 | 电气究系何物？ | 《益闻录》1898年第1763期 |
| 11 | 电气入善传电之物，透其全体乎？抑惟得传于外面乎？ | |
| 12 | 电气传于物面，四周均否？ | |
| 13 | 电气在一物，其能存留不出者，曷故？ | |
| 14 | 凡物得电，渐次散失，其故安在？ | 《益闻录》1898年第1766期 |
| 15 | 此三故有无阻止之法？ | |
| 16 | 除摩擦等通电之法，有何他法？ | |
| 17 | 近柱之珠，相离不及他珠之远，曷故？ | |
| 18 | 无干线在管之中央否？ | |
| 19 | 安知管之上之电不出于引电物，而自管中出乎？ | |
| 20 | 电以见引而发，其理何如？ | 《益闻录》1898年第1768期 |
| 21 | 乙电随起随伏，终不能久存乎？ | |
| 22 | 乙物所留之一电，较于甲物之电为同名电乎？抑异名电乎？ | |
| 23 | 何谓电火？ | |
| 24 | 火星远近，有一定之例否？ | |
| 25 | 电光何自而生？ | |
| 26 | 电火星有何功用？ | |
| 27 | 电气吸拒之力可详验否？ | |
| 28 | 生电之机何如？ | 《益闻录》1898年第1771期 |
| 29 | 欲知机上有电几何，用何法以验？ | |
| 30 | 铜管上电气能久存否？ | |
| 31 | 电机生电，何多寡不同？ | |
| 32 | 生电有何别法？ | 《益闻录》1898年第1773期 |
| 33 | 手指近盖，遽见火星，若盖与松香饼之间相去尤近，不更有火星出乎？ | |
| 34 | 松香饼法创于何人，有何功用？ | |
| 35 | 储电器何如？ | 《益闻录》1898年第1776期 |
| 36 | 电器既储，如何去之？ | |
| 37 | 速去法何如？ | |
| 38 | 去电有别法否？ | |

续表

| 序号 | 提问 | 出处 |
|---|---|---|
| 39 | 储电器尚有他式否? | 《益闻录》1898年第1779期 |
| 40 | 去雷特瓶之电何如? | |
| 41 | 储电器又有他式否? | |
| 42 | 储电有无他具? | 《益闻录》1898年第1782期 |
| 43 | 电火星有何效验? | |
| 44 | 见于人畜身者何如? | |
| 45 | 电火星验于化物者,何如? | 《益闻录》1898年第1784期 |
| 46 | 电火星验于机器者,何如? | |
| 47 | 电火星用于机器,有何他效? | 《益闻录》1898年第1789期 |
| 48 | 电火星发热力,何如? | |
| 49 | 电火星发光,何如? | |
| 50 | 电火星发光有无他验? | 《益闻录》1898年第1793期 |
| 51 | 尚有何式? | |
| 52 | 云中电何如? | |
| 53 | 云中电何法可验? | |
| 54 | 探云中电,有他法否? | |
| 55 | 风筝铁棍之法,昉于何人? | |
| 56 | 空气中常有电气否? | 《益闻录》1898年第1797期 |
| 57 | 空中电何自而生? | |
| 58 | 云中电有何势力? | |
| 59 | 地上物受云电,相等否? | |
| 60 | 每见云中发电,光腾紫贝,耀激熛飞,其故安在? | |

表 2-5　　　　　《格致汇编·电学问答》所列 "电学" 问题

| 序号 | 提问 | 出处 |
|---|---|---|
| 1 | 电器做成吸气,用何法? | 《格致汇编》1880年第3卷秋 |
| 2 | 如用钢条放在铜线圈内相引,有何明验? | |
| 3 | 电气引成之吸气与钢磨成之吸气,其力孰大? | |
| 4 | 何人想出电气由铜线运行能引动指南针,并于何年试出? | |

续表

| 序号 | 提问 | 出处 |
|---|---|---|
| 5 | 过电线由南至北放在指南针之上，指南针北向，偏于何方？ | |
| 6 | 过电线由南至北放在指南针之下，指南针北向，偏于何方？ | |
| 7 | 过电线由北至南放在指南针之上，指南针北向，偏于何方？ | |
| 8 | 过电线由北至南放在指南针之下，指南针北向，偏于何方？ | |
| 9 | 过电线由南至北放在指南针之上，复将电线向指南针之下，由北至南绕回，指南针北向，偏于何方？ | |
| 10 | 干电与湿电有何分别？ | |
| 11 | 如将玻璃杆及火漆等物磨于丝巾上，所发电气系阴电抑阳电？ | |
| 12 | 如有二轻物，一盛满阳电气，一盛满阴电气，两物相撞，则相吸乎？抑相推乎？两物均盛满阳电气相撞，其推吸又如何？ | |
| 13 | 如有一轻物，盛满阳电或阴电，撞无电之轻物，何有明验？ | |
| 14 | 磨五金条，何以不能得电气？ | |
| 15 | 何人体出天上电光与做成电气其性相同，并于何年试出，从何体验？ | 《格致汇编》 |
| 16 | 何人于何年试出湿电气？ | 1880 年第 3 卷秋 |
| 17 | 何为湿电堆？ | |
| 18 | 凡做湿电，所用物料，何者最宜明辨？ | |
| 19 | 如电线不相连，则电箱、电气能运行否？ | |
| 20 | 五金何为阴片，何为阳线？ | |
| 21 | 白铅片属阳可改阴片用否？ | |
| 22 | 何为电气走一周？ | |
| 23 | 如黄金片与白金片均放于硝强水内，不能成电，此因何故？ | |
| 24 | 阳性五金做成电气，以何色金为最佳？ | |
| 25 | 阴性五金做成电气，以何色金为最佳？ | |
| 26 | 白铅与红铜放于电气缸内，何为阴片？ | |
| 27 | 炭精与红铜不能做成电气，何故？ | |
| 28 | 何为电箱力量？ | |

续表

| 序号 | 提问 | 出处 |
|---|---|---|
| 29 | 强水化五金有弊病，何也？ | |
| 30 | 白铅不净，其弊病何法制之？ | |
| 31 | 五金久浸强水内，何以亦生弊病？ | |
| 32 | 丹力耳电瓶，如何制法？ | |
| 33 | 何故用红铜片？ | |
| 34 | 铜片经铜盐，吸去轻气或化薄些否？ | |
| 35 | 噶啰甫电箱何如？ | |
| 36 | 宾孙电箱与噶啰甫电箱有何分别？ | |
| 37 | 噶啰甫电箱，何金为阳片？ | |
| 38 | 所有电箱，力量孰大？ | |
| 39 | 何以强水化五金，放水雷不合用？ | |
| 40 | 勒格兰舍电箱用何五金？ | |
| 41 | 勒格兰舍电箱亦用强水否？ | |
| 42 | 放水雷电箱何以用法兰绒做袋，不用磁器瓶？ | 《格致汇编》 |
| 43 | 墨克哩司何物？勒格兰舍电箱用之于何处？ | 1880年第3卷冬 |
| 44 | 若无萨拉么呢，别物可以相代否？ | |
| 45 | 电气瓶口相连，电线何以必用松香油封于接头处？ | |
| 46 | 何以勒格兰舍电箱用放水雷最好？ | |
| 47 | 丹力耳电箱与勒格兰舍电箱，其力孰大？ | |
| 48 | 何谓电气阻挡？ | |
| 49 | 五金阻挡电气皆是一样否？ | |
| 50 | 引电五金，孰为最好？ | |
| 51 | 其次引电孰为最好？ | |
| 52 | 鏮（铁）与铜引电，孰为最好？ | |
| 53 | 铜引电较鏮引电，其好处加几倍？ | |
| 54 | 如用鏮线引电，必使与铜线好处相等，有何制法？ | |
| 55 | 何以放水雷须用铜线？ | |
| 56 | 十英里电线比一英里电线，其阻力若干倍？ | |
| 57 | 买电线何以要立合同，著明须极净红铜线？ | |

续表

| 序号 | 提问 | 出处 |
|---|---|---|
| 58 | 电气阻力若干？呼为何名？ | |
| 59 | 电气走一周，共有阻力若干？ | |
| 60 | 电箱阻力可以减少否？ | |
| 61 | 电箱放出电气，其力量何如？ | |
| 62 | 熬扣所定电线之率，写于黑板上何也？ | |
| 63 | 电气发出，能分开数处走否？ | |
| 64 | 如用两条电线同牵一物，其阻力减一半乎？加一倍乎？ | |
| 65 | 如回电片一边用红铜片，一边用白铅片，有何弊病？ | |
| 66 | 何以放水雷须用大块回电片？ | |
| 67 | 地势与回电片有干涉否？ | |
| 68 | 何以轰水雷须用白金信子与火星信子？ | |
| 69 | 白金信子制法如何？ | |
| 70 | 火星信子制法如何？ | |
| 71 | 放水雷时倘无新电线及最净铜丝，将就用旧电线及次等铜丝，有何制法？ | |
| 72 | 敌船进口，用何法能知敌船确在水雷之上？ | 《格致汇编》1880 年第 3 卷冬 |
| 73 | 如江口过宽，四面有山，用何法能知敌船确在水雷之上？ | |
| 74 | 放水雷所用远窥尺，何以必置于两处地方？ | |
| 75 | 何处用小水雷最有益？ | |
| 76 | 一根电线分接三枝，能放三水雷，使齐鸣，何也？ | |
| 77 | 电线一根连接三水雷，能使三雷齐鸣，何也？ | |
| 78 | 分为三枝与连接三水雷孰好？ | |
| 79 | 何以放水雷须用一色火药信子？ | |
| 80 | 平行水雷用于何处最宜，他处因何不常用？ | |
| 81 | 放呆水雷电机，须用钥匙，何也？ | |
| 82 | 有一种外面多机关之呆水雷，因何不合用？ | |
| 83 | 水雷心中有小杯盛水银，何用？ | |
| 84 | 近来所用呆水雷，孰为最好？ | |
| 85 | 如数个水雷用一根电线相连，何以欲放某水雷，则某水雷自鸣，其余水雷不致轰起？ | |
| 86 | 水雷信子轰起，小铙箱何以不损坏，总电线何以不断？ | |

表2-6　　　　　　　　《格致汇编·论电》所列问题

| 序号 | 提问 | 出处 |
|---|---|---|
| 1 | 电气由何而生？ | 欧礼斐：《论电》，《格致汇编》1891年第6卷夏 |
| 2 | 五金被擦，能生电否？ | |
| 3 | 人身能生电否？ | |
| 4 | 天气能阻电否？ | |
| 5 | 雷分阴阳，何以验之？ | |
| 6 | 雷同则相驱，异则相吸，何以验之？ | |
| 7 | 阴阳二电并生，何以验之？ | |
| 8 | 接电物何如？ | |
| 9 | 电能感电，何以验之？ | |
| 10 | 用原有阳电之器，令他器或受阳电，或受阴电，其法各如何？ | |
| 11 | 有电物能吸无电轻物，其理若何？ | |
| 12 | 有电物感有电轻物，若何？ | |
| 13 | 试电有无，其法若何？ | |
| 14 | 生电盘何如？ | 欧礼斐：《论电》，《格致汇编》1891年第6卷秋 |
| 15 | 测电相吸相驱之力，其法若何？ | |
| 16 | 测电吸驱之力，以相距自乘反比，何以验之？？ | |
| 17 | 测电吸驱之力，以二电多寡相乘，何以验之？ | |
| 18 | 电本储于物面而不入体内，何以验之？ | |
| 19 | 欲令电储于空物里面，其法若何？ | |
| 20 | 以电感电，所生之电与原电多寡相等，又有何法证之？ | |
| 21 | 有电空物，其空处无电力，何以验之？ | |
| 22 | 电储物面各处，有多寡不等，何以验之？ | |
| 23 | 电气腾散，其故何在？ | |
| 24 | 带尖之器，电气遇之若何？ | |

续表

| 序号 | 提问 | 出处 |
|---|---|---|
| 25 | 电有何法蓄之？ | |
| 26 | 蓄电瓶何物？ | |
| 27 | 蓄电瓶何以放之？ | |
| 28 | 瓶之蓄电，其初何以察之？ | |
| 29 | 放蓄电瓶之电，一次能放尽否？ | |
| 30 | 放蓄电瓶之电，将内外二衣各放之，其法如何？ | |
| 31 | 蓄电瓶数个，共连为一，其法若何？ | |
| 32 | 蓄电瓶与相近之轻物无所感动，其理若何？ | |
| 33 | 瓶之蓄电有多寡不同者，其故何也？ | |
| 34 | 蓄电以便试电，有无其法，若何？ | |
| 35 | 电性之理若何？ | |
| 36 | 电气作工，何以测之？ | 欧礼斐：《论电》， |
| 37 | 蓄电之量，其理若何？ | 《格致汇编》1892 |
| 38 | 人工之电与天上之电同理，何以证之？ | 年第7卷春 |
| 39 | 天上之电，何以生之？ | |
| 40 | 天上之电，共有几类？ | |
| 41 | 雷电何以防之？ | |
| 42 | 云际感电，其理若何？ | |
| 43 | 人间雷声常在见电光之后，其故何也？ | |
| 44 | 雷之有声，其故何也？ | |
| 45 | 地面之电若何？ | |
| 46 | 地面之电，何以生之？ | |
| 47 | 北方晓之力若何？ | |
| 48 | 北方晓之情状如何？ | |

续表

| 序号 | 提问 | 出处 |
|---|---|---|
| 49 | 金类电性若何？ | |
| 50 | 金水相合，生电若何？ | |
| 51 | 生电之工若何？ | |
| 52 | 福氏电池，其法若何？ | |
| 53 | 丹氏电池，其法若何？ | |
| 54 | 轻气挂铜，以致生电，何以验之？ | |
| 55 | 配淡磺强水，其法若何？ | |
| 56 | 镊片敷水银，其法如何？ | 欧礼斐：《论电》，《格致汇编》1892年第7卷夏 |
| 57 | 验瓦筒纯疵，其法如何？ | |
| 58 | 工作之后，电池若何？ | |
| 59 | 雷氏电池，其法若何？ | |
| 60 | 班氏电池，其法若何？ | |
| 61 | 铬强电池，其法若何？ | |
| 62 | 木屑（或用土沙）电池，其法若何？ | |
| 63 | 何谓蓄电池？ | |
| 64 | 数电池相联，其法若何？ | |
| 65 | 电池之尽善者，其要端若何？ | |
| 66 | 用电池生电，常有不灵之处，何也？ | |
| 67 | 电池生电，其功效若何？ | |
| 68 | 电过铜丝，能感定南针，何以验之？ | |
| 69 | 电感铁成磁石，何以验之？ | |
| 70 | 电过细铁丝生热，何以验之？ | 欧礼斐：《论电》，《格致汇编》1892年第7卷秋 |
| 71 | 电能分水，何以验之？ | |
| 72 | 电过人身，其震动情状，何以验之？ | |
| 73 | 测电针何物？ | |
| 74 | 测电表为何物？ | |
| 75 | 何为正切测电表？ | |
| 76 | 何为正弦测电表？ | |
| 77 | 无极针何物？ | |

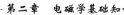

续表

| 序号 | 提问 | 出处 |
|---|---|---|
| 78 | 用无极针作测电表，其法若何？ | |
| 79 | 无极针经电所感，二针同向而移，其理若何？ | |
| 80 | 射影测电表何物？ | 欧礼斐：《论电》，《格致汇编》1892年第7卷秋 |
| 81 | 无极针射影测电表何物？ | |
| 82 | 电过多寡，何以测之？ | |
| 83 | 电池所生之电，何以测之？ | |
| 84 | 测电表何以对之？ | |
| 85 | 生电各机，其理若何？ | |
| 86 | 生阳电机若何？ | |
| 87 | 生阴电机若何？ | |
| 88 | 遇天气潮湿，此即尚能生电否？ | |
| 89 | 此机生电，气电有穷尽否？ | |
| 90 | 令此机多生电气，其法若何？ | |
| 91 | 以电生电，其法若何？ | |
| 92 | 以电生电，其机若何？ | |
| 93 | 此机之用若何？ | |
| 94 | 电气生火若何？ | 欧礼斐：《论电》，《格致汇编》1892年第7卷冬 |
| 95 | 电火发光，令其形如彗星，何以验之？ | |
| 96 | 电火发光，其色不同，何以验之？ | |
| 97 | 电光每有变色，其故何也？ | |
| 98 | 电光改色在所用之质，何以验之？ | |
| 99 | 电光改色在所过之气，何以验之？ | |
| 100 | 令电机发光火星极多，其法若何？ | |
| 101 | 电气过时多发火星，其理若何？ | |
| 102 | 电气从人身而过，其感动之情状若何？ | |
| 103 | 电发火星，尚有若何情状？ | |
| 104 | 电能起风，何以验之？ | |
| 105 | 电气令水急流，何以验之？ | |

表 2-7 《格致初桄·电学》中"习问"题名

| 序号 | 提问 | 序号 | 提问 |
|---|---|---|---|
| 1 | 已经摩擦之火漆与小纸块相近，两物如何？ | 25 | 火星为何名？ |
| 2 | 蜡与玻璃发出之力，是为何名？ | 26 | 屋顶有引电杆，何以传云端之电？ |
| 3 | 已经摩擦之火漆与软树心之球相近，两物如何？ | 27 | 电光近地，有何触着？ |
| 4 | 放一根玻璃管，与已被火漆所拒之小球相近，两物如何？ | 28 | 各种电光，试详言之？ |
| 5 | 火漆所发之电，为何名？ | 29 | 火光与何物相辅？ |
| 6 | 松香电、玻璃电，有何别名？ | 30 | 雷声何以有浪？ |
| 7 | 一块已经摩擦之大松香与一块已经摩擦之小松香相近，则两块松香如何？ | 31 | 电光一闪，何以便见？ |
| 8 | 一块小松香与已经摩擦之火漆相近，两物如何？ | 32 | 电光何以先见，雷声何以后闻？ |
| 9 | 不用松香而用玻璃，则之何？ | 33 | 电光发出处，与人身相去若干路，如何而能测量？ |
| 10 | 如此试验，有理可明否？ | 34 | 用何器具，可以发出电气？ |
| 11 | 手中执一铁条，摩擦之后，可以吸起小纸块否？ | 35 | 电机如何而能发电气？ |
| 12 | 或包一块丝巾，则可以吸引否？ | 36 | 电筒如何而能发电气？ |
| 13 | 是何故也？ | 37 | 电筒中之电气，何以散布？ |
| 14 | 如何而能使火漆有电气？ | 38 | （见图 2-5）A 字之铜丝，发出何电？ |
| 15 | 火漆是何质？ | 39 | B 字之铜丝，发出何电？ |
| 16 | 铁为何质？ | 40 | 铜丝两端相遇，有何可见？ |
| 17 | 摩擦之铁，何以不能吸引纸块，试详言之？ | 41 | 电气放在舌端，觉有何味？ |
| 18 | 何以丝巾包没之后，便能有吸引之力？ | 42 | 容电之铜丝，放在罗盘上，有何引动？ |
| 19 | 电气而使之不泄，是为何名？ | 43 | 电气经过水如何？ |
| 20 | 使物体生电，有法若干，试言之。 | 44 | 人触有力之电气，其人如何？ |
| 21 | 何物有尖锐之力？ | 45 | 电气有何功用？ |
| 22 | 负电之云，经过地面如何？ | 46 | 何以谓之电报？ |
| 23 | 云端电气无多，则传引如何？ | 47 | 何以谓之德律风？ |
| 24 | 云端电气极多，其传引又如何？ | — | — |

资料来源：《格致新报》1898 年第 10 期。

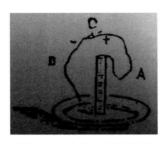

**图 2-5 电荷实验示意图**

## 一、电的产生

根据电学理论，物质是由分子组成，分子是由原子组成。原子是由带正电荷的原子核和绕原子核旋转的带负电荷的电子组成。常态下，物质的正负电荷平衡，表现为不带电形态。但一经外力作用，环绕原子核周围的电子即脱离既行轨道，使原子核或失去电子（产生正电）或得到电子（产生负电）。造成电子得失转移的外力包含各种能量，如动能、位能、热能、化学能等，《益闻录》将此等"外力"归结为如下三类。

"按电气由来，约根于三：一曰力生，二曰性生，三曰化生。力生者，磨擦或压抑或分析形物而得之，如白糖一握，粘并成块，剖析暗中，有微光出，盖糖质分而电气生也。性生者，即热气与电气地中石质如黄宝石等本具电气，炙之便发。又凡金类二种，如铜与铁、铁与锡互相连接而炙，其相接处便发电气。化生者，如白铅与铁浸于酸醋，久而销化，发电气颇多。"[1]

此所谓"力生"，即摩擦起电；"性生"，即受热起电；"化生"，即因化学反应而生电。同刊所载《电学问答》还专门以"电气何从生发"为题，回答了摩擦起电问题，略谓：生电之法颇多，"以易晓者言之，以羊毛布，如哆呢洋绒之类，磨擦玻璃条上，此条便吸毛羽小纸等轻物。黄琥珀、琉黄、火漆等物，以毛布擦之，亦有吸力。"[2]《格致初桃》将电的产生归因于摩擦、接触和传引："电之发有多端：一因摩擦而发，一因无电之物与有电之物相触而发，一因有电之物近无电之物，以致传引而发。"[3]

《湖北学生界》有文将电的产生分为接触电和摩擦电。

"凡异性之物体相接而电气生于其间，此谓之接触电气。此电气因物体固有之性质而发生者也，故其强弱之差随物体之性质状态，不能无异。然其力终微弱

① 《论电气》（第六十八节），载《益闻录》1887年第651期。
② 《电学问答》，载《益闻录》1898年第1756期。
③ 白耳脱保罗：《格致初桃：论发电》，载《格致新报》1898年第9期。

现象，殊难目睹也。若以相接之物体，互相摩擦，其间发生电气，则次第加强，其现象遂易认识。松脂、封蜡、琥珀等物，以毛布擦之，而有吸引纸片、灯芯之性者，即此例也。此谓之摩擦电气。摩擦电气，其关于物体之性质状态者，虽与接触电气相同，然其强弱之差，因摩擦力之强弱而有大小。摩擦力弱者，其发生制电气力亦弱；摩擦力强者，其发生之电气力亦强。"[1]

## 二、电荷的性质

按照电学理论，电荷具有如下性质：（1）分为正、负两种形态；（2）同种相斥，异种相吸；（3）可吸引轻小物体；（4）等量异种发生中和。

《格致汇编》论及电荷同性相斥、异性相吸之理："如有二轻物，一盛满阳电气，一盛满阴电气，两物相撞，则相吸乎？抑相推乎？两物均盛满阳电气相撞，其相推又何如？答曰：一阴电、一阳电相遇自必相吸，两阳电相遇自必相推。"[2]《格致初桄》曰："两物发出之电气，其性同者，则触之必拒；两物发出之电气，其性异者，则触之必吸。"[3]《湖北学生界》也曰："电气有二种：阳电气与阴电气。……两阳电气或两阴电气之物体相遇，则拒而远之；一阳电气、一阴电气之物体相遇，则引而近之。"[4]《通学报》曰：电气有阴阳二种，一名正电，一名负电。"同种电气相遇则推，异种电气相遇则引。譬如发阴电物接近发阴电物，或发阳电物接近发阳电物，则不相引而相推；设发阴电物接近发阳电物，或发阳电物接近发阴电物，则不相推而相引。……凡异种电气相遇于一处，譬如阴电遇阳电，或阳电遇阴电，设阴电之力等于阳电之力，则阴阳相消而电遂失，此等现象名之曰中和。"[5]《理化学初步讲义》曰："异姓之电，互相吸引；同性之电，互相反推。寻常以玻璃所发之电为阳电气（或曰正电，其记号为＋），火漆所发之电为阴电气（或曰负电，其记号为－）。阴电与阳电吸合，则曰电气中和。"[6]

《益闻录》不仅指出电荷的相斥、相吸之理，而且概述了电荷间相引之力与距离远近和电力大小的关系："电气推引他物，恒遵三律：其一曰二物同电则相拒，二物异电则相引；二曰相拒相引之力，视相距远近以增减，远二倍力，减四倍，远三倍，力减九倍，余仿此。三曰远近不增，增电二倍、三倍，其推引之力

① 《实业：电气工学》，载《湖北学生界》1903 年第 1 期。
② 《电学问答》，载《格致汇编》1880 年第 3 卷秋。
③ 白耳脱保罗：《格致初桄：论吸力与拒力》，载《格致新报》1898 年第 9 期。
④ 《实业：应用工学电气工学》，载《湖北学生界》1903 年第 1 期。
⑤ 盛国城：《电气工学》，载《通学报》1908 年第 71 册。
⑥ 钟观光、陈学郢：《理化学初步讲义》，载《师范讲义》1910 年第 5 期。

亦增二倍三倍，不增四倍、九倍也。"[1] 这就是说，相距愈远，电荷相引之力愈小，距离与电荷相引之力呈倍增或倍减关系；距离保持不变，电力愈大，电荷相引之力亦愈大，电力与电荷相引之力呈倍增关系。这就是著名的"库仑定律"：两个静止的点电荷之间的相互作用力与距离的平方成反比，与电量乘积成正比。

## 三、电的类别

依不同的划分标准，电可分为不同的类别。《益闻录》根据电的存在形态将电分为"静电"和"动电"："电有动静之别，凡磨擦而生者，其电在物外面，定止不行，谓之静电；物质销化而生者，其电行于物中，川流不息，谓之动电。"[2] 此所谓"静电"是指处于静止状态的电荷，"动电"是指电流。

《秦中书局汇报》有文根据电的生成方式将电分为磁电、干电和湿电："磁电者，即磁石也。自古知其有吸铁性，恒指南北，而不知为电也。……化学家考磁石原质，知为铁氧，能发异类二种电气。……干电者，以二物摩擦而生也。……湿电者，以异类二金片浸淡硫强水中消化而生也。"[3]

## 四、电路

带电离子在导电介质中形成的有始有终的电流回路，简称电路。《湖北学生界》有文曰："电流之通路，名曰电路。"[4] 电路可分为串联、并联以及串并联三种形式。串联电路中电流只有一条通道，电路元件依次相连，没有"分支点"；并联电路由干路、支路组成，电流有若干条互相独立的通道；由串联与并联电路组合而成的电路为串并联。《学报》有文将串联名为"纵列法"，将并联名为"横列法"，将串并联名为"纵与横并列法"，不仅介绍了三者的连接方法，而且开列了其中电流、电压、电阻之间的关系式。

"纵列法：数个之电池阳极与他之阴极顺次连结，谓之纵列法。设电流为 I，电池之数为 n，各个电池动力为 F，则全电动力当为 nF，各电池之内部抵抗当为 nr，导线之抵抗为 R，全抵抗为 b，由是而得公式如下：$b = R + nr$；$I = \dfrac{nF}{b} = \dfrac{nF}{R + nr}$。

---

① 《论电气》（第六十九节），载《益闻录》1887 年第 653 期。
② 《论电气》（第六十八节），载《益闻录》1887 年第 651 期。
③ 《电学始末考》，载《秦中书局汇报》18xx 年"明道"。
④ 钟观光、陈学郢：《理化学初步讲义》，载《师范讲义》1910 年第 5 期。

横列法：数个之电池，阴极与阴极、阳极相连结，谓之横列法。电池横列，无论若干个，其电动力恒与一电池等，而抵抗亦因而减少，故电池有 n 个，则内抵抗为 $\dfrac{r}{n}$，由是用前符号得公式如下：$I = \dfrac{F}{R + \dfrac{r}{n}}$。

纵与横并列法：合上二法而连结各电池，谓之纵横并列法。设纵列之电池有 P，横列之电池有 q，则得公式如下：$I = \dfrac{PF}{R + \dfrac{Pr}{q}} = \dfrac{PqF}{qR + Pr} = \dfrac{nF}{qR + Pr}$。"①

这段文字实际上揭示了如下电学原理：串联电路中，总电压等于各用电器的电压之和（nF），总电阻等于各电阻之和（b = R + nr），电流等于总电压除以总电阻（I =（nF/b））；并联电路中，各支路的电压相等，且等于电源电压，电流等于电压除以内外电阻之和（I = F/R + r/n）；串并联电路中，电流等于总电压除以串联电阻与并联电阻之和（nF/qR + Pr）。

## 五、电势、电压与电流

电势又称电位，是指电场中某点电荷所具有的电势能。电压即电势差，表示电荷所具能量在电路中的释放量，其大小等于单位正电荷因受电场力作用从 A 点移动到 B 点所做的功，电压的方向规定为从高电位指向低电位的方向。电流是高电势向低电势的流动。对于这些概念，晚清期刊文献多有介绍。如《湖北学生界》等期刊有文曰：

"电气平准面之高，称为电气压力，或单名电压。由是可知平准面高低之差，即为电压差之无疑。故电气之平和力与电压之差为比例，可得而增减也。电气之差者何？电动力之谓也。"②

"电压力者，谓电气自电压较高之方流向较低之方之力也，犹之热自温度较高之方传向较低之方之力也。计温度之高低，以度数表之，计电压之强弱，以弗打表之。"③

"电气有调和强弱之性，使其平均者，不独于阴阳两电对待之时为然也。大凡有电压之差，电动力因之生焉。若其间有电路为之交通，则电流自起，其流行之向，必自阳而阴也。"④

① 吴灼昭：《物理·物理学计算法》，载《学报》1908 年第 1 卷第 10 期。
② 《实业：应用工学电气工学》，载《湖北学生界》1903 年第 1 期。
③ 衣：《科学：电气灯》（续），载《龙门杂志》1910 年第 8 期。
④ 《实业：电气之传导》，载《湖北学生界》1903 年第 2 期。

以上引文基本阐明电势与电压、电流的关系，即电势产生电压，电压产生电力，电力借电路自阳电向阴电流动而成电流。其中所谓"电动力"即电压。

电压的单位为伏特（V）。1伏特定义为1安培的电流通过电阻为1欧姆的导线时在导线两端所产生的电压。《学报》界定这一概念曰："凡电路之电阻为一欧姆所起之电流为一安培，斯时之起电力名为一否脱（Volt），此否脱即定为起电力之单位。"[1] 此所谓"否脱"即伏特。电流的单位为安培（A），1安培即1秒内从"银盐类"中能电解出0.0011188克银的恒定电流。《学报》亦给出这一定义："电流强弱之单位，应用最广者为安培（Amepre）。所谓一安培者，就化分银盐类（银盐类即银与酸类化合者）时言之，即此电流能在一秒钟内分出银0.0011188格之谓。"[2]

电流有交流和直流之别，前者之强度与方向皆随时间做周期性变化，而后者之强度与方向则处于恒定状态。《学报》云："发电子每一回转所得之两电流方向相反，是名交流，然能用法以变此交流，而得有定向之电流，称此所得者曰直流。"[3]

电流的强弱与电路的长短、广狭、材质以及温度有关，其具体情况如下："（一）各传电线惟有长短之差，则愈长者电流愈弱；（二）各传电线惟有粗细之差，则愈粗者电流愈强；（三）各传电线惟异其品质，则电流有强有弱，例如电流过铜线时强，流过洋白铜线时弱是也。又与温度之差亦有关系。"[4]这实际上是说电流的强弱与电阻有关，因为电阻的大小由电路的长短、广狭、材质等因素决定："导体之内，电气流动之状，如液体之流行管内。……路广而短，抵抗力少，则流动之度速；路狭而长，抵抗力多，则流动之度迟。"[5]

电流的强弱既取决于电阻的大小，又取决于电势的高低，电力愈大，电流愈强："电阻之外关系于电流强弱者，在起电力之大小，即谓在电池两极电较之大小（电较或称电位）。夫电力之所起，因电较之有高低，通常称电位高者为阳电，电位低者为阴电。凡电位高者向低处流，故电气由阳极流向阴极，电位之差愈大。电路之电阻相同时，起电力愈大者，电流愈强。"[6]在纯电阻电路中，电流等于电压除以电阻，其关系式为 C = E/R，"式中 C 代电流，R 代电阻，E 代起电力。"[7]在电阻不变的情况下，电流随电压之大小而增减，其"定则如后：电流与电动力为正比例，与抵抗力为反比例。"[8]

欲知电流强度如何，需用电流计来测试。《学报》介绍了伏打电流计和正切电流计。

---

①②④⑥⑦　青来：《动电气学述要》，载《学报》1907年第1卷第2期。
③　青来：《动电气学述要》（续），载《学报》1907年第1卷第3期。
⑤⑧　《实业：电气之传导》，载《湖北学生界》1903年第2期。

"测电流强弱，须用电流表。符儿太电流表（Voltaicmeter），系藉电流以化分某种化合物，由此所得物质之多少，以测电流之强弱。例如化分银淡养三液，经若干时分出银十格（格即法衡之单位）所用之电流，较诸经同时分出银五格所用之电流强二倍也可知。……此外有应用电流关系于磁力之理，以测电流强弱者，若正切电流表是也。"①

此所谓"符儿太电流表"即伏打电流计，系据单位时间内分解化合物所耗电量来测定电流强度。正切电流计是利用电流通过时小磁针的偏转程度来测量电流强度。

电流通过导体时会产生热量，称电流的热效应。电流的热效应遵循"焦耳定律"。焦耳定律是由英国物理学家焦耳（James Prescott Joule，1818～1889）于1841年发现，其内容是：电流通过导体所产生的热量与导体的电阻成正比，与通过导体的电流的平方成正比。《学报》有文述及这一定律曰："电流通过时传电线常热，……在定时刻内，由电流生于传电线中某部分之热量，正比于此部分之电阻与电流自乘之积，是名乔伟儿定例。"②此所谓"乔伟儿"即焦耳。

## 六、电阻

电阻是指导体对电流的阻碍作用。《格致汇编》有文曰："电气运行铜线内，其行虽捷，必有阻挡。……五金各有阻力，但阻力多寡不同。"③《学报》亦有文曰："传电线对于电气之流过，若有阻之者然，是名为电阻。"④

电阻是用以表示导体对电流阻碍作用的大小的物理量，其单位是欧姆（ohm），简称欧。《格致汇编》曰："电气阻力若干呼为何名？答曰：呼为熬扣，因阻挡力量始由德国博士熬扣悟出，故后遂以名之。"⑤此所谓"熬扣"，即欧姆。1欧姆等于0℃时电流通过长106.3cm、粗$1mm^2$的汞柱时产生的电阻。《学报》曰："水银温度零度，长百零六.三生的迈当，粗一平方米里迈当，所有之电阻，定为电阻之单位，是为一欧姆。单位既定，试取他金类之同长同粗同温度者，与水银相较，即可知各金类之电阻。"⑥

电阻的大小与导体的材质有关，导体不同，电阻大小亦有异，铜、铁、水银等导体中铜之电阻最小。《湖北学生界》有文曰："电气传导率之难易，……随物质而异，如银为一四九二，铜为一五八十，铁为九六三六，水银为九四三四是也。铜之抵抗甚少，几与银同，其他金属远而上之，且其价亦廉。故导线之用，

---

①②④⑥　青来：《动电气学述要》，载《学报》1907年第1卷第2期。
③　天津水雷局：《电学问答》，载《格致汇编》1880年第3卷冬。
⑤　《电学问答》，载《格致汇编》1880年第3卷冬。

惟铜居多。"[1]

在同一导体中，导体的电阻与它的长度成正比，与它的横截面积成反比，此即"电阻定律"，其公式为 $R = \rho L/S$；其中 R 表示电阻值，$\rho$ 表示电阻率，L 表示导线长度，S 表示导线横截面积。晚清期刊文献述电阻定律曰：

"电阻之大小，若传电线之品质相同，则与线之长短相正比，而与线之粗细相反比。"[2]

"抵抗与导体之长短为正比例，而与导体断面积之大小为反比例。……今设比抵抗为 P，长 L 米、断面 S 平方毫之金针之抵抗为 R，而得公式如下：$R = PL/S$。"[3]

此所谓抵抗和抵抗力分别指电阻和电阻率。电阻率是指电阻与横截面积的乘积与长度的比值，其公式为 $P = RS/L$。《湖北学生界》有文述电阻定律及电阻率公式曰：

"电气之抵抗与导线之长为正比例，导线之直截面为反比例，而增减也。试设代数式以名之：$天 = 甲\dfrac{乙}{丙}$。……天为抵抗力，乙为导线之直截面，丙为导线之长，甲为常数。"[4]

此公式"$天 = 甲\dfrac{乙}{丙}$"为电阻率的汉写式，其内容准确无误。

电阻定律不仅适用于固态导体，而且适应于液态导体。《学报》有文曰：

"对于电流生电阻者，不但实质然，即流质亦然。据实验之结果，则知流质之电阻（流质指用于电池内之药水）亦与长短相正比（长短指树于药水中之两极间距离），与广狭相反比（广狭指药水所濡两极片之面积）。"[5]

## 七、导体与绝缘体

所谓导体，即善于传导电流的物质，反之为绝缘体。一般而言，金属类物质多为良导体，非金属类多为半导体或绝缘体。《湖北学生界》有文曰：因传导率之不同，物质可分为良导体和不良导体，其中"金属为最易传导之物，故谓之电气的良导体。此外，非金属为不良导体者居多。至若封蜡、玻璃、橡胶等物，于电气毫无影响者，谓之不良导体"或"绝缘体"。《师范讲义》亦有文曰："电气能自一物传于他物，又能自物体之一部传于他部，而物体受电则有难传易传之

①④　《实业：电气之传导》，载《湖北学生界》1903 年第 2 期。
②⑤　青来：《动电气学述要》，载《学报》1907 年第 1 卷第 2 期。
③　　吴灼昭译述：《物理：物理学计算法》，载《学报》1908 年第 1 卷第 10 期。

别。易传如金属、木炭、湿空气、水、动物体等，名曰良导体；难传如玻璃、毛绒、火漆、橡皮、干空气等，名曰不良导体。摩擦导体（如金属），不觉生电，此非电气之不生，以传于他部，由人身而入地也。如以玻璃或火漆为柄而摩擦之，则电即留于导体，能引轻物，故欲试验电气，必以不良导体遮于导体之间（如金属与人手），谓之绝缘。"[1]

物质的导电率不仅与导体材质有关，也与导体温度有关。"同一物体有时传导率大不相等者，温度高低之差有以使之然也。然平常之温度，物体中最易传导电气者为纯银，其次则为纯铜。"[2]《格致汇编》比较"五金"的导电性能，略曰"引电五金孰为最好？答曰：白银最好。……其次引电孰为最好：答曰红铜最好。……铁与铜引电孰为最好？答曰铜最好。……铜引电较铁引电其好处加几倍？答曰：铜之好处加六倍。"[3]《湖北学生界》根据导电率的难易，按序开列了若干良导体、半导体和不导体："良导体：银、铜、金、亚铅、白金、铁、锡、铅、水银、木炭、酸类溶液、盐类溶液、海水、纯水；半导体（不良导体）：肉体、绵、干材、大理石、纸；不导体（绝缘体）：油、陶器、毛、绢、封蜡、硫黄、树脂。"[4]

综上所述，晚清期刊已比较全面地介绍了电磁学的基础知识，其中不仅概述了磁体的类别及性质、磁场及磁力线和磁体的应用等磁学领域的基本范畴，而且阐述了电的产生、电荷的性质、电的类别、电路、电势、电压、电流、电阻以及导体与绝缘体等电学领域基本概念，其内容大略已涵盖当今初等电磁学所及基础知识。

---

① 钟观光、陈学郢：《理化学初步讲义》，载《师范讲义》1910年第5期。
②④ 《实业：电气之传导》，载《湖北学生界》1903年第2期。
③ 《电学问答》，载《格致汇编》1880年第3卷冬。

# 第三章

# 电磁学早期研究历程

历史是理论的重要源泉。晚清学人在引介电磁学基础知识时，对电磁学研究史也予以关注。电磁学研究最初限于静电学和静磁学领域。静电学主要研究"静止电荷"的特性及其规律，静磁学则主要研究静态磁场的特性及其规律。电磁现象的观察研究虽然可以上溯于古希腊，但长期徘徊不前，直至 1600 年随着英国物理学家吉尔伯特（William Gilbert，1544～1603）所著《磁石论》的出版，才逐渐步入系统的研究阶段，到 18 世纪 80 年代意大利科学家伽伐尼（Luigi Aloisio Galvani，1737～1798）发现电流为止，科学家们在静电学和静磁学的研究中取得重大成就。晚清期刊文献对这一时期电磁学研究的代表人物及其研究成果皆有论述。

## 第一节　从泰勒斯到吉尔伯特的研究

"电"是一个古老的名词。从词源考察，中国之"电"得自雨中"雷闪"现象①，"虽有电之名，而未知其确说"②；西方之"电"则从希腊文"琥珀"（elektron）转意而来。早在公元前 600 年前后，古希腊哲学家泰勒斯（Thales）即已记载，希腊人通过摩擦琥珀吸引轻小物体现象。对此，《益闻录》有文介绍曰："希腊国于成周季叶，名士笪雷斯以羊毛擦琥珀，见有吸物之力，能吸楮片、轻羽、稻叶之类，甚异之。是为电学之渐。"③《教会新报》也有文曰：

"古书初记雷电之说，在前二千四百余年。希腊国有考究格致之学者七人，当时目为圣人。内有一人，知磨擦琥珀，能引轻微之物，因思其理，以为琥珀内必有灵性，摸擦之时，气即外发，目不能见，擦完之后，其气仍欲收入，轻微之

---

① 《淮南子·坠形训》曰："阴阳相博为雷，激扬为电。"明人刘基曰："雷者，天气郁激而发也。阳气困于阴，必迫，迫极而进，进而声为雷，光为电。"
② 顾晓岩：《益智会第四集论电》，载《万国公报》1890 年第 15 期。
③ 《论电气》（第六十八节），载《益闻录》1887 年第 651 期。

物迎之，即随气粘于其面，物稍重大，力不足以引之矣。此说有密利人名大利司者所记。"①

《大陆》《万国公报》《四川教育官报》也有文分别述及这一史实。

"摩擦琥珀之引轻物体，乃突列斯氏所发明。突列斯者，纪元前六百年希腊七贤之一也。自有此发明，电气之研究，日见进步，而推行愈广，诚极有趣味之事也。"②

"琥珀摩擦而能生磁气，古人知之矣，特不知是即电也。故以为灵，用之辟邪。……希腊有退黎斯（Thales）者，七贤之一也，始发明琥珀之被摩擦而生磁力，故推为电学之祖。今日之言电气，犹引希腊语伊利克登（elektron），义即琥珀之谓，略变而乃称电气（electricity）云。"③

"距今二千五百年前，希腊哲学家有名兑拉士者。见琥珀摩擦极热，即有热气而生火，并能吸摄灯草、芥子之类，始之琥珀中有一种气，惟不知其用，越八百余年，有基力伯出，将元理推寻，方知各物无不蓄电，方知电气可以利用，乃立说以引申之。"④

此所谓"筀雷斯""大利司""突列斯""退黎斯""兑拉士"，即古希腊"七贤"之一—泰勒斯，被人奉为"科学之祖"。"密利"即泰勒斯的出生地爱奥尼亚的米利都城。泰勒斯认为，"万物皆有灵"，即便是冰冷的石块，其中亦蕴含灵气。他虽注意到摩擦琥珀会产生吸力，但并不清楚这种吸力即是"电"，故而将之称为蕴含于琥珀内的灵气——"琥珀气"。《万国公报》曰："希腊退黎斯（Thales）既于纪元前六百年发明摩擦琥珀之有磁力，遂疑琥珀必有生气，平时若睡，摩擦之而醒，不知其为电气，故但谓之琥珀气。"⑤《商务报》亦曰："西国古书曾言，将琥珀擦之，能引头发、鸡毛等轻物，令其能引之故，由于一种气而然，此气即名曰琥珀气，但不知此气何如耳。"⑥ "基力伯"即后文所述吉尔伯特。

泰勒斯之后，古希腊人不仅发现摩擦琥珀可以吸取轻物，摩擦他物也如此。如古希腊植物学家提奥夫拉斯图斯（Theophrastus）"见一晶类之矿产（tourma-line），摩擦之亦生磁力。"⑦《教会新报》述其事曰：泰勒斯之后"三百年，地弗拉司土司书内载有一物，似水晶，能引轻物于其面。此物想即今时地学家所谓土马令也。"⑧此所谓"地弗拉司土司"即提奥夫拉斯图斯，"晶类之矿产""土马令"指电气石，俗称托玛琳，既是一种天然晶体宝石，又是一种电介质，具有独特

①⑧ 《格致近闻：卷一电气》，载《教会新报》1872 年第 218 期。

② 《杂录：电气丛谈》，载《大陆》（上海）1905 年第 3 卷第 20 期。

③⑤⑦ 高葆真：《外论：论电学》，载《万国公报》1906 年第 205 期。

④ 莘翁：《论说：论中国宜兴电学专科》，载《四川教育官报》1907 年第 11 期。

⑥ 《电学》，载《商务报》（北京）1905 年第 54 期。

的压电效应和热电效应。其后，西方电学研究长期无很大进展，直至1600年，随着英国物理学家吉尔伯特所著《磁石论》的出版，电学才步入新的历史发展阶段。

《磁石论》是一部被伽利略赞为"伟大到令人炉忌的程度"的巨著，其核心内容是系统地分析了磁、电两种现象的异同，主要提出如下认识：（1）磁是物质本身的属性，电要靠摩擦才能产生；（2）电能吸引任何轻小物体，而磁只可吸引能被磁化的物质；（3）磁的作用可以透过水、木板和石板，而带电体浸在水中时电的性质就会消失；（4）磁力属于定向力，而电力属于移动力。

晚清期刊文献对吉尔伯特的研究多有简要的介绍。如《教会新报》曰：西人吉尔伯特著书考求磁电性质，谓"磁石力与电气力有别，盖磁石与铁彼此能相引，电气之力须摩擦而生，此物现力，所引之物不现力；不但此也，磁石能引能推，现电气之物只能引，不能推。"①《益闻录》曰：

"西历一千六百年，始有英人琦勃察考物性，知玻璃、松香、琉璜、丝绸、金刚石等以羊毛或猫皮摩擦之，均能引物。譬以玻璃管一或火漆一条，或茄和楚干树胶一块，磨以羊毛布，便吸轻物，如金叶、毛羽、楮片之类。"②

《万国公报》曰：

"英国以利沙伯女王时，在一千五百六十五年，有医士稽而伯忒，细细考求，知吸力不惟琥珀有之，即以玻璃、硫磺、火漆摩擦，亦生吸力。此西国知电之始。"③

《万国公报》曰：

"十七世纪，英人季尔伯（Dr. Gilbert）著书，言有物二十余，皆可以摩擦而生磁力，如宝石、玻璃、硫磺、松脂等，故仍谓之琥珀气（Electricity），西人今犹沿称之。"④

《大同报》曰：

"当一千六百年间，英人基罗伯刊出《磁气说》一书，首述磁气感应之理，则其考究此理，远在二三百年前，无如时人识见拘圈，不加探索，致其理无由发达。"⑤

以上引文中"以利沙伯女王"即都铎王朝伊丽莎白女王一世（Elizabeth I，1533~1603），"季尔伯""基罗伯""稽而伯忒""琦勃"皆指吉尔伯特，所述虽然简略，但皆道出摩擦能够起电的物理特性。

嗣后，电学研究日渐专门化，并陆续取得一系列重要成果，如发明了起电

① 《格致近闻：卷一电气》，载《教会新报》1872年第218期。
② 《论电气》（第六十八节），载《益闻录》1887年第651期。
③ 顾晓岩：《益智会第四集论电》，载《万国公报》1890年第15期。
④ 高葆真：《论电学·试验电学之进步》，载《万国公报》1906年第205期。
⑤ 汤穆森艾流：《论十九周电学之进步》，载《大同报》1911年第9期。

机、莱顿瓶、避雷针，证明了"天电"和"地电"的同一性，等等。

## 第二节　起电机与莱顿瓶的发明

考之于史，历史上首台起电机是由德国物理学家格里凯（Otto von Guericke，1602~1686）于1650年所研制的可获取静电的摩擦起电机。其器是用带有转动轴的硫磺球放在一个支架上制成，见图3-1，其起电流程是：首先旋转硫磺所制圆球，然后以手面触及球面，经过摩擦，即生啪啪作响之电。《教会新报》述其事曰：

"以前考究电气之器，甚是简易，止用玻璃条或玻璃板，或松香或硫磺，以手掌擦之，或以羊毛擦之，故现出之力甚小。格里格思创法，使多发电气，用玻璃空球，以镕化之硫黄倾入，待冷将玻璃打碎，得硫黄球，中用一杆为轴，使转动，而以手按其外，能得电气甚多，不但能见光闪，且能闻火星之声。"①

**图3-1　格里凯起电机**

资料来源：Wikipedia：Otto von Guericke。

此所谓"格里格"即格里凯。《格致汇编》亦提及此事，谓："曾有人制作器具，收聚电气。……其器谓之摩电器。法用玻璃管或圆玻璃片，装于架上，有摇杆，令其转动"，即生电气。②

《万国公报》更为详细地介绍了摩擦起电机的发明，略曰：

"一千六百五十余年，……德宦格利克（Guericke）之造机器，即得此气之力为多。彼盖凡硫磺以手转而摩擦之，不徒生磁力，且暗中能发星火，每发作响，但仍未悟雷电之理。彼又称琥珀气有二性，一吸力，一抵力，若轻羽、薄纸

---

① 《格致近闻：续电气》，载《教会新报》1873年第219期。
② 《格致略论》（第一百二十一），载《格致汇编》1876年第1卷秋。

感于琥珀气，初必为所胶粘，嗣又为所驱而飞去，是可见已。"[1]

　　此所谓"格利克"即格里凯，曾任德国马德里市市长，在物理学研究领域也卓有成就。由其发明的起电机经过改进，很快具有实用价值，在静电研究中起了重要作用，直至 19 世纪德国科学家霍尔茨（Wilhelm Holtz，1836～1913）、托普勒（August Joseph Ignaz Toepler，1836～1912）分别发明感应起电机后才被取代。此外，《格致汇编》还介绍了一种名为"侯氏电机"的电机，其形见图 3 - 2，属于摩擦起电机。发明者为何人，未作说明，其性能则"非旧式所可比"。[2]

图 3 - 2　侯氏起电机

　　起电机虽然可以发电，但并不能储电。因此，有人试图发明储电器以便于用电。1745 年，德国物理学家克莱斯特（Ewaid Georg von Kleist，1700～1748）发明了用装有酒精或水银的玻璃瓶储存电荷的方法，储电效果较好。1746 年，荷兰莱顿物理学家穆欣布罗克（Pieter wan Musschenbrock，1692～1761）及其助手固尼阿司（Andreas Cunaeus，1712～1788）也研制出一种类似的储电器，史称"莱顿瓶"。这一发明为静电研究提供了一种储存电的有效方法，也为电学研究的深化提供了一种新的实验手段。《教会新报》有文介绍莱顿瓶之发明经过云：

　　"蓄电气瓶之法，有多人争为己创者。常言为来顿人名固尼阿司在前一百二十五年所创，所以西国名为来顿瓶。此器之法，因试木胜不落克聚电气法之时，偶然得之。将玻璃瓶内盛水，使水收电气，用长铁钉直通瓶塞，至水内钉之上端，与收电器相通。但木胜不落克虽得水内有电气，而瓶外无引电气之料，故不

①　高葆真：《论电学·试验电学之进步》，载《万国公报》1906 年第 205 期。
②　狄考文：《侯氏电机》，载《格致汇编》1881 年第 9 卷。

能成。固尼阿司依其法试后，一手执瓶，一手欲将铁钉离收电气器，电气忽通过其二手，甚猛。固尼阿司将此事告木胜不落克，而再以手执瓶，其验如前，但未知其理。

又言来顿瓶为贾明人名固来司得考出，前一百二十六年冬，致书于普国京都名利白根，云将粗铜丝一根置于瓶内，其瓶预将干石粉擦之使干，而置醇酒或水银少许，手执其瓶，使铜丝近收电气器，则瓶内发出电火，执瓶行六十步而火灭。若多蓄电气于瓶内，携至别处亦可，烧醇引电入瓶之时，将指著铜丝，通过之力，使手振动。人若立于不引电之物上，则所收电气比常法更多，如将铜丝切于十五英尺长之锡管，则管收电气极多，因力大而有二块薄玻璃打碎。将此铜丝与别种引电气之物，或不引电气之物相连，俱不现力已。将其连于玻璃、火漆、金类等，未受大力，所以必为瓶增其力，如手中执瓶，则不能烧酒精。"①

这则引文概述了克莱斯特和穆欣布罗克发明"莱顿瓶"的过程及储电效果。此所谓"来顿"即莱顿，"固来司得""木胜不落克"即克莱斯特和穆欣布罗克。前者为普鲁士卡明大教堂副主教，后者为莱顿大学教授。二者虽系独自发明储电瓶，但其制作原理相同。

简言之，莱顿瓶就是一个特殊的玻璃瓶，内盛水银或酒精等物，以铜丝或铁丝引电入内以储存之。《格致汇编》述其制作之法曰："以寻常之大口玻璃瓶，外糊锡箔，电气从此能收蓄瓶内，亦能放出传于各物。其瓶塞之上有小铜球，蓄有电气时，一手把瓶，一手用指节与球相切，则近时发火星，人手觉电气入身而颤搐。"②《万国公报》有文亦提及莱顿瓶，略谓："电学家有一种盛电之器，料瓶是也。其盛电之法，用生电各机，盘旋运动，电气自能注于料瓶；然后将瓶封固，使电不外泄，无论何地，均可携带，以供生力生光之用。随心所欲，无不如愿，真一方便法门也。"③此所谓"料瓶"即莱顿瓶。《格致新报》有文解答了莱顿瓶的蓄电量，谓"其容电多少，须以瓶之大小为凭。"④因克莱斯特发明的储电器未能及时公布，故莱顿瓶的首创者是克莱斯特还是穆欣布罗克存有争议。

《益闻录》所载《电学问答》专门解答了莱顿瓶的构造：

储电器有雷特瓶法。"其制最古，于西历一千七百四十六得之雷特城，故称雷特瓶"，其状如图3-3。"瓶以薄玻璃为之，大小随人所欲。瓶愈大，储电欲多。瓶内充以金叶，瓶外包铜皮，至瓶肩下数分而止。瓶底亦包铜皮，颈中有软

---

① 《格致近闻：续电气》，载《教会新报》1873年第219期。
② 《格致略论》（第一百二十一），载《格致汇编》1876年第1卷秋。
③ 《西国近事：电学汇志》，载《万国公报》1893年第55期。
④ 储馨远：《答问：第一百二十七问》，载《格致新报》1898年第10期。

木塞一枚，紧而满塞，中穿一穴，贯以铜钩。铜钩外头按一圆球，其内头作尖形，插金叶中。西人称金叶曰内甲，称铜皮曰外甲。……收电之法，手执外甲，以铜钩圆球逼近电机，顷刻阳电通于金叶，阴电生于铜皮。若手执铜钩，而以铜皮逼近电机，则阳电在外，阴电在内。其手执处，所有与机同名之电，早入地下。"①

图 3 – 3 莱顿瓶

此所谓"雷特瓶"即莱顿瓶。此款莱顿瓶以玻璃瓶为之，内置金属片，外包以铜皮，以木塞封瓶口。另备铜丝一条，一端插入瓶内，一端与起电机相连。起电机启动后，电流即充于瓶内。《商务报》亦述及一款莱顿瓶，瓶用玻璃制成，"外糊锡箔，电气从此能收蓄瓶内，亦能放出，传于各物。……如连用多瓶，瓶亦格外大，则所存之电气足以击毙大牛，所放电火之热能熔黄金。"② 《万国公报》有文则介绍了莱顿瓶的改进情况：

"千七百四十六年，荷兰之来敦人古尼司（Cuncus）造一瓶，以盛琥珀气，即名来敦瓶（Leyden Jar）。注水使满，有铁钉贯瓶之塞，上出于塞，下入于水，左手执瓶，以机械发其气，而右手按钉，则发火星，手振若被击，微痛。继有人改良之，瓶内外咸以锡纸护之，只余瓶颈，其塞上涂松脂油，以防气泄。代铁钉以铜签，签上有球而有链，链即于内锡纸。球与内锡纸受正电既满，则外锡纸必生负电，更以铜线联外锡纸与球，电则正负二电冲激，星火灼烁矣。"③

---

① 《电学问答》，载《益闻录》1898 年第 1779 期。
② 《电学》，载《商务报》（北京）1905 年第 54 期。
③ 高葆真：《论电学·试验电学之进步》，载《万国公报》1906 年第 205 期。

这里作者不仅述及莱顿瓶的构造及其改进情况，也介绍了莱顿瓶的储电程序和所储电量。如其所言，改良后的莱顿瓶的基本构造是，玻璃瓶一个，瓶里瓶外分别贴有锡箔，封闭其口。从瓶口插一根金属棒，其上端连接一个金属球，其下端通过金属链与内壁相连，见图3－4。此瓶能蓄电，也能放电，蓄电量小则使人"颤抽"，大则"足以击毙大牛"。

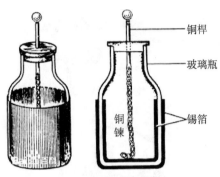

图3－4　蓄电瓶

莱顿瓶发明后，"西国俱以为甚奇"。有人不惜以身试电，品味被电击感觉。《教会新报》言：莱顿瓶制成后，穆欣布罗克之友阿腊曼得"常与同试"，云"第一次受电气，入身内数分时气绝，右手觉甚痛，恐此手将废。"另有名为温克赖者，云"第一次受电时，全身抽搐，血脉乱动，头觉甚重，如戴大石，必服寒凉之药，使血渐缓。又一次受电气时，鼻中流血。"①

莱顿瓶的发明颇益于电学研究，时人曾利用它进行放电试验，其效能杀死老鼠、点燃酒精等物，还有人利用它进行放电演示试验，而"格致家则考究来顿瓶之理"。据记载，法国物理学家诺勒特（Jean－Antoine Nollett，1700～1770）对莱顿瓶的发明深感兴趣，并予以改进，在1746年法国科学院的会议上利用国王180名士兵进行集体通电实验，结果令众士兵同时跳起②，见图3－5。《教会新报》和《万国公报》分别述其事云：

"有试得电气力同时传过各物之速，如法国王使兵一百八十名，各人以手相接，其首末二人同时一以右手执瓶外，一以左手按内层相连之线，各人齐受电气之力。后将数瓶合并，则电气增多数倍，能令易烧之物焚烧，虽金类细丝与金箔

———————

① 《格致近闻：电气》，载《教会新报》1873年第220期。

② 关于诺勒特所作莱顿瓶放电实验，还有一种说法是，他在巴黎一座大教堂前，让七百名修道士手拉手排成一行，队伍全长达900英尺。然后让排头的修道士用手握住莱顿瓶，让排尾的握瓶的引线，一瞬间，七百名修道士，因受电击几乎同时跳起来，令在场之人大为惊讶。

俱能焚烧，小动物亦能震死。"①

"自来敦瓶出而试验者众，法王闻之，命兵卒百八十人递携其手，使首一人持瓶，而末一人按球，则全队之手皆振而微痛。又有以数瓶相接，借其气杀小兽。又有以其瓶传气作指南针。又有置铜线长二英里，试验其速度，知此端既发气，则彼端几同时而即达。"②

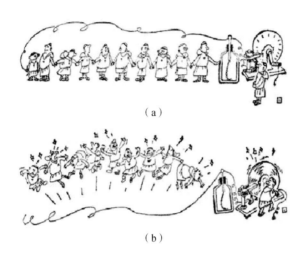

（a）

（b）

**图 3－5　莱顿瓶通电实验**

在介绍莱顿瓶的同时，《益闻录》还道及另外两种与莱顿瓶相类似的储电器。一种是由赫秘诺制作的"赫秘诺器"，其形见图 3－6。图中"甲乙为二铜板，大小相同，均支于玻璃柱，丙字为玻璃片，较甲乙稍大。之三者俱立横档上，用螺丝钉粘住，惟甲乙可移动，而丙则不可移。"将甲乙移近至丙，其状见图 3－7。"二铜板咸有一铜丝，一通电机，一达于地。试以乙板与电机相通，电气自电机出，经铜丝达于乙板，旋经玻璃片达于甲板。斯时也，乙板称收电具，甲板称储电具。"③ 这种储电器之玻璃片和两铜板在功能上相当于前述莱顿瓶之瓶体和内甲与外甲。赫秘诺为何许人，待考。

---

① 《格致近闻：电气》，载《教会新报》1873 年第 220 期。
② 高葆真：《外论：论电学》，载《万国公报》1906 年第 205 期。
③ 《电学问答》，载《益闻录》1898 年第 1776 期。

图 3 - 6　赫秘诺器（一）

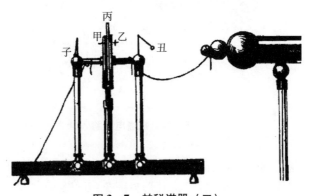

图 3 - 7　赫秘诺器（二）

　　另一种是由美国科学家富兰克林（Benjamin Franklin，1706～1790）制作的"活甲瓶"，其形见图 3 - 8，其制作方法是："用以征玻璃，两面亦有电气。法以玻璃作一杯，在卯字处，其外甲以白铁皮制成，在子字处，其内甲亦白铁质，在丑字处。将三者叠置成像，如寅字处一瓶，其实与雷特瓶无异，惟离合随人，不若雷特瓶之钉定者耳。既而传电瓶中，置诸松香上，用手先提内甲，次提玻璃杯，次提外甲。时二甲之电业已由手入地，然使以四者复叠为一，则仍有火星出，与未分前相若，何以故，因玻璃上亦有电气也。"[①]

　　这种储电器之所以名曰"活甲瓶"，是因为其外壳可以活动。此所谓"以征玻璃"，当系音译，英文名为何，不详。此瓶"与雷特瓶无异，惟离合随人，不

────────────

　　① 《电学问答》，载《益闻录》1898 年第 1779 期。

若雷特瓶之钉定者耳。"

图 3-8　活甲瓶

# 第三节　富兰克林的电学试验与发明

莱顿瓶发明后，远在北美费城的富兰克林①很快获得了这种研究成果②，并据此步入艰苦的电学实验历程。

首先，富兰克林认定"琥珀气"与电属性相同。先是，英国人沃尔（Wall）、法人诺勒特已提出琥珀气即电气的论断，至是经富兰克林的实验，最终确定"琥珀气"即电。《万国公报》述其事云：

"初言琥珀气之同于电气者，为英人哇勒（Dr. Wall）。哇勒在千六百九十年以签支琥珀，用氄绒摩擦之，发星火而作微响，谓其若木炭之爆裂声，而星火及人手指，若被轻击，据余之见，其光与声殊同雷电。嗣有法人俪勒（Abbe Nollet），谓琥珀气能以击毙小兽，诚同于电，设有研究以明其相同，则科学家必欢迎云。于是千七百四十九年，美人斐兰格领致函某科学家云：琥珀气之与电相同者，不一而足。闪光之发同，光之色同，光之形同，速力同，金类能传之同，正负二气合而作响同，能生于冰水同（电之星火可以发于冰水），能使物破裂同，能杀动物同，能化金质同，能燃可燃之物同，其臭又同。"③

这里作者概述了富兰克林所列举的"琥珀气"即是电的若干证据，与史实相符。他所致函的"某科学家"当为英国皇家协会的柯林森（Peter Collinson，1694~1768）。此所谓"哇勒"即沃尔，"俪勒"即诺勒特。

其次，证明"天电"与"地电"相同。早在格里凯发明摩擦起电机之后，有名胡腊者已察得："电气所现之事，与天空雷电相同。摩擦大块琥珀之时，闻

---

①　以下引文内所谓"斐兰格领""傅兰克令""富兰林""法郎林""弗兰克令"皆指富兰克林。

②　1746 年，英国物理学家柯林森（Peter Collinson）向富兰克林邮寄了一只莱顿瓶，并在信中向他介绍了使用方法。富兰克林对此极感兴趣，利用莱顿瓶作了一系列实验，并对莱顿瓶的功效进行了深入的分析。

③　高葆真：《外论：论电学》，载《万国公报》1906 年第 205 期。

簌簌之声，有一小光闪，用指近琥珀，即闻声见光，而指觉一推，其声与烧木炭之声相同。琥珀一擦之后，手指速置其上，可得五六声，故拟此小声光必似天空之雷电。"① 此"胡腊"为何人，待考。富兰克林提出"琥珀气"即电的论断后，引起其他科学家的的兴趣。为了证明这一论断，法、美、俄等国多名学者进行了实验。由是，科学家们不仅证明了琥珀气即电气，而且证明了雷电与人工电属性相同。《教会新报》述及电学史上若干重要雷电实验②，兹引述如下：

率先进行雷电实验的是法国学者达利巴德（Thomas – francois Dalibard，1709 ~ 1778）和其同事德洛尔（Delor）。其实验详情是：

"有法国人，一名打里巴得，一名得路。二人闻知弗氏之说，即创器以收云中之电气。打氏所用之器为尖铁杆，长约四十尺，下端入于室内，以木杆接之，用丝绳缚紧，取其不传电气之意。一日打里巴得有要紧事出外，托木工名酷非爱守此器。五月初十日申初，忽发大雷，酷非爱急入室内，依打里巴得所教之法，将瓶内置一铜丝，与铁杆相近，能发大光与大声，再试第二次，光声更大，呼邻人速来观看，并请教士来看，因伊最喜欢格致之事业。彼时雨電甚大，教士见铁杆发光星电，而有蓝色长一寸半，有硫臭，四分时内，发大星六次，有一次电气入手内，而大受振动，见手上有痕，如以棍打伤者，立刻致书于打里巴得。从此知器生之电气与天空之雷电相同。此事在前一百十九年。八日之后，得路之铁条长九十九尺者已成，亦得电光，法国王与各大臣临观。"

此所谓"打里巴得""得路"即达利巴德和德洛尔。据考证，1749 年，富兰克林已提出了"闪电和电的一致性"的理论。1751 年，他在日记中这样描述人造电与雷电的相同之处：

"器生之电气与天空电气相同之处有十二事：一，能发光；二，光色相同；三，光路弯曲；四，光动极速；五，金类能传引；六，同时发声；七，能藏于水；八，传入物体，即使破裂；九，打死动物；十，镕化金类；十一，能烧易烧之物；十二，发臭如硫。"③

翌年，富兰克林的研究构想在巴黎发表。达利巴德、德洛尔得悉后，即依其思路于 1752 年 5 月 10 日雷雨时，将闪电火花引到了一根尖铁条上，见图 3 - 9。据上文所言，达利巴德的实验流程是：备一根长达 40 尺的尖铁杆，一端伸于屋外，另一端系以木杆，伸于屋内。另备蓄电瓶，雷响时将瓶内铜丝移近铁杆，即"能发大光与大声""从此知器生之电气与天空之雷电相同"。

---

① 《格致近闻：续电气》，载《教会新报》1873 年第 219 期。
② 《格致近闻：电气》，载《教会新报》1873 年第 222 期。
③ 《格致近闻：电气》，载《教会新报》1873 年第 221 期。

**图3-9　达利巴德、德洛尔引电实验**

因远隔重洋，富兰克林并未及时获悉达利巴德、德洛尔的实验结果。他原计划建立高塔后再进行雷电实验，但因高塔不能速成，乃决定改用风筝进行引取雷电实验。《教会新报》曰：

"二人之事，弗氏尚未知之，而恨其塔之不速成，故设放风筝以收电气。前一百十九年六月，见将发雷电之时，试放风筝，然恐不成，而被人嗤笑，故与其子同往，如为其子所放者。作法用二根薄木片相交，将方块丝布四角钉连于木片之四端，上有尖铁丝以收电气，用平常麻线，下端有铜节，以丝带连其上，而手执丝带放之。风筝已高之时，有迅雷疾风，但无电气现出，久之弗氏以为必不能成，忽然麻线外之毛直立，如收电气之状，将指近铜节，见火星发出，再试一次，亦相同，因未雨而绳干，故不甚能引电气，迨至下雨之时，火星甚大，遂用莱顿瓶收之。"①

据此可知，富兰克林与其子在雷雨天把装有引电丝的风筝放入云层，将雷电成功收入莱顿瓶，从而证明"天电"与"地电"的同一性，时为1752年6月。法国经济学家杜尔哥（Ann-Robert Jacques Turaot，1721~1781）曾为他写下了这样的赞语："从苍天那里取得了雷电，从暴君那里取得了民权。"《格致汇编》亦述其事曰："从前格致家电学未成，不知人造之电与天闪为一物否。傅兰克令设法放一纸鸢，上置钢尖一条，其麻线之端系一铁匙；又将铁匙系以丝线而手执之。其所以手执丝线者，因其不引电气也。天起雷时，所放纸鸢上之铁匙能发电

---

① 《格致近闻：电气》，载《教会新报》1873年第222期。

光点，从此考知电气与天闪同为一物。"① 图 3 – 10 为富兰克林风筝引电实验。

**图 3 – 10 富兰克林像**

资料来源：《美国傅兰克令传》，载《格致汇编》1877 年第 2 卷春。

2006 年 1 月 17 日，是富兰克林诞生 300 周年纪念日。为纪念这位"全才"式的美国伟人，美国邮政在 2006 年 4 月 7 日发行邮票一套 4 枚，见图 3 – 11，其中第二枚邮票图案为富兰克林作引雷试验和试验后写作《闪电与电气相同》的论文。

**图 3 – 11 富兰克林纪念邮票**

达利巴德、富兰克林等人引取雷电实验消息传出后，各国其他学者亦先后加入实验行列，如希腊学者罗麻司利用风筝在 600 尺高空进行引电实验。因时人对电的认识还不够深入，故有人在引取雷电实验中被电击伤，甚者被击毙，如俄国科学家里希曼（Georg Wilhelm Richmann，1711 ~ 1753）即在试验中不幸中电身亡，见图 3 – 12。《教会新报》概述其情曰：

"云内得电之事，布传各国，格致之士俱喜亲自试验，有因不慎而受伤几死

---

① 《美国傅兰克令传》，载《格致汇编》1877 年第 2 卷春。

者。尼腊人名罗麻司于千一百十五年八月用风筝，长七尺、阔三尺，线中包以细铜丝，使其传引电气，易于麻线；用锡管连于线之下端，锡管连以丝带，下垂距地不远。风筝高六百尺，锡管连发星光，径一寸，长十尺。有一次发大声，见闪电自锡管入地内，将地打成大孔。罗麻司觉其面受电气之力与人制电气所发之力相同，即退后远离，恐受其害也。初放风筝时，执绳而受甚大之电气力。又有摩米爱与白地爱二人，用此种器为雷击跌地，又有多人受大小各伤。一千七百五十三年八月二十六日，俄国京都人名里知门为雷打死，因设一试电气力之器，天雷时其头向器一看，相距一尺，忽发蓝色火球，大如人拳，自气杆直入其头内而立死。有一人名所罗可，受电力跌地后云，未闻雷声，但觉全身无力而跌，后见其房内各物尽骇，电力之大，房门打裂，铰链拉断，门亦落下。……空中电气遇人身与来顿瓶内之电气相同。有人亲身试验。一日天大雷雨，有一水箱满水，有管通水外出，欲塞其管使不流，恰引电气传入右手，因肘尖靠箱，故由此而出，未入身内，速即退后，听得极大雷声，幸有通水管甚多，将电气引于地内，因知传入手内者，不过全电气之极小分也。"[①]

这里述及几例"风筝引电"实验，文内所及罗麻司、摩米爱、白地爱、所罗可等人，履历不详；"里知门"即里希曼，被电击死后，"额上有红点，外皮未破，血肿于内，亦有渗出者。左鞋磔裂，裂处之足皮变蓝色，如电气入其头而出其足者。身之别处有数红点与蓝点，无有破损。……其尸易臭腐，二日之后，难以殓入棺内。"[②]

**图 3 - 12 里希曼遇难**

资料来源：Wikipedia：Georg Wilhelm Richmann。

---

①② 《格致近闻：电气》，载《教会新报》1873 年第 222 期。

总之，经过众多科学家的反复实验，学术界终于证实了"天电"与"地电"的统一。

对于达利巴德、富兰克林等人的实验，《万国公报》也曾予以报道：

"法国达利罢（Dalibard）与德罗（Delor）二人按斐兰格领所言试验之。达氏在距离巴黎十八英里，立木以支铁线，高四十尺，铁线之上下两端皆比木长，而不通入于地，木之根护以板屋，使不为水淫。德氏在巴黎市内布置亦如之。千七百五十二年五月，值雷电交作，达氏偕一教士至其处，以来敦瓶承铁线，而收电于空中，继按瓶上铜球，果发星火而手微痛，与琥珀气正同。历试皆然。越八日，雷电又作，法王与贵族同至德氏布置之处证其事。幸二次雷电均不大，故无危险。及俄人利翟曼（Richmann）如法试验之，即被击毙矣。次月，斐兰格领挈其稚子，在雷电中放一风筝，风筝绕以铜线，而绳之末缀铁匙一，稠巾一，斐氏左执绸巾以防危厄，右以来敦瓶承铁匙，亦能收空中之电。由是人皆知琥珀气之即电气已。"①

此文所述内容虽比《教会新报》晚30多年，但因其载于《万国公报》上，其影响力更大，由是国人"皆知琥珀气之即电气已"。文内所谓达利罢、德罗、利翟曼，即达利巴德、德洛尔、里希曼。

此外，《中西闻见录》《格致汇编》《师范讲义》亦专述富兰克林风筝引电实验情况：

"格物家考察电气，非一朝一夕而得之。……乾隆三十年，美国富兰林设法验试，遇雷雨时，以纸鸢放于空际，初见绳上丝缕蓬然竖立，继则气随绳下，盛之充瓶，用一铁匙稍近瓶口，则火星跃出，逆然有声，与向用之器无异。因知琥珀、玻璃等物所生之气实与雷电无殊（西人初名琥珀气，今日电气者以此故），电学由是盛兴。"②

"一百四十年前，格致家见人工所作之电既发火星，且有响声，因揣天上电光如人工所作电之火星，其发出雷者，如人工所作电之响声，但雷电情状大于人工所作之电也。嗣有美国富氏欲证其理，在天阴时放一纸鸢，上带铁针（形如射镞）；针之下端，系以麻线，线端系以铁条，条端系以丝线，手持丝线端，以防雷电。初放之时，无有效验，移时引雷，陡觉麻线发涨，以手依条，则过火星，旋见雨落，麻线淋湿，较前尤能通电，其火星更发，即可以条所过之电蓄之于瓶也。总之，人工所作之电与天上所引之电，其情状无不相同。"③

"何人体出天上电光与做成电气其性相同，并于何年试出，从何体验？答曰：

---

① 高葆真：《论电学·试验电学之进步》，载《万国公报》1906年第205期。
② 丁韪良：《电报论略》，载《中西闻见录》1875年第34期。
③ 《论雷电》，载《格致汇编》1892年第7卷春。

美国博士法郎林于一千七百五十二年，值雷电之时，用丝绸做成一风筝，取铜线放于空中，线头系一铁钥匙，见钥匙被铜线牵引，火光跃出。"①

"昔西儒傅兰克令见空中之雷电与发电器上之电气声光相同，疑为一物，于纸鸢上插尖铜，在夏日大雷雨时，以麻绳放之，而下连丝线，以绝其缘。于是引得电气，试以常法，果与人造电气无异。"②

以上引文所述史实基本准确，唯《中西闻见录》将富兰克林的风筝引电实验定在乾隆三十年（1765），有误，应为乾隆十八年（1752）。

最后，发明了避雷针。富兰克林之所以能发明避雷针，一则基于其所获"针尖不能增电气之力而反毫无电气"的电学知识，提出"器生之电气，能为尖物相引，未知天空电气亦有此性否"的疑问③；一则基于其所做风筝引电实验。在风筝引电实验中，他发现风筝上的尖细铁丝能使云层安全放电，因此，悟到接地的高耸的尖形铁棒可以用来保护建筑物。于是，他按照这一设想在1752年制成避雷针。《教会新报》记述其事云：

"弗兰克令之前，未有以云中之电引下而确知人造之电气与天空之雷电为一物之据。弗兰克令考得此事，赖好不金生所告之事也。好不金生将一铁球，内有孔，插入一针而针尖向外。将球藏满电气之时，想电气力必聚与针尖，讵料针尖不能增电气之力，而反毫无电气，因电气力俱为针尖散去也，即将此事告知弗氏。弗氏立究其据，知球有针相连之时，不能藏电气力，随将针拔去，使球满电气，另有物通入地内，以其尖近球，则球内所有之电气俱入地内而散去。弗氏从此悟得其理，如有金类尖杆在甚高之处，必能将天空之雷电自云中引至地下，但所居之处无有高处可以试验，而当时适造礼拜堂之高塔，欲待塔城而后试之。塔尚未成而已传其法于外，托人于便当之处试之。"④

如是而论，富兰克林发明避雷针之灵感得自好不金生。好不金生在实验中发现针尖能够散电，富兰克林即利用这一特性，提议在建筑物高处安置金属尖杆，藉此将雷电散于地下，以达到避雷效果。文中所及"好不金生"为何人，待考。《格致初桄》专门论述了避雷针之理，略曰：尖头之物善引电，"故高树、旗杆及堂屋尖顶等类，俱能吸引电光。"若在其上安装避雷针，电即"从铁杆上泻至地下，与房屋无患矣。"⑤

《理化学初步讲义》也述及雷电之理及避雷针的发明：

"天空之有电气，原因甚多，略由水汽上升，与林木山岳等摩擦而生。其性

---

① 天津水雷局译：《电学问答》（第二十七问），载《格致汇编》1880 年第 3 卷秋。
② 钟观光、陈学郢：《理化学初步讲义》，载《师范讲义》1910 年第 5 期。
③④ 《格致近闻：电气》，载《教会新报》1873 年第 221 期。
⑤ 白耳脱保罗：《格致初桄：论避雷针》，载《格致新报》1898 年第 9 期。

在晴天多属阳电，在阴天及雨天，则阴阳不定。今如有云含电气甚浓，而在近傍或下层之云，含有异姓电气，行至切近，则必发声与光，互相中和，其声即吾人所闻之雷，而光即所见之电也。又如云含阳电气，地面含阴电气，则电又逐行向地，以求吸合。此时有树木、墙屋、人家等物，高于地面者，雷即依为通路而经过之，是则成为雷殛，非其物有罪恶，降是以罚之也。故逢大雷雨时，勿置金属及尖物，勿傍墙壁，尤勿就树木隐避。凡高屋不可近，又不使己身高于他物，为至要也。……巍巍高阁，恒受电击，宜设避雷杆御之，此亦傅兰克令之所制造。"见图3-13，"杆为铁制，上作尖端三叉，镀白金或银，以免其锈，下联金属板，埋入地中深处，周围填以木炭，或沉入水池，使长湿润，则引电气至地下流散，可免暴殛之患。上海洋屋之顶，有物高矗，即此柱也。海船之高桅，亦多设之。"[①]

　　这里，作者不仅指出避雷针的形制与安装方法，而且分析了雷电产生机理：雷电是由上升的水气与山岳、林木摩擦而生，云中电荷的分布较复杂，但总体而言，云之上部以正电荷为主，下部以负电荷为主，地面则带与云底相反的电荷。云气升降中，正负电荷"互相中和"，激荡成闪电。因此，作者批驳了雷殛为"其物有罪恶，降是以罚之也"的愚昧观念。

**图3-13　避雷针示意图**

　　避雷针的发明为"电学有益于人之第一事"，《教会新报》评其功效曰：避雷针"可作于最高之处而免房屋之雷击，因电气欲近屋顶之时，杆即能收之而入

---

① 钟观光、陈学郢：《理化学初步讲义：磁气及电气》，载《师范讲义》1910年第5期。

地内；船桅上亦可用铁条引电入水内，今时船屋用铁条合法者，俱未受雷击之害。"①

## 第四节　关于电本质的假说

什么是电？这是电学研究的首要问题。古希腊人认为，电是蕴含于琥珀内的一种"元气"，"琥珀内必有灵性，摸擦之时，气即外发，目不能见，擦完之后，其气仍欲收入，轻微之物迎之，即随气粘于其面，稍重大，力不足以引之。……故西人名电气为琥珀也，依希腊语谓之以立克脱伦。"② 到了近代，学界普遍认为电是蕴藏于一切物质中的无形的"流质"。《商务报》曰："西国古书曾言，将琥珀擦之，能引头发、鸡毛等轻物。令其能引之故，由于一种气而然，此气即名曰琥珀气，但不知此气何如耳。……近今格致家俱以为此气由感动各体而生，但考究其各性情与其各理，则算为流质，此气即今人所谓之电气。"③ 但如何认定这种"流质"，学术界曾有两种看法。以杜菲（Charles Francois Du Fay, 1698～1739）④、库仑（Charles - Augustin de Coulomb, 1736～1806）为代表，持"双液说"；以富兰克林为代表，持"单液说"。

1734 年，法国学者杜菲在实验中发现带电的玻璃和带电的松脂是相互吸引的，但两块带电的松脂或带电的玻璃则是相互排斥的，即"同性相斥，异性相吸。"据此，他推论电有两种：一种与玻璃带的电相同，称"玻璃电"（正电）；一种与松脂带的电相同，称"松脂电"（负电）。为了解释这一现象，杜菲提出了"双液说"，认为物体内存在两种"电液"，彼此可以中和，但通过摩擦可将其分开。《万国公报》有文云："法人拖菲（Du Fay）则谓此气亦可区为二：一正一负。玻璃摩擦而生之气为正，琥珀、松脂摩擦而生之气为负。设二物而同感于其正者，则得抵力，或感于其负者，则得吸力。所感多而气不传散，则发星火。"⑤《教会新报》有文曰："法国人名费，考知电气有二种。将玻璃摩擦而近金箔即推，再将松香摩擦而近金箔即引。见而异之，再试一次，仍然相同。又试，先用松香则金箔推，后用玻璃而金箔引。所以，想玻璃与松香所发之电气不同类，即分为玻璃电气与松香电气。"⑥《益闻录》亦述杜菲区分电荷的过程，

① 《格致近闻：电气》，载《教会新报》1873 年第 222 期。
② 《格致近闻：电气》，载《教会新报》1872 年第 218 期。
③ 《电学》，载《商务报》（北京）1905 年第 54 期。
④ 下文引文内所谓"拖菲""费""杜斐"皆指杜菲。
⑤ 高葆真：《论电学·试验电学之进步》，载《万国公报》1906 年第 205 期。
⑥ 《格致近闻：续电气》，载《教会新报》1873 年第 219 期。

略云:

"一千七百三十四年,法人杜斐以松香一条擦以羊毛,将松香携近辩电栅,小球为松香吸引",见图 3 – 14;"迨松香著轻球,球即退去",见图 3 – 15。"玻璃管摩擦后,逼近轻球,与球离合之势,无以异于松香。然轻球离避松香时,以玻璃管近逼,球又就管,轻球离避玻璃管时,以松香近逼,球就松香。据此松香、玻璃发电迥殊,遂有松香电与玻璃电名目。"①

图 3 – 14　电荷实验(一)　　　　　图 3 – 15　电荷实验(二)

1747 年,富兰克林提出了"单液说"。其基本认识是,电是一种存在于一切物体和空间中的不能称重的"流质",当物体内外所存在的电液密度相同时,物体即呈现"电中性",一旦在起电过程中打破这种平衡,电液便开始在物体间转移流动。电液密度大于外部的物体就带上了正电,可用" + "号表示;电液密度小于外部的物体则带负电,可用" – "号表示。《益闻录》述其论点曰:

"电气生发之由,迄今犹未探悉,百年前美国学士哷郎棱创言:电气推引二力,出于一气,至轻且密,缥缈无踪,万物中无物不具,惟隐伏不宜外,无行踪;若为他物所撼,增损其气,则显露于外,或引物或推物,分松香、玻璃二电。"②

"性学家言,电气乃精气一种,性沉静,无斤两,精渺不可言状,在于形物之体,弥漫于漏隙中。……学士福郎棱意电气惟一种,功用虽殊,皆出一电之力。……凡物于未发电时,二精气多寡相等,因有相克之理,故不动并不知其有电。此之谓静电。迨以摩擦或以他故发电,则二精气一盛一寡,多寡不匀,盖受擦之物分其一精气于擦之物,而擦之之物亦分其一精气于受擦之物,分则衰矣。"③

---

① 《论电气》(第六十八节),载《益闻录》1887 年第 651 期。
② 《论电气》(第六十九节),载《益闻录》1887 年第 653 期。
③ 《电学问答》,载《益闻录》1898 年第 1763 期。

此所谓"咈郎棱""福郎棱"即富兰克林。值得一提的是，在阐述"单流液"说时，富兰克林还提出"电荷守恒定律"，即"电不因摩擦玻璃管而创生，而只是从摩擦者转移到了玻璃管，摩擦者失去的电与玻璃管获得的严格相同。"易言之，就是玻璃受到摩擦，"流质"就流入玻璃，使"流质"含量增加；树脂受到摩擦，则"流质"流出树脂，使流质减少。富兰克林用数学上的"正""负"来表示增加或减少的电流质，称"玻璃电"为正电，"树脂电"为负电。电荷守恒原理意味着在任何一封闭系统中，电流质的总量不变的，它只能被重新分配而不能被创生。《教会新报》有文阐述了这一原理：

"弗氏（富兰克林——作者注）谓……摩擦玻璃等物，不能生电气，只能改各物藏电气之数，使此物有余，彼物不足，所以设正、负二字为电气之状。但此理之本，乃各物之电气原是一种，因有余或不足而现出二种之力。故二物一为正，一为负，则彼此相引，二物俱正或俱负，则彼此相推。其相引之事不过使电气平匀也。"[1]

对于富兰克林所持"单液说"，法国物理学家库伦并不认同。他认为，电以"玻璃电"和"松香电"两种"液质"存在，同性互斥，异性相吸，彼此无论是互斥还是相吸，皆无须凭借任何媒介。《益闻录》述其论点曰："电气生发之由，……英人新默尔别创一说，谓各物俱有二气，一曰松香气，一曰玻璃气，二者相等，沉静不动，人以为无电，摩擦消镕，其物则二气分而发露于外。"[2]《教会新报》亦曰：

"前一百十二年，雪麻司尝驳弗兰格令所论电气只有一种，不使相平，即生正负之理，所以历试各事，知电气必有二种，彼此相对，同时发现，不能有此而无彼。此理约与费氏（杜菲——作者注）所言之理略同，而雪麻司亦用玻璃与松香之名，其与费氏不同者，因费以为二种电气能分开发现，不能相合，但此与所试各电气之事不相合。"[3]

此所谓"弗兰格令"即富兰克林，"新默尔""雪麻司"即库仑。如作者所论，库仑所持观点与杜菲基本相同，不同的是杜菲认为"玻璃电"和"松香电"能够分开，不能相合，而库仑则认为二者是共生的，"不能有此而无彼"。

对于"双液""单液"之说如何认识，当时学术界或是或否，持论不一。《教会新报》曰：

"玻璃与松香电气之名，虽当时人不多信之，而后来欧罗巴电学家多遵信之，至今不废，惟英国仍信弗兰格令简便之理，而常言正负之名。步里司德里详考雪

---

① 《格致近闻：电气》，载《教会新报》1873 年第 220 期。
② 《论电气》（第六十九节），载《益闻录》1887 年第 653 期。
③ 《格致近闻：续电气》，载《教会新报》1873 年第 223 期。

麻司所言之理，仍信弗兰格令之理，然亦云电气现出之各性，用二种电气之说与一种电气之说，无不相同；若论其相推之性，则二种之说比一种之说易明，惟一种之说比二种之说为更简，故今仍遵电气有一种之理不改。"①

此所谓"步里司德里"即英国科学家普利斯特里（Joseph Priestley, 1733～1804），著有《电学史》《关于种种空气的实验与观察》等书。他在电学领域的重要贡献是，证明空腔导体带电时，其内表面没有电荷，并推想电的引力亦遵从万有引力定律。他虽然认同富兰克林的单液说，但又认为就电的正负性而论，"双液""单液"并无不同。

其实，电并非物质，无论是"单液说"，抑或是"双液说"，皆将"电"视为一种粒子，如同"光微粒"说一样，并不正确。不过这丝毫不能抹杀这些物理学家们在"电世界"探索中所做出的杰出贡献，更不能否认其上下求索的学术专研精神。随着电学研究的深入，学界逐渐扬弃了"双液说"和"单液说"，认为电不是一种物质的存在形式或表现，而是一种物质的动能状态，是静止或移动的电荷所产生的物理现象。《益闻录》述及当时学术界对电本质认识的变化：

"近数十年来，学士弗宗唏、新二君，然别立一说，谓万物均具精气，物所以炎热发光生电，皆此精气之运动。盖精气聚于物面，是为阳电；散于物面，是为阴电；浑潜物中，则以为无电。据是阳电、阴电皆一气所为，惟聚散不同耳。"②

此所谓"唏、新二君"即富兰克林、库伦，"精气"是指电荷。从电荷的角度来说，电现象就是电荷的定向移动。尽管这一解释仍未能揭示电本质的要害，但也是时人对电的最新认识。直到1897年，随着英国物理学家汤姆孙（Joseph John Thomson, 1856～1940）发现电子，才最终探明电的本质。

## 第五节　库仑定律的建立

尽管电的"双液说"和"单液说"理论存有缺陷，但在其争论中学界一致认为正负电荷现象的存在，电荷间存在相吸相斥特性。这就促使学者们追问电荷的分布以及电荷之间的相互作用是否有规律可循，由是，开辟了定量电荷研究的新领域。

1755年，富兰克林研究发现电荷只分布在导体的表面，而在导体内部是没

---

① 《格致近闻：续电气》，载《教会新报》1873年第224期。
② 《论电气》（第六十九节），载《益闻录》1887年第653期。

有静电效应的。随后，英国科学家普利斯特里不仅确认了富兰克林的研究结论，而且推断"电的吸引遵从与万有引力相同的定律，即按距离的平方而变化。"瑞士科学家伯努利（Daniel Bernoulli，1700～1782）也推测电力可能与万有引力一样服从平方反比定律。德国科学家埃皮奴斯（Franz Ulrich Theodor Aepinus，1724～1802）则设想电荷之间的斥力和吸力随带电物体的距离的减少而增大。1769 年，英国学者罗宾森（John Robison，1739～1805）更以实验数据证明电荷依循平方反比律，确定了同种电荷的斥力反比于电荷间距的 2.06 次幂，异种电荷的吸引反比于电荷间距的小于 2 次幂。1774 年，英国科学家卡文迪什（Henry Cavendish，1731～1810）首次精确地测定出电荷作用力与距离的关系，认为电荷之间的相互作用力反比于它们之间距离的平方，指数偏差不大于 0.02。遗憾的是，罗宾森、卡文迪什的研究数据未能及时公布，故其影响微弱。而真正开创该项研究新局面者，当属法国物理学家库仑。

1785～1789 年，库仑通过反复实验，就静电力作用力关系提出"库仑定律"。其基本内容是：在真空、静止状态下，两个"点电荷"之间的作用力与其电荷量之的乘积成正比，与其距离的之平方成反比，其作用力之方向在其连线上同性相斥，异性相吸。《学报》有文概括库仑定律曰："带电气二物体间之引力及斥力与电气量之相积为正比例，而与其间距离之自乘为反比例。"[1]

在求证这一定律的过程中，库仑运用所谓"库仑扭秤"实验。此秤的基本构造及测定电荷程序是：备一圆形玻璃缸，其上端安一银质悬丝，悬丝下挂一横杆，杆的一端为木质小球，另一端贴一小纸片，作配平用。圆缸上有 360 个刻度，悬丝自由放松时，横杆上的小木球指到 0。他先使另一个相同的小球带电，然后使它与杆端小球相接触后分开，以便两小球均带同种等量的电荷，互相排斥。当达到平衡时，在这一位置上扭力的大小与排斥是相等的。库仑分别使小球相距 36 个刻度、18 个刻度和 8.5 个刻度，大体上按缩短一半的比例来观察，结果悬丝分别扭转了 36 个刻度、144 个刻度和 575.5 个刻度。这表明其间距为 1 : 1/2 : 1/4，而转角为 1 : 4 : 16。由此库仑得出："带同类电的两球之间的排斥力，与两球中心之间距离的平方成反比"的结论。[2]《益闻录》有文详述库仑扭秤的结构及使用方法，见图 3 – 16，并言其可以求证库仑定律：

"电气推引他物，恒遵三律：一曰二物同电则相拒，异电则相引。二曰相拒相引之力，视相距近远以增减。远二倍，力减四倍，远三倍力减九倍，余仿此。三曰远近不增，增电二倍、三倍，其推引之力亦增二倍三倍，不增四倍、九倍

---

① 吴灼昭译述：《物理・物理学计算法》，载《学报》1907 年第 1 卷第 2 期。
② 李艳平、申先甲主编：《物理学史教程》，科学出版社 2003 年版，第 180 页。

也。第一律验于辨电机。松香条、玻璃管初近轻球，势必吸引，既著后球染同电，随即离拒，此明证也。第二、第三律验于顾龙衡电秤。"①

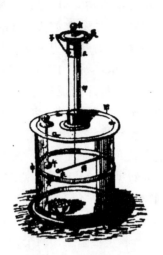

**图3-16 库仑扭秤**

这里作者提及所谓"电气"三律，其中第一律为"同性相吸，异性相斥"定律，而第二、第三律所含内容即库仑定律，由所谓"顾龙衡电秤"求证所得。《教会新报》对库仑扭秤及库仑定律亦有介绍，其文曰：

"衣比奴司与贾分第诗以算学考电气之性，得其引力、推力之数。前八十六年，果伦伯创设测电力之器，以测相引相推之力，名为扭力秤。作此秤之法，用丝一条，挂一舍来克胶，名所做之细针；再以灯心草之小粒，外包金箔，连于针之一端。另有小球积满电气，近于针端之小粒，则针为所推。挂丝上端有螺丝，将螺丝旋至，仍相切，有表可见丝扭过若干而力若干大。此器甚灵，电气有力二万分厘之一，尚能指出。果伦伯用此称试得电气之理：凡有同类电气之体，彼此相推之力与相距之平方有反比；两个有电气之体，相引或相推，与其所含电气之数有正比，与相距之平方有反比。果伦伯又考知，凡藏电之体，虽与别种能引电气之体分隔，而电气亦仍为空气收去，因空气常含水，水能引电气也，以不传之物分隔电气，亦稍有流过。继又考知，凡揩擦能生电气之体，使生电气止聚于体之外面，与内面无涉。"②

此所谓"扭力称"即"扭力秤"，"衣比奴司""贾分第诗"即前文所提埃

---

① 《论电气》（第六十九节），载《益闻录》1887年第653期。
② 《格致近闻：续电气》，载《教会新报》1873年第224期。

皮奴斯、卡文迪什，曾推算"引力、推力之数"。"果伦伯"即库仑。这里作者指出库仑的基本贡献：（1）发明扭秤，推定"库仑定律"；（2）摩擦所生之电只分布在导体的表面，而在导体内部是没有静电效应的。对于这两点贡献，《格致汇编》特设三题，予以详解。一题为"测电力吸驱之力，以相距自乘反比例，何以验之？"二题为"测电力吸驱之力，以二电多寡相乘，何以验之？"三题为"电本储于物面而不入体内，何以验之？"① 值得一提的是，《格致汇编》还以公式形式将库仑定律概括如下：

"测电相吸相驱之力，其法若何？答：相吸相驱，力之大小，以电气多寡与相距远近测之。电气愈多，相距愈近，其力愈大；电气愈少，相距愈远，其力愈小。设有电甲乙二物，命甲物之电多寡为子，乙物之电多寡为丑，二物相距远近为寅。二物或俱有阳电，或俱有阴电，则相驱；或一有阳电，一有阴电，则相吸。欲测其力，无论相吸相驱，以子丑相乘为寅，以寅自乘为法除之，即得所求。其公式为：$力 = \dfrac{寅^二}{子 \times 丑}$。"②

此公式今作：$F = r^2/Q_1 \cdot Q_2$。F 表示两个点电荷间的互相作用力，$Q_1$、$Q_2$ 分别表示两个点电荷，r 则表示两个点电荷之间的距离。

库仑定律是电磁学定量研究中所建立的第一个定律，它使电学的研究从定性进入定量阶段，为此后电磁学研究奠定了基础。

综上所述，晚清期刊比较系统而清晰地梳理了从古希腊到电流发现之前西方电磁学研究中重大成果及其代表人物，其中，既提及"科学之祖"泰勒斯的"琥珀气"论、吉尔伯特的《磁石论》，又介绍了起电机与莱顿瓶的发明、构造和富兰克林的电学试验与发明，同时还阐述了"电本质的假说"理论和库仑定律的建立问题，总体上勾勒出静电学研究史上的重要线索。

---

①② 欧礼斐：《论电》，载《格致汇编》1891 年第 6 卷秋。

# 第四章

# 电磁联系的发现

电学研究虽于 18 世纪取得长足发展，但在 1780 年之前局限于静电领域，直至 1780 年随着电流的发现，电学研究才从静电推进到动电的领域，电磁学逐渐发展成为一门探讨电性和磁性交互关系的学科。对于这一转向，晚清期刊文献亦有比较清晰的反映。

## 第一节　电流的发现

一般认为，意大利生理学家伽伐尼为电流的发现者。其学术研究领域原本在动物神经方面，但在 1780 年进行青蛙解剖实验时，无意中发现其两手分执之金属器械，同时触及青蛙的大腿时，引起其抽搐，如同遭受电流刺激一般，而用单手所执器械触及之，则并无反应。由此他感悟到，动物躯体内可能存在一种可称之为"生物电"的物质。1791 年，他撰文发布此项发现。《教会新报》《中西闻见录》《益闻录》《格致汇编》等刊先后介绍了伽伐尼因解剖青蛙而偶然发现电流的过程：

"贾法尼者，素习医学，实创化电气之源，亦系偶然而得。尝有事出外，其妻买得田鸡为羹，剥皮去肠之后，其腿忽然跳动。贾法尼归，而妻以此事告之。前八十年，贾法尼著书云：将一田鸡剖开，查看脏腑，桌上适有磨电器一具，学徒摇动发其轮，以发火星。左手执一小刀，切于田鸡之脊髓，田鸡之腿立即跳动，屡试皆然。再恰用别种金类引电气入田鸡，亦即跳动，非用金类，即不动。余初意动物之筋肉能动，必赖电气，及见此事，可为确据。"①

"乾隆五十五年时，意大里国有人曰加罗发尼者，尝考出一力，名加罗发尼斯墨之力。其法以死田鸡一，或死兔一，用金锡各一片，或用银及辛格各一片亦

① 《格致近闻：电气》，载《教会新报》1873 年第 224 期。

可。以金片挨近其死田鸡之腿脑气筋，再以锡片挨近田鸡他处之筋，后令二金相切，即见已死之物，全身动跃，宛如复活，甚属可奇。或云加罗发尼因用叉取食田鸡，悟出此理。"①

"嘎氏为医学教习，因与馆生讲课，以刀剖青蛙，复以叉按死蛙之腿筋，陡见其筋抽掣，动跃如生，甚异之，再试复然。乃知为电气所致。由是推得金属相感而生电之理，时在嘉庆五年。"②

"问：何人于何年试出湿电？答曰：意大利博士咽哇尼于一千七百八十六年偶剖一田鸡，挂在铁钩上，旁有铜片相近，风吹田鸡与铜片相撞，遂见田鸡跳跃如生，始悟被电气引动。此为湿电之祖，以后有人名哇儿德，复以田鸡如法试验，果然。由是愈信之。"③

"西历一千七百九十年，意国保劳捐省（今译波洛尼亚）性学士迦瓦尼见电机发电，旁有死田鸡一，自然踊跃，窃异之，乃以田鸡悬铜钩，挂铁栅之侧，见风吹栅动，则田鸡二股伸缩。"后别制一具，其形见图4-1，"甲字处为铜柱，乙字处为白铅条，先以田鸡截头去皮，用铜柱尖梢穿其背脊，贯及两旁筋脉，继将白铅条先着铜柱，后着田鸡，便见二股开合活动如生。后华尔笪以异类二金如铜与铁、锡与铅之类叠置为一，触于田鸡，则伸缩之力较前更大，若触以铜与白铅，发电最夥。"④

**图4-1 青蛙感电**

以上史料所述伽伐尼发现电流的时间不一，有1780年、1786年、1790年三

---

① 艾约瑟：《光热电吸新学考》，载《中西闻见录》1874年第29期。
② 丁韪良：《电报论略》，载《中西闻见录》1875年第34期。
③ 天津水雷局译：《电学问答》（第二十八问），载《格致汇编》1880年第3卷秋。
④ 《论电》（第八十节），载《益闻录》1887年第678期。

种说法。据伽伐尼本人所记，当在 1780 年。① 至其发现电流的过程，诸史料所述亦略有差异。有谓当其解剖青蛙时，用叉按压青蛙腿筋，陡然见其"动跃如生""乃知为电气所致"；有谓在其工作时，悬挂于铁钩上的青蛙与邻近铜片相撞后，"跳跃如生，始悟被电气引动"；有谓当其切割青蛙时，近旁适有学生摇动电机，青蛙之腿"立即跳动"，因有所悟。此等说法虽有不同，但皆认为电流是在伽伐尼解剖青蛙时偶然悟出。此后，伽伐尼立即投入实验②，见图 4-2，最终得出如下结论：只有金属导体触及青蛙时，才会引发其四肢痉挛，而绝缘体则不能产生这一效应。究其原因，是因为青蛙体内存在一种可称为"生物电"的东西，经金属导体的触及，生物电随之活动而引起青蛙四肢抽搐。引文内"贾法尼""加罗发尼""咽哇尼""迦瓦尼"和"嘎氏"皆指伽伐尼，"加罗发尼斯墨之力"指伽伐尼电流。

**图 4-2　伽伐尼实验**

资料来源：Wikipedia：Luigi Galvani。

伽伐尼的发现引起另一位意大利科学家伏打（Alessandro Volta, 1745 ~ 1827）的强烈兴趣。以上引文内所提"哇儿德""华尔笪"即为伏打。通过一系列实验，他不仅验证了电流的存在，而且在伽伐尼研究的基础上得出新的结论：电不是存在于动物肌肉中，即不存在"生物电"，而是存于金属中器械中，可称为"金属电"，动物肌肉只是充当了传电的媒介；金属是真正的电流激发者，而神经是被动的；金属间只要有一种与某溶液发生反应，彼此即可产生电流。他通过实验提出一个金属接触序列：锌、锡、铅、铁、铜、银、金等，当任选两种金

---

① 李艳平、申先甲主编：《物理学史教程》，科学出版社 2003 年版，第 187 页。
② 伽伐尼的实验方法是，首先选择各种不同的金属线，如铜线和铁线，将其连接在一起；然后将此连线的另两端分别与死蛙的肌肉和神经接触，结果发现青蛙就会不停地抽搐。如果用玻璃、橡胶、松香等物代替金属，则不会产生这样的现象。

属接触时，在这序列前面的金属总呈负电性，后面的则呈正电性。

但是，当时学术界有人支持伽伐尼的"生物电"说，有人支持伏打的"金属电"说，论争不已。其实，这两种观点皆有所误，到后来由他人确证，电是因金属间发生化学反应所致，而非生物或金属本身所蕴含。《益闻录》述及这一情况曰：

"迦瓦尼谓牲畜身中皆有电气，故白铅条触死田鸡二股，自然伸缩，无异生活。华尔笪谓各物咸具电气，以异类二金属触之，如铜与铁、铅与锡之类，便见二电生发。已上二说，当初从者颇众，迨华勃劳尼等数四试验，知此二说均不足凭。因电气之所以生，乃以强水消白铅之故。且五金中无论何物，浸以强水，则水得阳电，物得阴电。"①

尽管如此，由于伏打不仅发现两种不同金属接触时会发生电流效应，而且注意到当金属浸入某些液体时也会有同样的效应，因此，于1799年借盐水进行锌、银板反应实验，进一步确认电流产生机理。旋而利用此法研制出历史上首枚电池，即"伏打电堆"。伏打电堆能够提供莱顿瓶无法给出的持续而强大的电流，为电流现象的研究提供了物质基础，也为电流效应的应用开辟了前景，并很快成为进行电磁学和化学研究的工具。关于伏打电堆的构造，后文将予专述，兹不赘论。此所谓"华勃劳尼"即法拉第，他发现了电磁感应。

电流的发现，拓展了电学研究领域，也促使科学家们去探寻电流运行的规律。其中，德国物理学家欧姆（Georg Simon Ohm，1789～1854）在研究导线中的电流时，发现了以他名字命名的"欧姆定律"。该定律的基本内容是：在同一电路中，导体内电流与导体两端的电压成正比，与导体的电阻阻值成反比。《学报》有文概括这一定律如下：

"电流之强弱，与电阻相反比，全电阻（即内电阻与外电阻合称）大二倍，即电流减弱二分之一，故欲使电流变强，不可不减少其电阻也明矣。……电流之强弱与电阻反比，而与起电力相正比，是理为欧姆（Ohm）所创获，故名是为欧姆定例。"②

"奥姆（Ohm）之定律：连结电池两极之金针，所流电流之强与电池之电动力为正比例，而与轮道之抵抗为反比例。设电动力为 F 弗打，电池两极有 R 奥姆之抵抗，电池内有 r 奥姆之内抵抗，电流之强为 C 安培，则得公式如下：$c = \dfrac{F}{R+r}$。"③

在 $c = \dfrac{F}{R+r}$ 关系式中，C 对应于电流的强度，F 对应于电源电动势，R 和 r 分

① 《论电》（第八十一节），载《益闻录》1887年第681期。
② 青来：《动电气学述要》，载《学报》1907年第1卷第2期。
③ 吴灼昭译述：《物理·物理学计算法》，载《学报》1907年第1卷第2期。

别对应于外电路的电阻和电源的内电阻。"通常称电池外传电线所有之电流为外电阻，称电池内药水之电阻为内电阻。"① 此所谓"奥姆"即欧姆。

遗憾的是，欧姆定律在当时并不被学界权威所认可，直至1841年当他获得英国皇家学会所颁"科普利奖"后，才成为"铁论"。迟至1852年，欧姆才成为慕尼黑大学教授。

## 第二节　电流磁效应的发现

如前所述，吉尔伯特在正确区分电和磁的同时，将其视为截然无关的两种物理现象。受此影响，物理学家们长期循着电、磁分立的思路进行探索。但到了18世纪下半期，学者们的注意力逐渐移向电、磁关系的考察。如富兰克林曾发现放电能使钢针磁化或退磁；1774年，巴伐利亚电学研究院曾举办有奖征文活动，其题目是：《电力和磁力是否存在着实际的和物理的相似性》。《教会新报》记其事曰：

"初有电气学之时，已知吸铁气与电气相似，亦有谓其相同者，如弗兰克令并各电气家用磨电气使小钢条有吸铁力，又知电气能减，亦能反指南针指南北极。前九十七年，不费利亚邦出题曰：电气与吸铁二力或为相似，或为相同，以何法在动物内现出之，如能确言其理者，赠以钱。有云相同者，有云不同者，其钱乃送与言不同之人。此后多年，未有人试得二力或同或否。"②

此所谓"不费利亚邦"即德国巴伐利亚。据法拉第言，英国化学家戴维等人先已考知"电气与吸铁气相同"③。传教士艾约瑟亦言："吾师法拉待君亦与有功于格致学及精微，考电气力较他家尤得邃奥，如察出磁石力与电气力同。"④ 但这一研究成果似乎并未引起学术界足够的重视。1802年，法国物理学家安培（André‐Marie Ampère，1775～1836）仍然相信电、磁乃两种截然不同的实体。1807年，英国物理学家托马斯·杨（Thomas Young，1773～1829）在《自然哲学讲义》中也强调电磁之间不存在直接关系。直到1819年，法国物理学家毕奥（Jean Baptiste Biot，1774～1862）还坚决否认电磁的同质性。《益闻录》提及当时学术界对电、磁异同的认识："电气与磁气颇有同异。电与磁俱有推挽之力，其同一。雷电落舟中，将指南针倒置，或尽去其力，似相因而相吸也者，其同二。然五金可传电气，不可传磁气，其异一。电气通于地则散，磁气不然，其异二。电气可

---

① 青来：《动电气学述要》，载《学报》1907年第1卷第2期。
②③ 《格致近闻：电气》，载《教会新报》1873年第229期。
④ 艾约瑟：《博物新闻：格致精进》，载《格致汇编》1891年第6卷春。

传于各物，磁气惟数物有之，其异三。古学士推测磁电之由来，议论哗然，莫衷一是。"① 然而，到了1820年，这一情势终因电流磁效应的发现而被扭转。

电流磁效应的发现者为丹麦物理学家奥斯特（Hans Christian Oersted，1777～1851）。他长期致力于电化学研究，终于在1820年推导出极具开创意义的研究结论：电流导线可使磁针发生偏转，导线材质不同，磁针偏转程度有异。其时，他将这种现象称为"电流碰撞"，其特点是：它只存在于截流导体周围，并"沿着螺纹方向垂直于导线的螺纹线传播"。由是证明了电磁力的横向性。《教会新报》叙及这一发现曰：

"丹国京都有教授格致者，名奥司太特，于前六十四年著书，论吸铁气与电气相似。内有一款云：弗打电气比磨电气更隐，吸铁气比弗打电气亦更隐，所以人应将隐电气能动指南针与否，但虽有此言而未知试验。别人试过与否，亦未知之。然当时若将指南针一近弗打电气线，即已知之矣。此法之后十二年，奥司氏自将指南针置于通弗打电气线上，知电气有吸铁力，无论电气传于何物，或金类，或流质，针俱能动，针置在上则向左动，针置在下则向右动。……奥司氏见电气通铜线之时，以横交之方向动指南针，无论置于何方，俱能如此，故以为电气吸铁性欲使指南针绕铜丝而行。"②

此所谓"奥司太特"即奥斯特，"弗打电气"即伏打电堆所生之电。文内所谓奥斯特所著之书，当指他在1820年7月写成的论文《论磁针的电流撞击实验》。论文虽然很短，但阐明了电流具有磁效应。《益闻录》更以图文形式阐述了奥斯特的电磁实验：

"一千八百十九年，始有西人名凹尔斯脱者，将磁电合考，知电气加于磁针，常作十字式。试验之法，以磁针支于短柱，俟两端正对午线，镇定不摇，乃以电丝傍之，顷刻间磁针摇动，久之始定，针与丝作十字式"，见图4－3，"惟地中磁气拖引磁针，故十字不甚正，所歆亦无几。尤可异者，电气在针上，自南至北，则指北之针偏于西；若电气在针上，自北至南，则指北之针偏于东。如电气在磁针下，针之偏东、偏西与上适相反背。"③

此所谓"凹尔斯脱"即奥斯特。以上两则史料准确地概述了奥斯特的几点发现：无论何种导体，通电后都能使磁针偏转；导线在磁针之下，磁针向左偏转，导线在磁针之上，磁针向右偏转；电流通过导线时，以"横交之方向"引动磁针；电流吸引磁针围绕导线而行，形成"螺旋线"。《中西闻见录》对此亦有介绍：

①③　《论电》（第八十五节），载《益闻录》1887年第691期。
②　《格致近闻：电气》，载《教会新报》1873年第229期。

图4-3 电流磁效应实验

"嘉庆二十五年，丹国人倭斯得始著书辩论电气与磁气无异，顾尝验之，非徒托空言。其法于南北设一铜丝，以定南针近之，则其针与丝俱相平，无所吸移，似弗觉者。俟电路一合，而电气运行于铜丝，即见针改向而指东西。观电气南北运行，使此针横于东西，即知地球本有电气，东西运行，故令针横于南北。定南针之所以指南北，即此理也。"①

这里作者也指出电流磁效应的基本特征：电流通过导线，磁针"改向而指东西"；电流南北运行，磁针"横于东西"。此所谓"倭斯得"即奥斯特。

《格致汇编》更将电流磁效应问题列入"电学问答"中："问：何人想出电气由铜线运行能引动指南针，并于何年试出？答曰：丹国博士奥司德于一千八百十九年试出。"②《大陆》也有文提及奥斯特发现电流磁效应："千八百十九年，有荷兰国学者倭尔斯迭德氏，偶在磁针之侧试动电流所通之铁针，磁针即易其方向。自是益加研究，以至明通常之铁，以电流变为磁铁之事。"③ 此所谓"奥司德""倭尔斯迭德氏"即奥斯特。一般认为，电流磁效应发现于1820年，而这两则史料及上引《教会新报》所录资料将其定于1819年，从学术研究历程看，并非讹误。

电流磁效应的发现揭示了任何通有电流的导线都会产生磁效应，并在其周围形成磁场。在通电导体旁放置小磁针，小磁针的指向发生偏转，这说明电流周围存在磁场。电流的磁场有强有弱，其磁场强度大小与电流的大小有关，一定条件下，电流越大，电流的磁场越大。

电流磁场内，直线电流的磁力线是以通电直线导线为圆心作无数个同心圆，其方向与电流垂直。《学报》述及这一现象曰：

"电流通过之电线周围为一磁界。试取一厚纸片，与纸面成直角，而贯一电

---

① 丁韪良：《电报论略》，载《中西闻见录》1875年第34期。
② 天津水雷局译：《电学问答》（第十六问），载《格致汇编》1880年第3卷秋。
③ 《杂录·电气丛谈》，载《大陆》（上海）1905年第3卷第20期。

线焉，通以电流，则纸面上之铁粉绕电线而排成甚多之同心圈，如甲图所示。此际磁力线之方向与电流方向之关系，如乙图所示，羽矢之方向即电流方向，环绕之者即磁力线方向。重言以申明之曰：沿电流所向而进，若螺旋然，由右向左旋去，是即磁力线之方向。"[1] 见图 4－4。

图 4－4

环形电流的磁力线方向也与电流垂直，《学报》曰："今屈电线为环形，其磁力线见图 4－5 中的甲。故卷电线而成螺圈形，则其磁力线如乙图。由此细察之，线圈所作之磁界，全与一吸铁石所作之磁界相似矣。"[2] 见图 4－5。

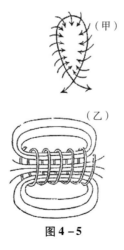

图 4－5

---

[1][2] 青来：《动电气学述要》（续），载《学报》1907 年第 1 卷第 3 期。

在电流磁场内，如果置入铁器，该铁器即产生磁性。一旦切断电流，铁器便失去磁性。《学报》曰："入生铁棒于通电流之螺圈内，则生铁棒亦带磁性（磁性即吸铁性）。如斯所得之吸铁石，名为电气吸铁石。然此惟电流通过线圈时则然，若电流断，则仍为生铁质，失其磁性。"[1]

电流磁效应的发现使电和磁建立了联系，为物理学的新研究开辟了道路，也为以后电动机和电力技术的发展奠定了基础。奥斯特的发现公布后，法、英等国科学家安培（André–Marie Ampère，1775～1836）、阿拉果（Dominique Francois JeanArago，1786～1853）、戴维（Humphry Davy，1778～1829）、法拉第（Michael Faraday，1791～1867）等学者迅速做出反应，纷纷转向磁电关系研究。

法国物理系家安培在电磁学领域的主要研究成果：一是提出著名的"右手定则"，二是阐明二平行截流导线互相作用法则。右手定则是表示电流和电流激发磁场的磁感线方向间关系的定则，基本内容如下：（1）用右手握住通电直导线，让大拇指指向电流的方向，那么四指的指向就是磁感线的环绕方向，见图4–6；（2）用右手握住通电螺线管，使四指弯曲与电流方向一致，那么大拇指所指的那一端是通电螺线管的 N 极，见图4–7。二平行截流导线互相作用法则是：电流方向相同的两条平行载流导线互相吸引，电流方向相反的两条平行载流导线互相排斥。

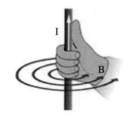　　　　　　　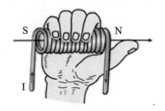

图4–6　右手定则示意（一）　　　　图4–7　右手定则示意（二）

据笔者所见，晚清期刊文献对安培"右手定则"未作专门介绍，但对二平行载流导线之间的相互作用的分析则有比较明晰的概述。如《益闻录》有文曰："西人安贝尔以二电相比，探析二律：一曰二电并行，一往一来，彼此相拒；二曰二电线并行，均是往，或均是来者，彼此互吸。"为了阐明这一法则，该文以图文形式比较详细地阐述了安培的实验程序。图4–8为安培所作实验装置，其基本构造是："将甲乙二铜柱竖于木板上，有木档连接二柱。档之中间有铜口一，在巳字处。口下有小杯，在丁字处，内装水银，中置铁钉，钉上系红铜丝。此丝

---

[1]　青来：《动电气学述要》（续），载《学报》1907 年第 1 卷第 3 期。

一再曲折，自甲柱至乙柱，直至丙处小杯。杯内亦有水银，以便铜丝旋转。"其实验程序是：

仪器"布置已毕，移红铜丝与二柱同在一线，已而将蓬生瓶电丝接于甲柱下，由是上升，初至巳字处，降至丁字，小杯旋乃遍行铜丝，直至丙字，小杯折至乙柱下，仍回蓬生瓶内。方电气行于铜丝时，此丝摇动离去，二柱与二柱作十字式，可知二柱与铜丝之电气互相抵拒，盖电气之行，升于甲柱时降于铜丝，升于铜丝时升于乙柱，其行逆，故相拒。此第一律也。倘铜丝不直而作圆形，其效与直丝同。"若另作一类似仪器，"惟布置稍异，务使铜柱与铜丝电气同升同降，先移铜丝与二柱作十字式，迨电气一入铜丝，顿即转动，与二柱同至一线，此为第二律也。若二电线不并，两端一开一合，成正尖等角，则二电同至尖处，或同至开处，互相吸引，二电一升一降，则相拒。"[①]

图4-8 安培实验装置

此所谓"蓬生瓶"是指本生电池，后文将予专门阐述。这里，作者通过描述安培实验装置内铜丝电流方向与二柱位置变化的关系，阐明了二平行截流导线相吸、相斥现象："二电一升一降，则相拒"，同升同降，则相吸。

阿拉果亦为法国物理学家，当他获悉电流磁效应讯息后，马上投入电磁实验，与安培同时发现通电的铜螺线管能像磁铁一样吸引铁屑，螺线管愈粗，吸力愈大，断电后磁性便消失。稍后，英国化学家戴维也发现这一现象。此外，阿拉果还发现了软铁的瞬时磁化。对于这些发现，晚清期刊文献有所介绍，如《教会新报》曰：

电流磁效应发现后，"各格致士细考吸铁与电气相关之事。如法国博物会内

---

① 《论电》（第九十一节），载《益闻录》1887年第707期。

安彼而与阿拉果二人，见吸铁力与电线弯处有切线之方向，故将电线绕成螺丝管，即能增吸铁力，其所得之吸铁力能引铁屑至螺丝管上。此为阿拉果试知电气能使铁与钢变有吸铁之性也。兑飞稍后于此时，亦得此理，当时尚未知此人先得此理也。既知电气通过铜丝，绕管之时有吸铁之性，又知电气断时吸性立绝，不若吸铁器之常现吸铁力也。后又在管内置铁一条，其铁即有吸铁之性，若铁为最纯而软者，电气一断，铁之吸性立绝，其管之各丝愈密而力愈大。"[1]

《中西闻见录》亦曰：

"磁电二气同一之说，实创于倭氏，复经法国阿拉格与安贝尔以铜丝绕成螺丝形，电气过之，每绕一匝，则力增一倍，以铁为心，沾电力而能吸物，与磁气无异。是谓磁电，电行则铁有力，电止则失之。"[2]

此所谓"安彼而""安贝尔"即安培，"阿拉格"即阿拉果，"倭氏"即奥斯特。这两则史料揭示了电磁铁现象的发现及其基本特性。

# 第三节　电磁感应定律的创立

简而言之，电磁感应是指由磁生电现象。易而言之，电磁感应是指因磁通量变化而产生感应电动势现象。如前所述，奥斯特开启了电、磁联系研究之幕，揭示了通电导体周围存在磁场，电流具有磁效应的特性。按照"作用总应伴随着反作用"原理，这一发现必然引人发问：既然电流具有磁效应，那么，磁是否具有电流效应呢？由是不少学者开始探寻这一奥秘，而英国人法拉第即是最早提出"由电产生磁，由磁产生电"构想的科学家之一。

法拉第为英国化学家戴维的高足，其"于格致学中所察之新理枚不胜数，其声名之洋溢，几遍泰西诸国。"[3] 从 1821 年开始，他将研究重点由化学转向电磁学。经过 10 余年的艰辛探索，终于在 1831 年通过"磁棒"感应实验，成功实现了磁转化成电的实验，并提出电磁感应定律。其基本内涵是：只要穿过闭合电路的磁通量发生变化，闭合电路中就会产生感应电流；电路中感应电动势的大小，跟穿过这一电路的磁通变化率成正比。《大陆》有文提及法拉第探究电磁感应的背景曰：

"电流既能以铁而造磁石，安不能由磁石而起电流耶？是人皆为想到之点。此虽空想，遂成为事实。即英国电气学者弗拉迭氏，于千八百三十一年，于卷铜

① 《格致近闻：电气》，载《教会新报》1873 年第 229 期。
② 丁韪良：《电报论略》，载《中西闻见录》1875 年第 34 期。
③ 韦廉臣：《法拉待先生电学志略》，载《万国公报》1891 年第 24 期。

针之筒中，试动磁石，始认铜针之中起电流焉。自是益加研究，多有发现。"①

按史实，法拉第的电磁感应实验主要流程如下：以软铁制成一个圆环，环上绕以两个彼此绝缘的线圈 A 和 B，见图 4-9。B 的两端用导线连接成闭合电路，在导线的下面放置一个与导线平行的小磁针；A 和一个电池组相连。当给线圈 A 通电时，小磁针发生偏转，旋而又停留在原来的位置上；当给圈 A 断电时，小磁针又发生偏转，而后也停留在原来的位置上。这表明在无电池组的线圈中出现了感应电流，且这种感应电流只能在电源开闭时瞬间产生。

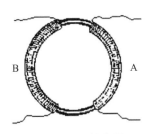

**图 4-9　绝缘线圈**

在取得这一实验结果后，法拉第又想：是否可以用其他方法产生同样的效应？圆铁环和线圈 A 是不是产生这一效应的必要条件？于是，他又进行了多次实验。其中一次是先行制作一个绕以多层螺旋线的空心纸筒，并与电流计连接；然后将一根磁棒迅速插入螺线管内，即见电流计指针发生偏转，而将磁棒抽出时，指针在相反的方向也发生偏转。"每次把磁棒插进或拉出时，这效应都会重复。"这就是所谓"磁电效应现象"。对于这一实验情况，《教会新报》有所介绍：

法拉第"设吸铁电气之法于前四十年。……吸铁能成电气，初时用铜丝管并测电气力器，管内置钢吸铁，钢吸铁在管内时，测电力器毫不见有电力，忽取出时，其针立刻偏过，又忽安入针，亦或偏。"②

总之，经过反复实验，法拉第证实了只要穿过闭合电路的磁通量发生变化，闭合电路中就会产生感应电流。《学报》有文阐述了获取感应电流的方式，大略曰："创获感应电流之理，时日较近，其法之应用颇广。"如图 4-10 所示，"取螺圈与电流表做成电路，另取通电流之螺圈（称此为第二螺圈，称前者为第一螺圈），入于第一螺圈之中，有急引出之，皆见电流表之针旋转，可知电流起于第一螺圈所作之电路也明矣。名此所起之电流曰感应电流。"③

---

① 《杂录·电气丛谈》，载《大陆》（上海）1905 年第 3 卷第 20 期。
② 《格致近闻·续电气》，载《教会新报》1873 年第 230 期。
③ 青来：《动电气学述要》（续），载《学报》1907 年第 1 卷第 3 期。

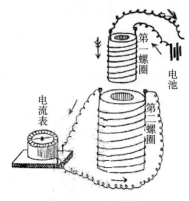

**图4-10　电流螺圈**

在阐述感应电流的获取方式后，该文还分析了闭合电路中感应电流的方向和磁通量变化的关系：

"感应电流之方向，则插入第一螺圈时所起者，与引出时所起者不同。据电流表所示，则插入时两螺圈之电流方向反对，引出时方向相同。夫电流为一种之势力，势力不能自无而有，故欲得感应电流，须先消费某种之势力。今试取二电线使相平行，而通以电流，此二电线中电流方向相同，则二线相引而欲接近，方向相反，则二线相拒而欲远离。征此事实而察上述感应电流之方向，则可下一定义曰：感应电流之方向常趋于阻碍第一螺圈行动之势。由斯言之，欲行动第一螺圈，须排去阻碍，故所需劳力较多，即消费势力较多，其多费之势力，即为感应电流。……然细思其理，苟无某种之直接变化及于第二螺圈，则断不能起电流。所谓直接变化者何？即在第二螺圈周围之磁界变化是也。当插入第一螺圈时，则第二螺圈入于磁界内，引出则出于磁界外，磁界有变化，则贯第二螺圈之磁力线有增减，所起之感应电流方向因之而异。今就感应电流方向与磁界变化之关系，据实验结果而下一定义曰：吾人之颜对磁力线之方向而观时，其磁力线增数（即指第二螺圈在磁界内时）则所起感应电流之方向与时表针回转之方向相反。又磁界之变化愈急激，则感应电流之起电力愈大。"①

这段近乎晦涩的文字实际上阐释了如下含义：（1）插入螺线圈时感应电流的方向与抽出螺线圈时感应电流的方向相反；（2）感应电流的方向总是阻碍引起感应电流的电动势，即"感应电流之方向常趋于阻碍第一螺圈行动之势"；（3）插入螺线圈时，磁通量增加，抽出螺线圈时，磁通量减少；（4）磁通量变化愈激，感应电流愈强。文中所谓"磁界变化"是指磁通量的变化。磁通量是指在匀强磁

---

① 青来：《动电气学述要》（续），载《学报》1907年第1卷第3期。

场中，磁感应强度 B 与垂直磁场方向平面的面积 S 的乘积。B、S 愈大，穿过这个面的磁感线条数愈多，磁通量就愈大。

在电磁学中，有一个判定感应电流方向的定律，即"楞次定律"。这一定律是由德国物理学家楞次（Heinrich Friedrich Emil Lenz，1804～1865）于 1834 年提出。其内容是：感应电流具有这样的方向，即感应电流的磁场总要阻碍引起感应电流的磁通量的变化。由此可见，《学报》所载这段文字实际上已表达了楞次定律的基本内容。

电磁感应现象的发现，在理论上进一步揭示了电与磁的互动关系，在实践上推进了电力工业的进步。《大陆》概述其意义，大略曰：感应电流发现后，"应用电气学大见繁盛"，电动机、电话机、电报机、电气铁路、X 光机、无线电信等相继问世，电学界为之别开生面，"想将来电气推用之法必愈见推广，诚难料其应用之方面，伊于胡底也。"①

法拉第虽然发现电磁感应定律，但因其数学能力不够，未能把研究成果概括为精确的定量理论。其后，经英国物理学家汤姆逊（William Thomson，1824～1907）、麦克斯韦（James Clerk Maxwell，1831～1879）等人的努力，终于建立经典电磁场理论，其代表性成果就是著名的"麦克斯韦方程组"的提出。对于麦克斯韦方程组所含四大定理，即电场的高斯定理、电场的环路定理、磁场的高斯定理和磁场的环路定理，笔者未见晚清期刊有所介绍，但对由麦克斯韦方程组所推想可能存在的"电磁波"概念则有说明。

电磁波简称电波，是运动状态下的电磁场，表现为横波形态。依据频率划分，电磁波从低到高表现为无线电波、微波、红外线、可见光、紫外线、X 射线和伽马射线等。法拉第为"正确理解电磁现象带路人"。1865 年，麦克斯韦曾预言电磁波的存在。1888 年，德国物理学家赫兹（Heinrich Rudolf Hertz，1857～1894）通过感应实验将其证实，并证明电磁波与光波具有同一性，都能产生发射、折射、干涉、衍射等现象，由是"光学及辐射热之科学竟完全依电气学而被统一矣"②。《学海》有文道及电磁波研究的源流曰："电气波之所由生也，其物理学上之研究代不乏人。溯厥发源，实由夫赖带之理想，嗣吗克苏耶耳及克耳宾两大家出，复继以数学、物理之研究，至千八百八十八年之时，德国之嘿耳次氏起，又加以实验物理学之研究，而电气波之学别开生面。该氏之成绩，超前轶后，震铄古今，凡世间之物理学者悉皆闻风兴起，……电气波之性质与功用亦因之昭然显著，无不宣之蕴矣。"③ 此所谓"夫赖带"即法拉第，"吗克苏耶耳"

---

① 《杂录：电气丛谈》，载《大陆》（上海）1905 年第 3 卷第 20 期。
② 弓场重泰：《物理学史》，商务印书馆民国二十九年版，第 132 页。
③ 史锡绰：《工学界：说无线电信》，载《学海》（乙编）1908 年第 1 卷第 3 期。

"克耳宾"即麦克斯韦、科尔宾，"嘿耳次"即赫兹。

赫兹的发现具有划时代的意义，它不仅证实了麦克斯韦发现的真理，更重要的是开创了无线电电子技术的新纪元。《湖北学生界》有文阐述了电波的特点与类别，认为电的波动犹如水的波动，"以石投之，则水因此激动而起波纹，扩进四方，而水面浮游物体，遂随之摇荡焉。……同之电气，亦于电流之外，有电气之波动，其远达势力，有如水波之作用也已。"电波若遇金属导体即被遮断，若遇玻璃不导体则不受其影响，其"现象虽非可得而见之，然如太阳之光，一秒时有八万余里之速度，进行于一直线，其反射曲折之作用，亦与太阳同。"电波有多种类别，"物理学上总称曰光。太阳之光线，仅此光之一种。近时学者汲汲研究之 X 线亦然。而此等之光各呈其异者，因振幅有大小，波有长短也。要之，发动原于电流一也。"①《大陆报》有文指出，光波、电波虽有不同，但就"其现象观之，凡反射、屈折诸现象及传播于空间之方法并其速度，则皆一也，故有谓电气波为目不及见之光者"，二者乃由以太"振动之缓急而现"。②这里作者道及电磁波若干特点：电磁波是一种看不见的辐射现象，因振幅及波长的不同，可分多种类型，X 光仅其一种；如同光线一样，电磁波可以直射、折射、放射，且具有透视物体的能力，其传播速度等于日光传播速度。

由今人视之，电波无须任何介质而传播，但在 19 世纪物理学家普遍认为电磁波以"以太"为传播媒质。如汤姆逊曾把电场比作以太的位移，麦克斯韦借用以太观念将法拉第的电磁力线表述为一组数学方程式，并认为磁感应强度就是以太速度，以太绕磁力线转动形成带电涡元，而赫兹发现电磁波真实存在这一事实也曾一度被人们理解为"证实以太存在的决定性实验"。因此，晚清期刊在介绍电磁波理论时，也将电磁波视为以太振动的表现形式。如《湖北学生界》有文云："电波须就依的儿（ether）之振动以说明之。依的儿（ether）者何？填充宇宙间缺隙一种之气体，因摆动放电，振动而生波者也。"③《东方杂志》有文曰："有赫尔芝者，知平常电路（即电气之周流）所发生之电气振荡力，实于四周以太（太空及物隙传光热之精气，名以太）中产出一种骚扰之势，此骚扰之势名曰电浪，而为赫尔芝所首先发明者也。此电浪即无线电所托基之原理。"④《大陆报》有文亦曰：

"伊萨者，周围于人类之肉体物体之间隙，空气之间隙，由日月世界以迄地球，其中间无不有伊萨充满之，而电气波即由伊萨振动而起之波也。……伊萨之振动，又有种种之不同，有急激，有缓慢。……光波、热波、电气波皆伊萨之

①③ 《实业（工学）：第三章电气感应》，载《湖北学生界》1903 年第 4 期。

② 《实业：无线电信》，载《大陆报》1904 年第 9 期。

④ 甘永龙：《铁路分段传信之无线法》，载《东方杂志》1909 年第 6 卷第 11 期。

波，是等诸波盖由伊萨振动之缓急而生之异现象也。……伊萨之振动，缓者每一秒钟间约百万亿乃至二百万亿，是为热波。耳目不能判之，惟触觉之得感受焉。其缓至一秒钟间振动约百万回者，即所谓电气波也。"[1]

此所谓"伊的儿""伊萨"即以太，"赫尔芝"即赫兹。按照当时的猜想，以太无所不在，充满整个宇宙，诸如声波、光波、热波、电磁波以及电力、磁力的传送皆以以太为媒质。《竞业旬报》有文曰："以脱为最稀薄之气，凡物体间皆存在焉。……玻璃之传导磁气达于铁粉，实因玻璃中含有以脱之故。……一金属丝绕铁棒，通以电流，则铁棒现磁气；又以磁棒投入电流汁，又成生电之现象。电气与磁气，二者若同为一，电气既以以脱为传导，磁气亦何尝不可以以脱（以太——作者注）传导。"[2] 进入20世纪，随着科学研究的深入，学界普遍认为没有任何观测证据表明以太存在，于是以太理论逐渐被抛弃。

值得一提的是，《学海》有文还专门介绍了学界对"以太"认识，其中，既论及"有跃性硬以脱"假说（Hypothesis of Elastic Solid Ether），又论及"涡旋圈"假说（The Vortex Ring Hypothesis）。前者假定"诸空间悉为一种坚硬有跃性居间体充塞"，光、电等藉之传播；后者假定有"一种压之不缩小，摩之无阻碍，厚薄均匀，弥漫于宇宙之流质，而每原点皆此流质内之一涡旋圈，……以一定速度，颤动不息。"此文由英国数学家洛兹·鲍尔（W. W. Rouse Ball, 1850 ~ 1925）撰写，介绍了当时国际上关于物质与以太关系的研究成果，有较强的学术性。[3]

综上所述，晚清期刊阐述了电磁学研究才从静电推向动电过程中若干标志性研究成果，其中，既论及伽伐尼发现电流的过程及其对电流性质的认识，又阐述了伏打电堆的发明和欧姆定律的提出，同时，还介绍了电流磁效应的发现、电磁感应定律的创立以及电磁波有关问题。

---

① 《实业：无线电信》，载《大陆报》1904年第9期。
② 卧虬：《新智囊：磁气之传导原于以脱说》，载《竞业旬报》1908年第15期。
③ 波而编：《物质及以脱论》，冯祖荀译，载《学海》（乙编）1908年第1卷第1~2期。

# 第五章

# 电磁学领域的新发现

历经近 300 年的发展，到 19 世纪末 20 世纪初，物理学上原则性的问题都已经解决，经典物理学已达到了完整、成熟的阶段。正当物理学家们为"庆贺物理学大厦的落成啧啧叹赏"之际，在实验上却发现了一系列经典物理学无法解释的新现象，从而掀起物理学上重大革命，导致了现代物理学的诞生。这些新现象以电子的发现、X 射线的发现和放射性现象的发现最具代表性，晚清期刊文献亦一定程度地反映了这一学术动态。

## 第一节　X 射线的发现

X 射线的发现源于对阴极射线的研究。1858 年，德国物理学家普吕克尔（Julius Plücker，1801 ~ 1868）在观察放电管中的放电现象时，发现正对阴极的管壁发出绿色的荧光，此即阴极射线。嗣后围绕阴极射线的特质问题，科学家们提出了不同的猜想。或谓阴极射线是一种类似于紫外线的"以太波"，或谓阴极射线是一种"带电的粒子流"。

为了探明阴极射线的性质，德国物理学家伦琴（Wilhelm Conrad Röntgen，1845 ~ 1923）亦投入艰辛的研究中。1895 年 11 月 8 日夜，"辰光已是很晏，实验室里再也找不到一个助手。"他"把电流通过真空管，而想求出那遮管黑纸的密度，忽然他看见离管不远处有几粒晶体发着亮的荧光。"嗣后经过多日反复实验，伦琴发现这种荧光有很强的贯穿能力，"凡是阳光中一切可见光与紫外光或竟电弧光所不能通过的乌黑的马粪纸罩，它却能够通过。"在他的初步研究报告中，伦琴把"这种新射线称为 X 射线，因为他们的性质不甚明了，但与别种已知射线有异，所以随手取了这个名称以示区别。后来 1896 年正月廿三日他公开演讲了 X 射线，物理学家阿尔伯特（Albert von Köllike，1844 ~ 1920）提议改称

X 射线为伦琴射线，这提议不久便得全世界的共同赞许。"[1]

　　X 光又译为"叉光""伦根光""爱克司射光"等，是一种波长在 0.01～10 纳米之间的电磁辐射形式。其发现不仅为医学诊断提供了新的工具，为结晶学及固态物理学研究开辟了道路，而且揭开了物理学微观研究的序幕，导致人类的经典物质观的彻底变革，成为"新旧物理学的分水岭"，"标志着物理学史上一个伟大时代的开始"。1901 年，伦琴因此而获得首届诺贝尔物理学奖。对于这一重大发现，晚清期刊多有介绍。笔者对《晚清期刊全文数据库》进行检索，其题名中含有"X 光""叉光""X 线""曷格司射光""曷格斯射光""爱克司射光""伦根光"等词者总计 26 篇，见表 5－1。

表 5－1　　　　　　　　　　　　　"X 光"篇目题名

| 序号 | 题名 | 出处 | 著译者 |
|---|---|---|---|
| 1 | 英文报译：曷格司射光 | 《时务报》1897 年第 38 期 | 孙超、王史译 |
| 2 | 英文报译：曷格司射光 | 《时务报》1897 年第 43 期 | 孙超、王史译 |
| 3 | 英文报译：曷格司射光 | 《时务报》1897 年第 44 期 | 孙超、王史译 |
| 4 | 制造：曷格司射光 | 《集成报》1897 年第 22 期 | |
| 5 | 叉光显微 | 《知新报》1897 年第 38 期 | |
| 6 | 曷格斯射光机器说 | 《中外日报》1899 年 9 月 7 日 | |
| 7 | 杂俎：X 线闪光 | 《大陆》（上海）1902 年第 2 期 | |
| 8 | 杂俎：X 线闪光 | 《大陆报》1903 年第 2 期 | |
| 9 | 琐谈片片：X 线之疗治白发 | 《浙江潮》（东京）1903 年第 8 期 | |
| 10 | 华年阁杂录：X 光线之制革 | 《新民丛报》1903 年第 35 期 | |
| 11 | X 光线撮影发明家陆近：照片 | 《新民丛报》1903 年第 36 期 | |
| 12 | 华年阁杂录：X 光线治白发 | 《新民丛报》1903 年第 38～39 期 | 采南 |
| 13 | 华年阁杂录：X 光线之利用 | 《新民丛报》1903 年第 42～43 期 | |
| 14 | 杂录：X 光线 | 《大陆报》1904 年第 7 期 | |
| 15 | 杂录：用 X 光线识别蚕茧雌雄之法 | 《大陆报》1904 年第 11 期 | |
| 16 | 杂录：X 光线 | 《大陆》（上海）1904 年第 2 卷第 7 期 | |

---

① 黄正泰译：《伦琴与 X 射线之发现》，载《新科学》1940 年第 2 卷第 5 期。

| 序号 | 题名 | 出处 | 著译者 |
|---|---|---|---|
| 17 | 杂录：用 X 光线识别蚕茧雌雄之法 | 《大陆》（上海）1904 年第 2 卷第 11 期 | |
| 18 | 智能丛话：伦根光之进步 | 《万国公报》1905 年第 203 期 | |
| 19 | 艺事通纪卷一：伦根光之进步 | 《政艺通报》1906 年第 5 卷第 12 期 | |
| 20 | 智丛：爱克司射光之损害 | 《万国公报》1907 年第 218 期 | |
| 21 | 论 X 光线 | 《科学一斑》1907 年第 1 期 | 任憨 |
| 22 | 丛录：利用 X 光线以防漏税之法 | 《通问报》1907 年第 248 期 | |
| 23 | 外国之部：利用 X 光线以防漏税 | 《理学杂志》1907 年第 5 期 | |
| 24 | 新知识：X 光线之新效用 | 《东方杂志》1909 年第 6 卷第 8 期 | |
| 25 | 二十世纪理学界奇谭：X 光线治白发 | 《小说月报》（上海）1911 年第 12 期 | 采南 |
| 26 | 科学：萤火与 X 光线 | 《龙门杂志》1911 年第 2 期 | 丽 |

以上文献载于 16 种期刊中，另有其他期刊文献也载有不少 X 光知识。大略而言，晚清期刊主要介绍了 X 光的发现及其特性和功用。1896 年 5 月 13 日，《益闻录》刊发了伦琴发现 X 光的讯息①；同年，《万国公报》也报道了这一重大新闻，大略曰：

泰西光学博士朗得根，最近发现一光，"能透过木质及人畜之皮肉"。木骨之类如同金属一样不能透光，博士竟以"一木匣闭置铜模于内，照以摄影镜，模型毕露；又照人手足，只见骨而不见肉，诚不愧朗得根三字之姓。"其法传入奥地利首都维也纳后，"经诸博士博验之下，以为与医理大有关系，假如人身染有暗疾或金刀入肉，皆可昭晰无遗，惟今尚未能祥究，且亦不知其光之何自来也。"②

此所谓"朗得根"即伦琴，下文内所谓"卢贱""郎忒根""陆近""列多坚""林达根""雷挺庚""伦坚""伦得根"等皆为伦琴。伦琴发现 X 光时，为德国维尔茨堡大学校长。1899 年，《知新报》报道了伦琴的学术动态：

"原始考得叉光线者，德人卢贱也。卢君电学精深，兼擅长光学，既考得叉光以来，名播五洲，现为乌士卜艺术书院总理，正在要将该书院大加整顿，以栽培后学；同时躐昔大书院，又欲聘其为教习，未知卢君肯就席否也。然往就彼

---

① 咏梅、段海龙：《清末留日学生创办科学期刊中的物理学内容分析》，载《内蒙古师范大学学报》（自然科学汉文版）2013 年第 1 期。
② 《光学新奇》，载《万国公报》1896 年第 86 期。

席，乌士卜书院又安能舍之？"①

此所谓"乌士卜艺术书院"即维尔茨堡大学，"躔昔大书院"即莱比锡大学。同年，《中外日报》亦报道了 X 光的发现，谓"曷格斯光，即叶格斯光线，或名透光镜，一名叉光镜。其机器传自欧人郎试根，其光最奇，始行于美，传布欧洲，为医家、关卡之妙器。"② 1903 年，《新民丛报》以"X 光线摄影发明家陆近"为题刊登了伦琴的照片③，见图 5 – 1。

**图 5 – 1　伦琴像**

对 X 光的发现，国人自然感到好奇。有人曾向《格致新报》询问其究属何物？《格致新报》解答曰："自透骨电光创行以来，考其性质者，躔接肩随。英人特聚翰苑数十人，联成一会，相与研究，然尚未得其底蕴，故名之曰 X Ray。X，算法中不知之记；Ray，光也。大抵其光之迟速，由于动数之多寡，乃别一种能透物之电也。"④

X 光的基本物理特性是能够穿透不透明物体，举凡木、布、纸和人体等密度较小的物质皆能透过。晚清期刊多文阐述了这一特性，如《知新报》《集成报》有文曰："凡人所照小像，以此曷格司射光照之，其人之身体骨骼等，尽现于照片之上，纤细不能掩藏。"⑤《时务报》有文曰："凡目不能见之物，用劳试根光，

---

①　《卢贱光学》，载《知新报》1899 年第 80 期。

②　《曷格斯射光机器说》，载《中外日报》1899 年 9 月 1 日。

③　《X 光线摄影发明家陆近》，载《新民丛报》1903 年第 36 期。

④　王廷魁：《问答：第十八问：透骨电光何解》，载《格致新报》1898 年第 3 期。

⑤　孙超、王史译：《英文报译：曷格司射光》，载《知新报》1897 年第 38 期；《制造：曷格司射光》，载《集成报》1897 年第 22 期。

带摄影新法，即能照出影像。此法叠经精愈求精，现在不独身内骨架之外形，易于见诸照相镜内，即较大不透光之上焦，亦能视见。由此活人之心，在身内跳动以及骨架之影，确能显见。"①《格致新报》有文曰：X 光"不仅能透柔软之体，即坚凝如金石，厚不过一二分者，亦能透过。故照人体，无不见其肺肝。"②《岭学报》有文曰："德国之教授某将列多坚之叉光线（注即英人谓之 X 光学者），极力考求，得一种黑光线，若以影相之法照人，则能透见肌骨。"③《中外日报》有文曰：X 光虽能透过皮肉及竹木、布帛之属，但不能透过骨骼、金石之类，故可在肉中照出骨体筋骸，"其光线之奇，洵为罕见焉矣。"④《浙江潮》有文曰："X 线者，1895 年倾，德人林达根所发明者也。其性质奇异，若（一）贯通不透明体；（二）感写真干板；（三）与气体以导电性等。"⑤《大陆报》云："X 光线之闪辉，不过五寸至七寸，美国博士彼南新创一法，能使 X 光线发十二寸至十五寸之光，其光力透彻于物，甚为明亮。"⑥《学报》也有文指出："X 光线有奇性，若以黑布包拍照所用干板，而置手于其上，以此映于 X 光线，则手之皮肉皆为此光线所透过，惟不能透骨，故手骨历历可见也。"⑦《协和报》云："照相一事，本光学家之小技，不过使人五官毕现，精神流露，为表面之观耳。嗣经德国雷挺庚（Röntgen）君发明一种特别镜，遂能将人身内之物毕现，并窥其心。"⑧

X 光最初由 X 光球管发射产生。X 光球管为梨形真空玻璃管，内置铝质阴极板（Cathod）和铂质阳极板（Anode）各一，分别与感电机相连；另在阴极板斜侧方置一铂板，与感电机阳极相连，名曰"对阴极"（Anti - Cathod）。"通电后，自阴极板上发生的电子，射到对阴极，冲击的结果，使对阴极上射出 X 线。"⑨《中外日报》有文述其构造曰："窃考其器，盖用附电圈，由真空而发电光。以铝质作凹形为出电极，以铂质作平圆板为入电极。电既通过，即发绿色光线，然人目网筋不能觉此光线，惟照相片可显其形。若人目欲睹其物，必当隔以钨质之板，而于是光轴乃能直行，始可于目中成一实相。"⑩《学报》也提及 X 光的生成方式："感应电圈所发火星通于克耳克管，则由管中玻璃面之一部发出一种目所不见之光线，是名 X 光线。克耳克管之两端入以铜线，其管内气质之压力使极稀

---

① 张坤德：《英文报译：电光摄影奇观》，载《时务报》1897 年第 18 期。
② 《答问：第二十问》，载《格致新报》1898 年第 3 期。
③ 《东西文译篇：黑光线透骨》，载《岭学报》1898 年第 7 期。
④ 《曷格斯射光机器说》，载《中外日报》1899 年 9 月 7 日。
⑤ 鲁迅：《说鈤》，载《浙江潮》1903 年第 8 期。
⑥ 《杂俎：X 线闪光》，载《大陆报》1903 年第 2 期。
⑦ 青来：《物理：动电气学述要》，载《学报》1907 年第 1 卷第 4 期。
⑧ 《最新发明照心镜》，载《协和报》1910 年第 8 期。
⑨ 王刚森：《电学 ABC》，ABC 丛书社民国十七年版，第 99 页。
⑩ 《曷格斯射光机器说》，载《中外日报》1899 年 9 月 1 日。

薄，殆近于真空。"[1] 此所谓"克耳克管"即克鲁克斯管（Crookes tube），是一种能减少阴极加热器耗电的阴极射线管。《格致新报》述及 X 光的制造法曰："用电线两条，贯于蛋形玻璃管之两头；管内无空气，运机器以激动之，则电光即从线内流出。大抵此光线跳动甚细，非他光可及，故能穿过极细微之隙。"[2]《科学一斑》也有文介绍了 X 光球管的形制，大略曰：X 光球管，"中似球形，蔽以黑布，外附短支管三个。二管通以阳电，一管通以阴电，而以荧光板对于阴极之前所，于是反映生辉，阴极发出一种之放射线，透过黑布，射于荧光板，而发青绿色之光。此光线为日光、碳光、电光并寻常紫色以外之光所不能有，即 X 光线也。"[3]

从理论上讲，X 光是由于原子中的电子在能量相差悬殊的两个能级之间的跃迁而产生的粒子流。因其波动频率很高，动能很大，故具有很强的穿透性。X 光透过物质时，其强度会出现衰减，衰减程度既与物体的密度有关，也与其距离物体的远近有关。与物体相距愈远，物体的密度愈大，其衰减程度愈大，反之亦然。《科学一斑》有文述及此理，大略曰：

依伦琴之见，X 光之穿透力系因"以脱之细微质点互相振动而起"。通电时，X 光"因感应而生极大之热力，使弥漫于空中之以脱各微质间起剧烈之振动，生波浪之状，而直能向前进行。热度愈增，振动愈多，其放射之光即愈强，能使密度稍松之物体，直贯通透明，不折回。故其透过物质之力，关于物质之密率，比重较大之物体，不能透明，比重较小之物体，能透明，然在各异二种金类，虽其厚薄与密率之乘积为相等，而其透过力不等。人之眼帘，不能感觉此光线，虽以目切近考器，亦丝毫无所感觉。攻其原因，亦因此光线透过物质，不能折行或微有折行故也。而其前面所立之物体上，所现光之强弱为物体与电器之相距自乘数为反比例。"[4]

以"以太"来解释 X 光固然不当，但这里既概括了 X 光的特性，又指出 X 光的衰减规律：射线强度的衰减与物体的密度成正比，与距离的平方成反比。《格致新报》在"答问"中也述及 X 光透射与物质密度的关系，谓物质透光各有等差，"骨之透光难于肉，五金透光又难于骨，因其质点过密故也。"[5]

由于 X 光能够透物成像，故在其问世后不久便作为一种新的查验工具而被应用于医疗、缉私、缉毒等领域。在医疗领域，X 光以用于人体透视而著称。1897年，《知新报》登载一则美国医生利用 X 光检查病症的信息：

---

[1]　青来：《物理：动电气学述要》，载《学报》1907 年第 1 卷第 4 期。
[2]　金梁：《答问：第七十六问》，载《格致新报》1898 年第 8 期。
[3][4]　任憨：《论 X 光线》，载《科学一斑》1907 年第 1 期。
[5]　吴江钓隐：《答问：第二百零八问》，载《格致新报》1898 年第 15 期。

美国加利福尼亚州医生郁克姆，"以曷格司射光照一病人之疮管，并用照像镜，摄留一影。当照相时，病者之旁，偶有一石，迨照毕，晒上纸片，以察疮管之病，则见身旁之石，中现斑点，遂察出石内有金，乃知此曷格司射光非特能照人身，无微不见，且可以察石中之蕴。医生今得此法于无意之中，自是而后，凡地学家、金石家皆可持此以考察各种矿产矣。"①

1898年，《岭学报》刊载法国医生利用X光胸透的消息：

"自伦坚新法出后，医家多仿其法造此镜，以为医人之用。近有法国利安城两医生，一曰奇利是，一曰杯安，仿伦坚法造一镜，名射光镜，以之照人之肺，数月以来，小心察看。近在法京大医书院中详明所察之事，凡所察者，可预知人肺中伤之种。此新法大有益于人，因此内伤种乃疾病死亡之根，今能预早稽查，以定其有无，则有者可以预早设法除之。然则此法关人生死祸福，为甚重也。两医生自数月以来，将此镜照各少年人之上身前后，若其人有内伤种者，详视之下，一目了然。照该医生所论，谓用射光镜照病人之胸及上身内之心肝肺等事，最令人恐怖，因肺中有许多生物兼善走动，若用此镜照一平安人，其肺自上至下，可以透光，人之一呼一吸，亦可望见。"②

1903年，《新民丛报》刊登德国医家进行X光体检的消息："近顷德国所发明，有依X光线于人体内之诸机关可摄影者，凡脏腑、筋络、骨髓中有何病状，及有何物存在，皆能明细照澈。医学家依此作用，得大有进步云。"③

同年，《万国公报》有文将X光验病视为"百年来医学之进步"成就之一，略谓："十九周之末，光学大有进步，其于医学最有用者，莫如外紫光线。……尤有更奇者，即近来所得之然根光。……无论何物，此光皆能透过，惟有多少之分耳。且此等光亦可用照像之干片照下，医家近已多用此光，以搜求病源，或用以治病。试此光者，其目中所见，乃光之影，其影之浓淡，视阻光之力而定。若是则就影之浓淡，以计其物所居之地位，非屡次试验，细心考察，不能得其端倪。……其后日之大用，正未可量。"④ 此所谓"然根光"即X光。

1904年，《商务报》亦载X光透视人体讯息："西人近得透物电光，可以烛人身骨骼脏腑，科学家咸推为必需之要品。有人以重价购得一机，先将门窗紧闭，室中无有某光，乃摇动电机，立发电光，作淡绿色。张手臂于前，见骸骨尽露，光透皮肉，如透薄纸。以眼镜连壳置之光前，亦惟见眼镜银边，不见木壳，诚异景也。"⑤

---

① 孙超、王史译：《英文报译：曷格司射光》，载《知新报》1897年第44期。
② 《东西文译编：伦坚镜验病法》，载《岭学报》1898年第5期。
③ 《华年阁杂录：X光线之利用》，载《新民丛报》1903年第42~43期。
④ 山西大学堂译书局：《续论百年医学之进步》，载《万国公报》1903年第175期。
⑤ 《烛骨节之透光电机》，载《商务报》1904年第17期。

1906 年，《理学杂志》亦刊载相类信息："近德人发明一写真器械，能写映体内诸机关，盖此器械专以 X 光线为作用，故不惟体内诸机关，得放大之摄影，即存于机关中之他物，亦得映出，今而后秦宫照胆，良非虚语。"①

　　1909 年，《东方杂志》载有利用 X 光判别真、假死的新闻：

　　"近有法伊兰特氏者发明用 X 光线能判假死、真死之法。其说谓全死者之身体，曝于 X 光线中，则其内脏一一明了映出，有生命者之内脏则朦胧而不能辨。盖 X 光线所能映出者，为静止之物体，微有运动，即难分明。是故生活之人，假令呼吸器等一时停止运动，而消化器依然运动不绝，则用 X 光线曝之，即现朦胧之状。若系真死，则运动全止，自能明了映出矣。"②

　　1910 年，《协和报》更登载了 X 光机的改进情况，其透视性能更佳。其文曰：

　　X 光机发明之处，"只能照其心之若何动，尚不能将人心摇荡之形一一照出，更经逐渐改易，现已能令人身纤维无隐。此技实于人身病症，大有关系，医学家为详细研究之。"③

　　在缉私领域，X 光被用于检查过往货物、客商，以防透漏税款，夹带违禁物品。《知新报》载：法国海关藉 X 光"照验来往行李货物，窥幽察隐，一览无遗。"④《理学杂志》也介绍这一情况曰：法国政府除了用 X 光机查验邮件外，还用 X 光其检查外国进港船客，"凡船客全身照以光线，则真伪毕露，不能藏一物。用此法既不须解脱衣服，又不须分别贵贱，所有船客皆使立于透彻力锐敏之检查精镜前，为时不久，措置亦易。……由此观之，各国苟以此等机械用之税关及邮政局中，虽极细物不能偷漏。逋税之事，可以绝矣。"⑤《知新报》还刊载了法国利用 X 光查禁"药品"之事：

　　"自有叉光之妙法出，其用日新月异，藉以治病，绝大奇功。而事之最奇者，有一少妇，被叉光照其下体，女子初犹未觉，因其私藏一玻璃瓶，内满载犯禁药水，自以为无人能察，但一经叉光照之，即将裙内衣物，逐层发露，竟显出玻璃瓶一具。此妇人有意私带此犯禁物，入法国巴黎城内，及被捉获，犹愕然不解其故，不知关吏久疑妇女走漏，但苦无善法搜查，盖妇女当避嫌疑，断不轻许他人盘搜其身，自得叉光之后，即能发奸摘伏，诚妙用矣。"⑥

　　因 X 光具有良好的透视效果，故有人借以观察不为肉眼所能看到的物质组织

①　《体内写真机之发明》，载《理学杂志》1906 年第 2 期。
②　《新知识：X 光线之新效用》，载《东方杂志》1909 年第 6 卷第 8 期。
③　《最新发明照心镜》，载《协和报》1910 年第 8 期。
④　孙超、王史译：《英文报译：曷格司射光》，载《知新报》1897 年第 38 期。
⑤　《利用 X 光线以防漏税》，载《理学杂志》1907 年第 5 期。
⑥　《叉光显微》，载《知新报》1897 年第 38 期。

"细节"。《知新报》载:西人有利用 X 光照射鸡鸭蛋,以"辩其能生蛋与否者"。当其购买鸡鸭时,"必携射光机器,能生蛋者留之,否则售之于市。"① 《大陆报》载:法国里昂蚕丝研究所利用 X 光来判别蚕之性别,"其法以 X 光线照其蚕影于磷光板,该丝若为雄,则磷光板依 X 光线之感动而暗放磷光;若为雌丝则不然,胚胎于雌蛹体内之蚕卵,必遮断 X 光线而现其暗影于磷光板。故得因此暗影之有无,而识别蚕丝之雌雄也。"②

X 光不仅具有透视特性,而且具有变色功能。《新民丛报》载:美国医生"用 X 光线治癌肿患时,发见用 X 光线可使白发复返为玄色。"③ 芝加哥 X 光研究所"考出 X 光线之作用,能变金刚石之颜色。凡金刚石,以一种白色,玲珑如冰块者,其价值为最贵,然用 X 光线,能使带黄色之金刚石变为纯白,宝石商多欲传授其秘法。"④

此外,X 光也被应用于生产领域。《新民丛报》报道了美国利用 X 光制革的信息:"近顷美国利用 X 光线制革,旧式须用四月手工者,新法仅四日可成,制造费可减去四分之三,制革所设立费可减去四分之一。从来 X 光线止应用于医学界,用于产业界者,此为嚆矢。"⑤

X 光虽给人类生产生活带来了不少便利,但科学家们很快发现这种光线有损人体健康。对此,晚清期刊也予以报道。1903 年 8 月,《万国公报》在《续论百年医学之进步》一文介绍了 X 光的危害:"其光用之时久,或距皮肤过近,亦足以伤人。近来失事者,已有所闻,其中亦有致命者。"⑥ 1907 年,《万国公报》以"爱克司射线之损害"为题,再次论及 X 射线的危害:"有人试验爱克司射光,颇有妨碍于动植物之生长,故小儿用此光者,不可于患处之外,波及全身,且不得过若干分时。"⑦

在晚清期刊鼓吹 X 光的"奇妙"之时,有人将这一奇器引入中国。1897 年12 月,《点石斋画报》以"宝镜神奇"为题,报道了苏州博习医院引进 X 光机的消息:

"苏垣天赐庄博习医院医生柏乐文,闻美国新出一种宝镜,可以照人脏腑,因不惜千金购进至苏。其镜长尺许,形式长圆。一经鉴照,无论何人心肺肾肠,昭然若揭。苏人少见多怪,趋而往观者甚众。该医生自得此镜,视人疾病,即知

① 孙超、王史译:《英文报译:曷格司射光》,载《知新报》1897 年第 38、43、44 期。
② 《用 X 光线识别蚕丝雌雄之法》,载《大陆报》1904 年第 11 期。
③ 《华年阁杂录:X 光线治白发》,载《新民丛报》1903 年第 38～39 期。
④ 《华年阁杂录:X 光线之利用》,载《新民丛报》1903 年第 42～43 期。
⑤ 《华年阁杂录:X 光线之制革》,载《新民丛报》1903 年第 35 期。
⑥ 山西大学堂译书局:《续论百年医学之进步》,载《万国公报》1903 年第 175 期。
⑦ 季理斐:《爱克司射线之损害》,载《万国公报》1907 年第 218 期。

患之所在，以药投之，无不沉疴立起。以名医而又得宝镜，从此肺肝如见，药石有灵，借批光明同登仁寿，其造福于三吴士庶者非浅。语云：欲善其事，必先利其器。西医精益求精，绝不师心自用，如此宜其计之进而益上也。"①

柏乐文（William Hector Park，1858～1927），美国监理公会传教医生。1882年，抵苏州，参与筹建苏州博习医院。1887～1917年，任博习医院院长。在他的主持下，博习医院引进了西医最新技术和医疗方法。图5－2即为《点石斋画报》所载博习医院所引进的X光机，据说这是"中国最早的一台X光诊断机"。②

图5－2　宝镜新奇

1899年8月，上海嘉永轩主人从欧洲购置一台X光机，并在上海《昌言报》馆当众演示。这一新闻在1899年8月30日的《中外日报》得以报道："嘉永轩主人娴心格致，精于光学，今由欧洲运来爱格司射光镜一具，特假《昌言报》馆演试，以供众览。兹承主人折柬相邀，拨冗往观，果为奇特。无论人身骨肉，以及竹木纸布内藏什物，照之无不毫丝毕露，状如玻璃，洵为见所未见也。讲求光学者，盍亟往观，以为探求格致之一助。"③ 两日后，《中外日报》又对X的发明及其功用进行评述，有谓："曷格斯射光之名，我华人娴于耳，熟于口，而未尝接于目也。今本埠有华人格致之士，试验此光器机，有志光学之士，大可讲求其

① 周权绘：《宝镜神奇》，载《点石斋画报》1897年利三。
② 邓绍根：《中国第一台X光诊断机的引进》，载《中华医史杂志》2002年第2期。
③ 《志透骨奇光》，载《中外日报》1899年8月30日。

故，引而伸之，另制新器，以劝工艺，岂不甚善!"①

总之，19 世纪末，X 光及 X 光机已作为"奇闻"和"奇器"而传入中国。

## 第二节　天然放射性的发现

X 射线的发现很快导致了天然放射性现象的发现。由于当时发现 X 射线来自玻璃管的荧光部分，因此，一些物理学家试图探究哪些荧光物质能够产生 X 射线。

1896 年，法国物理学家贝克勒尔（Antoine Henri Becquerel，1852～1908）发现铀及含铀的矿物能够发出看不见的射线，这种射线可以穿透黑纸，使照相底片感光。1898 年，居里夫妇确证钍也具有和铀一样的性质，并发现了钋、镭两种放射性元素。1904 年，《万国公报》述及这一学术动态曰："西方自伦得根之光之后，格致家大为感动，即所至程远更将深入堂奥焉。近又得雷达恩发光体之原质，于是光学益有进步，不但可发明新理，且能用以治疗诸病，是知格致日兴，实为世界之幸福也。"② 此所谓"雷达恩"即镭（Radium）。1907 年，《科学一斑》有文述及天然放射性现象曰："晚近以来，屡次发明各种光线，如苏纳线、燐毒金线，其最著名者，莫如铀线、钍线、鉬线，盖此原质无待器械电气之助，自本体发放射线与强烈之光，能贯通物体，感写真板，闪闪宛如太阳之照临于物体。"③ 此所谓"鉬"即"镭"的旧译。晚清期刊对居里夫妇的发现多有记述。如 1900 年，《亚泉杂志》有文阐述了钋、镭的发现及其特性：

"披苦列弗拉（P. Curie Frau）、爱司苦列（S. Curie）及奇贝门脱（G. Bemont）自丕岂冷特（Pechblende）中得甚能发光之原质。此质在分析学中之性甚似铋，而名之曰薄罗纽姆（Polonium）。诸人又遍究发光性物质，得第二种质。此二质性情全异，前者于其酸性水中通轻硫气则结沉质，其盐类在酸内能溶，加阿摩尼阿亦全结成。而第二种发光质则性颇似钡，遇轻硫气、阿摩尼恩硫、阿摩尼阿等皆结成，其硫酸化合质，酸类不能镕，其炭质化合质，水中不镕，其绿气化合质，水中易镕，而醇及盐酸不镕。其发光性以弗葛台麦而揩（Fug Demarcay）之法观之，则见较钡线之弱光带，浪长等于三八一四．八（劳冷特$_{Rawland}$之度）者显远强之线。故名之曰拉地铀姆（Radium）。此质有时存于钡中甚多云。铀、钍及薄罗纽姆、拉地铀姆通以电气，则皆发如爱格司线之光，能感照片，而后二质力尤强。"④

---

① 《曷格斯射光机器说》，载《中外日报》1899 年 9 月 1 日。
② 《记发光体》，载《万国公报》1904 年第 185 期。
③ 任憨：《电子说》，载《科学一斑》1907 年第 1 期。
④ 王琴希：《昨年化学界》，载《亚泉杂志》1900 年第 3 期。

此所谓"披苦列弗拉""爱司苦列"即居里夫妇；"奇贝门脱""弗葛台麦"为法国化学家贝蒙特（G. Bemont）、德马赛（Eugène AnatoleDemarcay，1852～1904），居里夫妇的合作者。"丕岂冷特"即沥青铀矿（Pitchblende），居里夫妇从中发现了钋。这里，作者专门介绍了化学元素镭（拉地铀姆）和钋（薄罗纽姆）的化学性质，谓二者皆俱放射性，"质力尤强"，通电后能发出强于 X 光的射线。

1905 年，《教育世界》有文介绍了镭的发现与性质：

"法人匈理氏夫妇，发见一种元素，名之曰拉丢姆（即鉬），盖就所谓培比布列第之矿物中，利用其放射性而获之者。纯粹之拉丢姆，其放射性极强烈，其化合物之盐化拉丢姆、臭化拉丢姆亦备此性。……此元素尤有一特质，能自身发热，高于空气一．五度，每时所放之热，能使同重之水由相同之温度，升高百度。此物有生热理作用，……又富于化学之作用，其放射线不透金属，但以阿尔米尼姆当之，则容易透过，肉骨亦然。"[①]

此所谓"匈理氏夫妇"，即居里夫妇；"培比布列第"，即沥青铀矿。1902 年，他们从沥青铀矿石中提炼出镭（拉丢姆）。如作者所言，镭具有强烈的放射性，"能自身发热"，又富于化学作用，但"其放射线不透金属"。图 5 - 3 为居里夫人像。

**图 5 - 3　居里夫人像**

资料来源：高劳：《镭锭发明者居里夫人小传》，载《东方杂志》1911 年第 8 卷第 11 号。

1907 年，《教育世界》又对镭、钋的发现予以介绍：

---

① 《新元素之发见》，载《教育世界》1905 年第 5 期。

"法化学家克又利氏夫妇与列蒙氏顷发见一金类元质，名之曰拉几岛姆，即发光之义。其质与爱克司光线相似，其光能穿过物体。昔时发见金类之岛拉里岛姆时，以其有发射之光，已为人所惊讶，若此拉几岛姆所发射之光，则较岛拉里岛姆加至九百倍云。"①

此所谓"克又利氏夫妇"即居里夫妇，"列蒙氏"即贝蒙特，"拉几岛姆"即镭，"岛拉里岛姆"即钋（Polonium）。

1911年，《东方杂志》专文介绍了居里夫人的生平及镭的发现：

"一八九八年某日，居里夫人以一物示良人。此物产波希米矿山，此外别无所出，乃自披次勃兰特（pitchblende）矿石中分出者。此矿石之成分，为铀之养化物，欲得此物质，需费甚巨。……居里教授见此物，非常惊异，遂抛弃自己一切之实验以助夫人。其后二人渐得提出此物质一格兰姆。此提出者，能发光于暗处，虽甚微小，亦能放散高度之热而不至冷。是即所谓镭锭是也。后四月，此二人即将镭锭之发见公布于世，科学界中骚然鼎沸。居里夫妇之名誉，遍布于各国。"②

此所谓"披次勃兰特"即沥青铀矿，居里夫妇从中提取出镭元素。

总之，钋、镭的发现促进了人们对放射性现象的研究，居里夫妇为此获得了诺贝尔奖。《学海》和《东方杂志》专门以图片形式介绍了居里夫妇③，见图5-4、图5-5。

图5-4 居里夫妇像

图5-5 居里夫人像

---

① 《新原质》，载《教育世界》1907年第160期。
② 高劳：《镭锭发明者居里夫人小传》，载《东方杂志》1911年第8卷第11号。
③ 《新元素蜡基乌谟发明家哥利夫妇之肖像》，载《学海》（乙编）1908年第1卷第1期；《雷的姆原质发明者居里女史》，载《东方杂志》1911年第8期。

# 第三节　电子的发现

继伦琴发现 X 射线后，英国物理学家汤姆逊发现了电子。如前所述，科学界曾就阴极射线的性质问题提出所谓"以太波"说和"粒子流"说。汤姆逊亦长期致力于阴极射线研究，终于在 1897 年证明阴极射线是由带负电的粒子组成。这种粒子即电子，是各种原子的组成部分。1898 年，居里夫妇发现了镭，既推动了放射性现象的研究，又进一步确证了电子的存在。《四川教育官报》有文论曰："乔里氏夫妇发见铫后，电子之说遂出现。……自嗣以来，各国学人益加研究，公布成绩。于是法国物理学会收集诸家之论说，编成百余篇之大册，名曰《电子论通纂》。"因电子的发现，"物质之黑暗界顿放一大光明，电学将离物理而独立为一科，比化学更精更深，凡有生命之物，将可由人工制造而得。"[①] 此所谓"乔里氏夫妇"即居里夫妇，"铫"为镭的旧译。

对于电子学理论，晚清期刊有所载述。总括而言，主要阐述如下内容。

其一，阐述了物质构成。大略曰：关于物质的构成，化学家初持"分子、原子之学说"，谓物质"皆由于无数细微之分子集合而成，而此分子又为无数细微之原子集合而成。"近来有人提出新的"电子说"，"以为凡物质之微点，虽为极微细之原点结合而成，而各物质之微点中之原点，尚含有无数细微不可思议之电子。……电子之于原子，犹原子之于分子也。"[②] 由是学界"离原子说而归电子说"，认为万物皆由分子（Molecule）组成，分子则由原子（Atone）组成，原子又由电子（Electrons）组成，宇宙间"成物之次序"先由电子构成各种原子，"次由各种原子构成各物之分子"。[③] "自电子说起，而关于物质变化之观念倏一振动，而于理论上又兴一变革矣。"[④]此所谓"原点"即原子，"微点"即分子。

其二，阐述了电子的特性。有曰：万物皆含有电子，"电子分两种，曰阳电子（Positive Electrons），曰阴电子（Vgative Electrons）。此两种电子为构成物质之根源，其振动力为万有引力之根源，亦为动植物生活力之根源。"[⑤]有曰：电子处于运动状态，"电子之各电间，皆含有电气，而电子受四围之电气与磁气之感应，得以自相循环、飞运振动，无有已时。"[⑥]相较而言，"阳电子振动过速且直径较大，出入于各物间隙之际，冲突甚多，故不活泼。阴电子振动稍缓且直径甚小，故无论何物皆能活泼穿透之，电学化学之各种现象，由阴电子而起者居

---

①③⑤　林君：《电子说》，载《四川教育官报》1910 年第 8 期。
②④⑥　任愍：《电子说》，载《科学一斑》1907 年第 1 期。

多。"① 就存在形态而言，电子既非固态，也非液态和气态，而是可称为第四态的"电态"，如"阴极放射线及镭质之放射线"。②有曰："压力减，则电子发生易。……电子遇某物质，则起化学作用。……电子最著之性质在透过力。……电子出，则即与他之电子结合而为分子或原子。"③

按照原子理论，原子是由带正电的原子核和带负电的核外电子组成，也就是说：原子＝原子核＋电子，电子是带负电的亚原子粒子。这里，作者将电子分为阴、阳两种，并谓"阳电子"与"阴电子"构成各种原子，显系将带正电的原子核视为"阳电子"，将带负电的核外电子视为"阴电子"，其表述虽然与今不同，但基本含义准确。此所谓"阴电子"即今人所言之电子。

其三，给出电子的大小、重量、速度、电荷及其测定方法。有曰：测定电子之重量、速度和电荷诸要素，需借"电磁偏转法"来完成。经测定，电子的半径（R）、质量（m）速度（v）、电荷（e）与磁力（H）成如下关系式：$R = mv/eH$，$e = mv/RH$，$v = 2v/RH$，$e/m = 2v/(RH)^2$。依照此等算式，"电子之速度，虽由带电之电力而不同，然较之最速之炮弹，一时间二千哩（Mile），尚速千倍。……电子之速度，大概一秒钟一万哩以上，九万哩为止也。"电子不论性质如何，其荷质比（e/m）"常有一定数"，此定数为氢离子的质荷比的千分之一。电子之质量为"小数点以下零十六之次三四"，较"极细微之原子尚小千倍"。电子的电荷量等于总电荷量除以电子数。④有曰："阴电子之半径约十兆分生的迈当之一（$1.3 \times 10^{-3}$ cm），共重量约一万一千五百稀分瓦之一（$7 \times 10^{-28}$ gr），小于轻原子二千倍，小于轻气之分子百万倍。积阴电子如指尖之大，其重量可至数万吨以上，则其为体极微，可想而知。阳电子约大于阴电子百倍，重于阴电子千倍。"⑤

按照经典电动力学理论，电子的半径为 $2.8179 \times 10^{-15}$ cm，约为氢原子半径的 1/5000；其质量为 $9.109 \times 10^{-28}$ g，约为氢原子质量的 1/1800。这里，作者给出的数字虽与今天所使用的数字有差异，但反映了当时的研究成果。

其四，论述了原子与电子、离子的关系。按照原子学理论，原子＝原子核＋电子。原子核由带正电的质子和不带电的中子构成，电子带负电荷，围绕原子核高速运转。原子的核电荷数与核外电子数相等，因此，原子显电中性。一个中性的原子，其正电荷与负电荷处于平衡状态。如果原子间发生反应，电子就可能从一个原子的运行轨道上，转移到另一个原子的运行轨道上。于是，这两个原子的带电情况随之发生变化，失去电子的原子带正电荷，可称之为正离子，而得到电

①②⑤ 林君：《电子说》，载《四川教育官报》1910 年第 8 期。
③④ 公毅：《近世物理之进步》，载《学报》1907 年第 1 卷第 4 期。

子的原子带负电荷，可称之为负离子。《理学杂志》论及这一原理曰：原子为"物体之最小者"，其所带可游离的"极微电气量者"即为电子，带负电，"吾人通常所谓之电子，虽统乎阴阳而言，实则恒指阴电子而言耳。""电子之对于原子也，可自由离合。"失去电子的原子为"阳伊翁"（正离子），得到电子的原子为"阴伊翁"（负离子）。"凡吾人所视为中性物质者（即物质之不显电气存在之现象者），即此物质中阴电气所含之阴电子与阳电气所含之阳电子为等量。……设于此中和之物体中减少其所含阴电子之一部（此时阳电子多于阴电子），则又可为负阳电气之物体。又设于此中和之物体中增加其所含阴电子之一部（此时阳电子少于阴电子），则又可为负阴电子之物体。"[①]

《四川教育官报》亦阐述了电子与离子的关系，大略谓：离子是原子的一种存在形式，带电荷的原子即称离子（gon），带正电荷的原子为阳离子（Cothion），带负电荷的原子为阴离子（Anion）。离子"当由电子分解而生"，阳电子一粒分解可生阳性氢离子（H）七万个，阴电子一粒分解可生阴性氯离子（Cl）四万个。[②]

对于离子的特性，《学报》论列如下："阴 Ion：一、负阴电气；二、一秒钟有一万至九万哩之速度；三、与水素原子由同量之电气；四、有水素原子千分之一之质量；五、以带电体放电，则因磁力及静电力而起振动，所冲突之物体，起荧光热机械的作用 X 光线，为比例于密度所吸收之原子或分子核。阳 Ion：一、负阳电气；二、较阴 Ion 迟；三、与通常之原子有同程度之电气，e/m 电子三万分之一；四、质量为电子之千倍，略等于水素原子；五、用强大之磁力，仅起振摇。"[③] 如是分析比较准确。此所谓"阴 Ion""阳 Ion"即阴离子、阳离子，"水素"即氢。

其五，阐述了电子与物质形态变化的关系。大略谓：原子由电子结合而成，而电子则处于振动状态。因电子之振动有迟速之别，故组成分子的之原子排列互异，原子之"排列既有互异，故形成种种物体之状态亦异，如液体、固体、气体是也"。[④]"每一原子多由数十个电子结合而成，其内各层之电子数若相同，则原子价必相等，而化学性质亦相近"，原子的周期律即为"电子排列之次序"。[⑤]在物质相互变化中，"此原子与彼原子互相结合而生新的物质"。究其缘由，是因"原子间之各电子之飞运振动，因接触感应，使化学的亲和力减杀其凝集力"，以致"同种之电子遂自失其结合之爱力，不能保其固有之状态，使位置之爱涅尔，

①　国城：《电子说》，载《理学杂志》1907 年第 5 期。
②⑤　林君：《电子说》，载《四川教育官报》1910 年第 8 期。
③　公毅：《近世物理之进步》，载《学报》1907 年第 1 卷第 4 期。
④　任憨：《电子说》，载《科学一斑》1907 年第 1 期。

其变为运动之爱涅尔，其与异种之电子互相化合而生新物质。"因此，"各种物质无论起如何变化，生如何现象，不外由于各物质原点间最小部分之电子飞运振动，互相变化耳。"① 此所谓"爱力"即凝聚力；"爱涅尔"即 energy 之音译，意为能量。这里，作者比较准确地概述了电子运动与物质结构的关系，即核外电子运动导致同种电子失去凝聚力而与异种电子结合而产生新的物质。

其六，介绍了法拉第电解定律与法拉第常数。法拉第电解定律是描述电极上通过的电量与电极反应物重量之间的关系的定律，计有两条。

第一定律是：在电极上析出（或溶解）的物质的质量 m，同通过电解液的总电量 Q（即电流强度 i 与通电时间 t 的乘积）成正比，即 $m = KQ = Kit$。

第二定律是：当通过各电解液的总电量 Q 相同时，在电极上析出（或溶解）的物质的质量 m，同各物质的化学当量 C（即原子量 A 与原子价 Z 之比值）成正比。也可表述为：物质的电化学当量 K，同其化学当量 C 成正比。

对于这两条定律，《理学杂志》有文作如下概述：

"西历一千八百三十三年，英人法拉特于电气分解，发见左之二法：（一）因电解所生之物质量，恒与所费于电解之量相正比例。……（二）使同一之电流，通过种种电解质之水溶液中，于同一时间所现出于各电极之物质之量，恒与各当量为正比例。"②

法拉第常数（F）是近代科学研究中重要的物理常数，代表每摩尔电子所携带的电荷，单位 C/mol，一般认为此值是 $96485.3383 \pm 0.0083C/mol$。该文述及这一常数曰：

"电气量一克伦，能解离水素 0.0001038 格兰姆。故水素一格兰姆，电解所需之电气量为 $1/0.0001038 = 96330$。今定水素伊翁所带之电子量为 e，而质量为 m，则水素电解所需电气之量为 e/m。盖即水素伊翁所负电子之量，对于其质量之比也。此法名曰：法拉特之常数。"③

此所谓"克伦"即库伦，为电量的单位，"格兰姆"即重量单位克（gram）。

其七，概述了电子说的沿革以及"以太"说。如前所述，以太本来是古希腊哲学家所设想的一种物质，后来被引入光学研究领域，作为光的传播媒介。至 19 世纪 30 年代，随着电磁感应的发现，法拉第、麦克斯韦、洛伦兹、汤姆逊等科学家又将以太设想为充满整个宇宙，无所不在，没有质量，绝对静止的"客观实在"，是电磁波的传播媒质。尽管"以太说"在后来被学术界摒弃，但科学家们藉这一假说进一步推动了电磁学研究。

① 任憨：《电子说》，载《科学一斑》1907 年第 1 期。
②③ 国城：《电子说》，载《理学杂志》1907 年第 5 期。

晚清期刊文献在肯定"力之作用及于物"必借某种媒介的"公理"后，一方面指出法拉第的"以太观"："以太者，弥漫于宇宙间及物体中，有非常之弹性，光与热之一瞬不绝，皆由此以太可运动之物质，充塞于两间而传播者也"；另一方面又指出"以太说"对电磁及电子学研究的意义，大略谓：自法拉第引入以太说后，"电学界放一大光明，盖因此而知电气为无数极小分子集合而成也。……故论者以法拉特为电子说之鼻祖。……自是厥后，宗其说者日益多，而电子一说日益发达，如英则有汤姆孙、说希皮色，法则有内纠彼，荷兰则有老云词斥漫，而最著名、最有力者，则德之过夫曼也，其言电气之质量因其速度之大小而有增损，几经实验，确定不易。"①  此所谓"法拉特"即电磁感应现象发现者法拉第；汤姆孙为电子的发现者，率先测定了电子的速度和荷质比；"老云词斥漫"即洛伦兹（Hendrik Antoon Lorentz，1853～1928），他用电子论成功地解释了由莱顿大学的塞曼发现的原子光谱磁致分裂现象；  "过夫曼"即德国物理学家考夫曼（Walter Kaufmann，1871～1947），他首次证实了电子的电磁质量与速度的依赖关系，为现代物理学尤其是狭义相对论的发展做出了重要的贡献。至于"说希皮色""内纠彼"为何人，待考。

X光的发现、天然放射性的发现和电子的发现被称为19世纪物理学领域三大发现。晚清期刊能够将这些重大发明迅速介绍给国人，足见其在科技传播中具有很强的时效性。

---

①  国城：《电子说》，载《理学杂志》1907年第5期。

## 第六章

# 发电机与电池

电磁学研究从理论到应用皆离不开电能。从人工角度看，电能主要依靠发电机和电池两种装置而产生。发电机是将其他形式的能源转换成电能的机械，电池是能将化学能转化成电能的装置。电磁学研究的发展促成发电机和电池的发明，发电机和电池的产生又推动了电磁学理论和应用的进一步发展。晚清期刊对这两项电学机械和装置皆有比较详细的介绍。

## 第一节　发　电　机

发电机经历了一个从摩擦发电机到感应发电机的演变历程。摩擦发电机前已述及，兹仅介绍感应发电机。感应发电机的制造最先脱胎于 1831 年法拉第根据电磁感应原理而制作的一台圆盘发电机。这台发电机虽然性能欠佳，但在转动时能够产生持续的电流，从而揭开了机械能转化为电能的序幕。受此启发，1832年，法国物理学家皮克希（Hippolyte Pixii，1808～1835）运用电磁感应原理发明了永久磁铁型旋转式交流发电机。该机主要由定子、转子和手轮构成，转子为永磁铁，定子是两个线圈，摇动手轮使磁铁旋转时，因磁力线发生了变化，于是在线圈导线中就产生了电流。次年，皮克希又在发电机上安装了一种整流子，将其改制为直流发电机。《益闻录》提及这一发明："磁电机者，以磁条引电于机故名。按引电之法有二：将铜丝圈系定于机，以大磁条旋转圈前，其法一；将大磁条系定于机，以铜丝圈疾转于磁条两极前，其法二。此二法皆以旋力增热、增磁、增电、增光。西人毕克西于一千八百三十三年始创此机。"[①] 此所谓"毕克西"即皮克希。

嗣后，发电机制造技术一度陷于停顿，直到 1854 年，随着丹麦人赫尔特发明自激式发电机，才有所推进。自激式发电机又名自励式发电机，是指可以靠自身发

---

① 《论磁电机》（第九十八节），载《益闻录》1887 年第 726 期。

出电流为电磁铁励磁的电机。其外形见图6-1，《益闻录》述其构造和发电流程曰：

"近今各学塾又用克辣尔格机，按克辣尔格乃创制者之名。……（其机）甲字处为磁条数重，湾如轭，系于直板。磁条两极前有乙乙铜丝圈二，缠绕甚多，均盘于软铁。软铁前有丁字软铁条，连接二圈，圈后有铜皮一，亦连接二圈者。铜皮中有横轴一贯至直板，后面装有转盘，在丙字处。盘后有两柄，执而摇之，丝圈旋转，疾徐如意。在丁字铁条外，又有一轴，以铜为之，外包象牙管"，见图6-2之"己字处，管外有圆镶头一，又有半圆镶头二，皆以铜为之。乙乙铜丝外包丝线，绕至一千五百周。二丝须递绕，其前两端引至丁字铁条，后两端引至圆镶头。由是前后四端为牙管所阻，不相通达。凡乙圈近磁条一极，圈中软铁立染磁气，丝圈立生子电，俟乙圈离去此极，圈中软铁立失磁气，失时在丝圈中阳电，继则阴电，丝头之在横轴者，始为阴电，继为阳电。按半镶头二枚，一枚通于圆镶头，又一枚通于横轴。又有寅丑二铜皮，甚薄，凡全机转动，寅丑二铜皮先后触半镶头，一触一止，依次相间，譬如一铜皮触某镶头生阳电，离去时生阴电，若不待其离，已入他镶头，则入阳电，然则一铜皮常为阳电矣；他铜皮反是，常为阴电。若加以卯辰两铜皮，而接以酉字处电线，便见电气行丑辰酉卯寅一周。"[①]

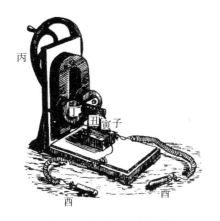

图6-1　赫尔特发电机外形

图6-2　赫尔特发电机构造

此所谓克辣尔格，即赫尔特。自激式发电机的特点是：发电机需要有剩磁来建立剩磁电压，调压器通过剩磁电压给发电机励磁，进一步把发电机电压升高，最后达到额定电压。如果没有剩磁，发电机将无法发电。赫尔特发电机的发明虽然推动了发电机制造技术的发展，但这种发电机仍不能输出稳定强大的电流，以运用于生产生活领域。

---

① 《论磁电机》（第九十八节），载《益闻录》1887年第726期。

1867年，德国发明家西门子（Werner von Siemens，1816～1892）以电磁铁代替永磁铁，也研制成一款"自激式"发电机。用电磁铁代替永久磁铁发电的原理是，电磁铁的铁芯在不通电流时，也还残存有微弱的磁性。当转动线圈时，利用这一微弱的剩磁发出电流，再返回给电磁铁，促使其磁力增强，于是电磁铁也能产生出强磁性。由于这款发电机能产生以往发电机所远不能相比的强大电流，因而很快进入应用领域，为社会生产提供了动能。

对于西门子电机的构造，《理化学初步讲义》作了详细的介绍：

"凡导体与发电机相近，虽中隔空气，亦能生电。其近发电体之一面，生异性电气，远发电体之一面，生同性之电气。此二种电气，本导体中静止，互相中和，今因发电体感之，吸引其异性之电，使之近己，拒斥其同性之电，使之远己。电遂分离而发现也。是曰电气之感应。韦姆夏司脱氏即本上理，制为感应发电机，为用甚钜。"见图6-3，"有玻板二片（近多用硫橡皮为之），在横轴午上并立，下有二轮，夹于玻板，而以未轴贯之。轴有柄，可以摇转，以皮带二条，嵌入轮沟，一以直线绕午轴上之小轮，又一则以十字线绕之。故持柄摇转，则玻板以反对之方向旋转。玻板之上，匀贴锡箔二十余枚，以为发电之源。又于午轴连铜条二枚，端附铜刷乙乙，各在玻板两面，与锡箔相触，而一与地成四十五度之角，一则与之正交。玻板转动，则因空气含有微电，能以感应作用，感锡箔生电。而锡箔又与铜刷感应生电，即有阴阳两电，向丙丙铜刷通过，传至子丑铜球，为全机之两极，盛发火花。"[①]

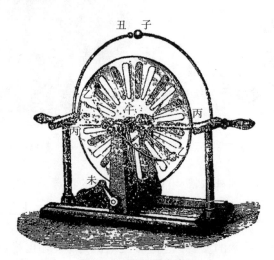

图6-3 西门子发电机

---

① 钟观光、陈学郢：《理化学初步讲义》，载《师范讲义》1910年第5期。

此所谓"韦姆夏司脱氏"，即西门子。1870 年，比利时—法国发明家格拉姆（Zénobe Théophile Gramme，1826～1901）在总结既有发电机制作原理的基础上，又研制出性能更为优良的"环状电枢自激直流发电机"[1]，"其力甚大"。对此，《益闻录》也有详细的介绍：

"有名克郎默磁电机者，乃西人克郎默所制，其力甚大，今包金铺与电灯局往往用之。"图 6-4 "为学塾中通用之式，所以教后生者。机上有磁条若干，重湾其形如轭，两极中间有铜丝圈装于机轴，轴上有车盘摇盘，则铜丝圈疾转，此丝圈本与克辣尔格机无异。嗣西人名雅明者，另作薄钢条，发电甚夥。克郎默袭而用之，遂有克郎默机之称。按雅明钢条以二十四薄钢条合成，每条慕薄，三条并合，几及一分厚。在钢条两极有软铁条二，在子巳二字处，沾染磁气，自成两极，遂引子电于丝圈上，其制与巳上丝圈异"，图 6-5 "即其像也。观斯图便知铜丝若干圈，俱绕一铁条，铁条则以软铁丝并成，而中央松散，如戊字处。惟在机上两端，连接圆浑成圈也。甲乙丙丁铜丝圈横绕铁丝上，下面数圈彼此相距，上面数圈比肩相触，寅卯为正角铜条，间于铜丝圈中，卯酉二线贯及正角各铜丝，故能一气相通。正角各铜丝支于庚字木片，系于转轴，又寅辰处冒出少些，以罩转轴。"图 6-4 "辰字处有红铜丝二，缀接于卯酉处，又接于冒出处，以收电气。凡摇转全圈，则常于磁条相近之处圈上生子电。其圈虽转，其生电处不易也。由是下半圈在某极生阴电，运至他极，仍是阴电；上半圈在某极生阳电，运至他极，仍是阳电。此机之灵，一分钟能转二千周，转愈速则生电愈多，其理易晓焉。"[2]

图 6-4　格拉姆发电机外形

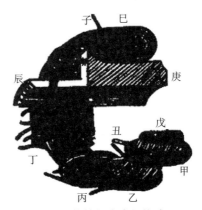

图 6-5　格拉姆发电机构造

---

[1]　将 T 形电枢绕组改为环形电枢绕组，发明了直流发电机。
[2]　《论磁电机》（第九十九节），载《益闻录》1888 年第 728 期。

此所谓"克郎默"即格拉姆,"雅明"即西门子。这种发电机转速为2000/分转,发电量更大,当时为电灯公司采用。其后,德国的西门子公司工程师阿特涅又对格拉姆发电机进行改良,制成性能更为良好的发电机,有力推动了电力工业的发展。

以上所述,各种发电机尽管性能不同,但皆属直流发电机,其"作电气吸铁石之电流与外部传电线之电流相同""外部传电线之电阻增,则电流弱,因之电气吸铁石亦弱,……故用此发电机有不便之处。"因此,有人发明了交流发电机,其所生电流分为两途,"一途以作成电气吸铁石,他途则流于外部传电线内","外部之电阻若增,外部传电线中电流变弱时,作电气吸铁石面之电流反变强,而磁界遂增强,其结果虽能送出强电流于外部传电线",足以弥补直流发电机之弊。[①]

# 第二节 电 池

电池的发展经历了从湿电池到干电池的演变。湿电池的发明肇始于"伏打电堆"。如前所述,伽伐尼发现电流后,伏打通过金属板接触实验,进一步确认了电流产生机理,并据此研制出历史上首枚"电池",即"伏打电堆"或"伏打电池"。《亚泉杂志》有文曰:"凡以酸类和水及二种金属装成之器,谓之弗打电池。"[②] 这种电池的特质是串联的电池组,性能虽然欠佳,但成为早期电学实验等活动的基本电源。此所谓"弗打"即伏打。1800年,伏打在递送给英国皇家学会的信件中,公布了他所发明的"电堆"。《大同报》述及伏打电池的发明缘起曰:

"一千七百九十九年,弗打觉得电池之理,是为电气有实用之始。先是噶瓦尼已于一千七百八十六年致力于此,弗打特踵其后而告厥成功耳。噶瓦尼之实验,以果为因,故于两者金类浸入水中所发出之效验,未经证明,盖未知其所发出者即电气也。弗打任巴维亚大书院教习,又为英国皇家科学院外国会员,于一千八百年三月将其所考出之事报告于该会会正。于是各国皆知有法可使电池所发之电流,源源不绝也。"[③]

这里既指出伽伐尼解释电流时"以果为因"之误,又指出伏打发现"电池之理"。此所谓"巴维亚大书院"即意大利帕维亚大学,伏打曾任教于此。对于伏打电池的生电之理,《教会新报》有文概述曰:

① 青来:《动电气学述要》(续),载《学报》1907年第1卷第4期。
② 《电学实验》,载《亚泉杂志》1900年第5期。
③ 汤穆森艾流:《论十九周电学之进步》,载《大同报》1911年第9期。

"弗打尝谓用银板与锌板多块相连，必能现电气之力，故将锌板与银板相间累迭，中夹溃水之呢以得多块，积聚电气力。遂以所试之事，致书于英国盘格司。前七十一年六月二十六日，盘格司在英国博物会内将其书读示众人云：使数种金类相切，能生电气，若不一直相切，其间可置流质或流质渍于别物之内，使电气传过，故造一器，能发电气，并其性与来顿瓶相似，惟更似生化电气器而能久发不息。"①

这里作者既述及伏打利用锌、银板和"呢以得"溶液实验起电情况，又指出制造电堆的两种方法：一是使各种金属直接"相切"生电，二是在金属间注入"流质"（电解液）生电。此所谓"呢以得"为化学制剂，"盘格司"为何人，待考。如果这一论述尚嫌简略，那么《益闻录》对伏打电池的构造及其原理的阐述则更为翔实，大略曰：

伏打电池，高约尺半，其状见图6-6，伏打于"一千八百年始制此具。其法自下而上，始以白铅皮，次以铜皮，卒以羊毛布各一块，皆作圆形，上下堆叠羊毛布，注强水少许。已上三物相间累积，不可乱序，至二十重之多。此塔未通地时，中间无电，上下两段各有电气，下为阳电，上为阴电，愈近两端，电力愈大。两端名两极，一曰阴极，一曰阳极。甲乙处有二铜丝互接之，两电流通，循环不息，二丝不接，则电气不形，接而分之，火星炳闪，鱼串而出，又接而又分之，亦如是。两电屡接，两极之电屡生，故恒发火星，久而不竭。二丝连接时，二电流传，适相反背，惟性学家只志阳电。所谓阳电者，自阳极至阴极之电也。又两极之电，踊跃欲出，其势视铜、铅皮层数多寡以为益损，层数愈多，欲出之势愈大。积电多寡，须视铜、铅平面与酸水浓淡何如。平面大，酸水浓，则积电亦多。"②

图6-6　伏打电池

①　《IV 格致近闻：电气》，载《教会新报》1873 年第 225 期。
②　《论电》（第八十节），载《益闻录》1887 年第 678 期。

这款电池显系改进后的伏打电堆，系由锌片、铜片和羊毛布"上下堆叠"而成，做圆筒状，内注强水少许。圆筒之两端各系铜丝，当二铜丝相接时，即生电流。此所谓"白铅"即锌。

此外，《格致汇编》也以问答形式阐述了伏打电池的构成与原理，大略曰：

伏打电池之制法见图6-7。"甲为玻璃筒，内盛磺强水。乙为铜片，丙为镪片。二片浸于水中，上以丁铜丝联之，电气即生。水内电由镪达于铜，水外电由铜达于镪，系以铜为阳极，镪为阴极，电路成为一周，其电性为一福尔有奇。此池不能久用，因用一种水之电池，其质不免费用也。一因强水食镪，强水减力而不浓。一因强水食镪，水内即分出轻气。其轻气一分，即挂铜片上，盖轻气电性大于水之电性，则电由轻气遇水，其电与池本出之电方向相抵而消。一因强水食镪，镪渐变为镪磺强盐，与轻气相合，则分出镪。其镪亦挂铜片上，致二金之面相同。一因轻气阻电之力极大，故池内阻力亦极大。细究其理，实因强水遇镪，化为镪磺强盐与轻气二质，故电不能久生，用时须将铜片刮磨，否则轻气裹铜必固，而水内遇电，反由铜而达于镪也。"[①]

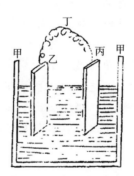

**图6-7 伏打电池构造**

此所谓"磺强水"即硫酸；"镪"即锌；"福尔"即电压的基本单位伏特（V）；"轻气"即氢气；"镪磺强盐"即硫酸锌；"食"即化合之意。这里作者不仅阐明利用铜、锌片与硫酸溶液反应生电原理，而且分析了伏打电池"不能久用"的原因：硫酸与锌发生化学反应后，生成硫酸锌和氢气，前者易裹于铜片上，影响铜片与锌片之间的化学反应，后者的"电性大于水之电性"，抵消电池产生的电力。如其所言，伏打电堆其实就是将不同的金属片插入电解质水溶液后经过氧化还原反应而形成的电池。按化学反应原理，当把铜片和锌片同时浸入稀

---

① 欧礼斐：《论电》，载《格致汇编》1892年第7卷春。

硫酸（$H_2SO_4$）时，因锌比铜活泼，故易失去电子，成为负极，而铜易于得到电子，成为正极。《格致初桄》也介绍了伏打电池的制作方法，并指出其生电之因全在"化学之功"。[①]

伏打电池的发明开创了电学发展的新时代，但因事属初创，"不能久用"，因此，自其产生后便有人谋求改良其性能，其中，以英国物理学家丹尼尔（John Frederic Daniell，1790～1845）、格罗夫（William Robert Grove，1811～1896）、德国物理学家本生（Robert Wilhelm Bunsen，1811～1899）和法国物理学家雷克兰士（Georges Leclanché，1839～1882）所制电池最为著称。《秦中时局汇报》述及这一情况曰：

"湿电者，以异类二金片浸淡硫强水中消化而生也。……弗打以二金类浸强水中，连以铜丝，立即发电而为电池，即名曰弗打电池。继其事者为英国之但义礼、葛禄福、法国之雷克兰司美，各创电池，即各以其名名之。湿电之法渐精，用亦渐广。"[②]

此所谓"硫强水"，即硫酸；"但义礼""葛禄福""雷克兰司美"分别指丹尼尔、格罗夫和雷克兰士。如前所述，伏打电池的基本制备方法是，将浸透盐水的毛布，夹在铜、锌片中间，积聚成堆，反应生电。1836年，丹尼尔以锌和铜为两极，用稀硫酸做电解液，制成所谓"丹尼尔电池"，其性能更稳定。《格致汇编》概述这种电池的制法曰：丹尼尔"电瓶"，"用磁罐盛红铜片、清水，另取铜盐放在铜片之旁，加木屑少许，覆以羊毛毡，再用白铅片压之，电气自成。"[③]《益闻录》述之更详，略曰：

图6-8为丹尼尔电池，"甲字处为玻璃瓶或瓦瓶，内盛铜硝，镕化于水，瓶中有铜管，在乙字处。管之上下皆通四周，有小穴，使铜硝水易于出入铜管中。有瓦瓶在丙字处，内盛清水，杂以磺强水。水中又有白铅条卷作圆管，在丁字处。此外有铜条二，在子丑处。一接于白铅，一接于铜管。凡二铜条不接之时，电气不形，接之则二电循环，川流不息。白铅得阴电，水得阳电。丑字铜条为阳极，子字铜条为阴极。"[④]

① 白耳脱保罗：《格致初桄：论电筒》，载《格致新报》1898年第9期。
② 《电学始末考》，载《秦中书局汇报》18xx年"明道"。
③ 《电学问答》，载《格致汇编》1880年第3卷冬。
④ 《论电》（第八十二节），载《益闻录》1887年第685期。

图 6 - 8　丹尼尔电池

此外，欧礼斐在《论电》中也比较详细地解答了丹尼尔电池的制备方法，略曰：

丹尼尔电池有二种制作法：其一见图 6 - 9，"丙为铜筒，用铜筒者，既盛强水，又作铜片之用，内盛铜磺强水。乙为瓦筒，或盛淡磺强水，或盛淡镴磺强盐水。甲为镴片，浸于乙筒中，以铜丝联于丙筒，电气即生。"其二见图 6 - 10，"丙改用瓷筒，内盛铜磺强水。乙为瓦筒，或盛淡磺强水，或盛淡镴磺强盐水。甲为镴片，浸于乙筒中。丁为铜片，浸于丙筒中。二片上以铜丝联之，电气即生。"①

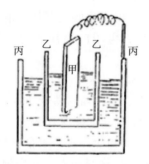

图 6 - 9　丹尼尔电池构造（一）

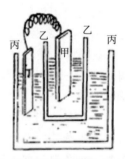

图 6 - 10　丹尼尔电池构造（二）

这里作者叙述了两种制备丹尼尔电池的方法。一种方法是，先备铜筒、瓦筒各一，前者盛硫酸溶液，后者盛淡硫酸或硫酸锌溶液，然后将锌片置入瓦筒内，并以铜丝将其联结于铜筒上，随即产生电流。另一种方法是，先备瓷筒、瓦筒各一，前者盛硫酸铜溶液，后者盛淡硫酸或硫酸锌溶液，然后将锌片置入瓦筒内，铜片置入瓷筒内，并以铜丝联结锌片和铜片，随即产生电流。值得一提的是，该文还论及丹尼尔电池优于伏打电池之处，即它能够通过硫酸铜溶液将氢气化合而

① 欧礼斐：《论电》，载《格致汇编》1892 年第 7 卷春。

出，"以免轻气裹于铜上"，阻碍铜锌反应生电效果。"此池所生之电耐久而匀，可用以镀金，亦系铜为阳极，锌为阴极，其电性亦为一福尔有奇。"对于丹尼尔电池的化学反应生电原理，《学报》有文予以说明：

"达纽耳电池中，盛铜硫养₄液，而以盛薄硫强水之泥筒浸于其中，其泥筒内树一锌片，铜硫养₄液中树一铜片。今以电线连结锌与铜片（此名为电路闭），则见有电流流过于此线。此时电池内所起之变化，锌片渐与硫酸相化而为硫酸锌，同时铜硫养₄化分，所出之铜质粘附于铜片之面。此化学变化，惟起于电流过之际，若电线不连结于两极（两极即铜片与锌片），则化学之变化亦息。由斯观之，电流与化学变化，盖有不能相离之关系也明矣。夫在常时，锌化为硫酸锌，发出热甚大，然在电池内则不然。是固非不可思议者，准势力不灭之理，以阐明之，则可立说如下：锌与硫酸间之化学的势力，在常时当显而为热者，在电池内时，则显而为电流，是即势力不灭之一例，不过某种势力变形为他种势力之现象而已。电池之种种虽不一，其原理要不外乎是。"①

此所谓"达纽耳"，即丹尼尔；"铜硫养₄"，即硫酸铜（$CuSO_4$）。如作者所言，丹尼尔电池系通过锌、铜与硫酸发生化学原理制成，电的生成过程是将化学能转化为电能的过程，这一过程亦遵循"势力不灭之理"，即能量守恒定律。

1839年，格罗夫利用电解水生成的氢、氧二气，制成首节氢氧燃料电池（FC），史称"格罗夫电池"。其制作流程是，先将锌、银金属片分别置入硫酸和硝酸溶液中，一供以养气，一供以氢气，二气化合成水，同时生电。1880年，《格致汇编》有文解答了格罗夫电池的构成及其性能：

"噶罗甫电箱如何？答曰：噶罗甫电箱用白铅浸磺强水内，白金浸硝强水内，中用粗磁片隔开两色金。……问：噶罗甫电箱，何金为阳片？答曰：白铅为阳片。……所有电箱，力量孰大？答曰：噶罗甫电箱力量最大，但用白金，其价昂贵。"②

此所谓"噶罗甫"即格罗夫，"磺强水""硝强水"分别之硫酸和硝酸溶液；白铅为锌，白金为银；"阳片"即阳极。这种电池的弊端在"白金"昂贵，制作成本高。

1841年，德国物理学家本生发明了"本生电池"。其制作原理与格罗夫电池同，只是将格罗夫电池所用阳极材料改银为碳，阴极材料仍用锌，故造价更为低廉，性能也稳定。1887年，《益闻录》率先介绍了这种电池的形制，大略曰：

---

① 青来：《动电气学述要》，载《学报》1907年第1卷第2期。
② 《电学问答》，载《格致汇编》1880年第3卷冬。

本生电池，其状见图 6-11，主要有"四物"构成。"一为瓦器，盛清水，杂以磺强水，在甲字处。二为白铅管，接红铜条，在乙字处。三为粗瓦瓶，盛硝强水，在丙字处。四为枯炭条，善传电气者，在丁字处。炭上装红铜尖头，接红铜条。先将白铅管置于器，次将瓦瓶置白铅管内，卒将枯炭置于瓦瓶中，状如戊字一图。瓦器中有清水，稍杂磺强水。磺强水能使清水自分养气，附于白铅，生铅锈，磺强水附之，乃生铅硝。于是白铅得阴电，水得阳电。阴电常附于铅，阳电则透瓦瓶而入硝强水及枯炭。于是白铅上铜条成阴电极，枯炭上铜条成阳极。此蓬生瓶大略也。如以数十瓶或数百瓶汇集一区，将白铅管铜条接于枯炭之铜条，则各瓶之电相贯，而发电自多。"①

图 6-11 本生电池

如作者所言，本生电池的主要部件是瓦筒、瓦瓶、锌管和碳棒，其中，瓦筒内盛硫酸液，瓦瓶内盛硝酸液，而锌管和碳棒分别为电池的阴极和阳极。《格致汇编》也介绍了本生电池的构造及性能，略曰：

本生电池之构造见图 6-12，"甲为玻璃筒，内盛淡磺强水；乙为瓦筒，内盛浓硝强水；丙为熟炭片，系用炼煤气所剩之炭压成坚块，浸于乙筒中。在乙筒之外，甲筒之内，中间以锤片围之，两端相合处留缝，下边无底，上以铜丝与炭片相连，则电即生。水内电有锤达于炭，水外电由炭达于锤，亦系炭为阳极，锤为阴极。其电性为一福尔又十分之九。葛氏电池与班氏电池相同，不过以铂金代炭，其电性较班氏略大，因铂金贵而炭贱，所以常用班氏电池。"②

① 《论电》（第八十二节），载《益闻录》1887 年第 685 期。
② 欧礼斐：《论电》，载《格致汇编》1892 年第 7 卷春。

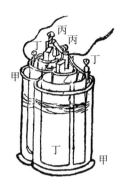

图 6-12 本生电池构造

1900 年，《亚泉杂志》也对本生电池的制作程序予以介绍，大略曰：先置"磁或玻璃之直口大筒一个，中盛淡硫强水"；次"用锌片卷成圆形，而缺留一缝，浸入大筒之中"；然后在锌筒中"加一长而薄之粗瓦杯，杯中盛炭精一条，并注加硝强水"，即制成本生电池，其形状见图 6-13。《师范讲义》也述及该电池："本生电池，以磁筒或玻筒盛淡硫酸，内插卷成之锌筒，以为阴极。……以泥漏筒盛浓硫酸，内插炭精，……置于磁筒之内，以为阳极。其炭精及锌筒之端，皆有铜铗，可插导线。此电池发电甚强。"[1] 此所谓"炭精"，是指碳棒。

图 6-13 本生电池

本生电池虽然经久耐用，但有一个明显的缺点，就是在反应生电时，"放出红黄色之雾，其臭甚恶，且有毒。"[2] 因此，有人试图对其进行改良。改良之法，

---

[1] 钟观光、陈学郢：《理化学初步讲义》，载《师范讲义》1910 年第 5 期。
[2] 《电学试验》，载《亚泉杂志》1900 年第 6 期。

大体有三种：一是在硝酸液中预先加入"锸淡养$_三$"，即可"止其发雾"。① 二是在"玻筒内盛红礬（钾$_二$铬$_二$养$_七$）浓液，添以淡硫酸，中插炭精二条与锌板一片"，制成所谓"红礬电池"，见图6–14。三是"以玻筒盛瑙砂（淡轻$_四$绿）浓液，插入锌条，又于泥漏筒内置二养化锰与炭屑，插入炭精"，制成所谓"瑙砂电池"。②

图6–14　红礬电池

此所谓"锸淡养$_三$"，即硝酸铵（$NH_4NO_3$）；"红礬"，即重铬酸钾（$K_2Cr_2O_7$）；"瑙砂"，即氯化铵（$NH_4Cl$）。对于红礬电池，《亚泉杂志》也有介绍，大意与《师范讲义》所述同，并谓"红礬之化学名为钾$_二$铬$_二$养$_七$"。③

此外，《格致汇编》还介绍了一种"铬强电池"，其状见图6–15，其构造及性能如下。

"甲为玻璃瓶，内盛铬强水。乙乙为二炭片，上二端以铜带联之。丙为敷水银之镴片，有丁铜柄，可以提之上下。镴入水内，以铜丝联炭片，电气即生。由铜丝而过于水，水外电由炭达于镴，水内电由镴达于炭，亦系炭为阳极，镴为阴极，其电性为二福尔。瓶口有阻电盖，如庚，上安壬癸二铜螺丝，以联引电铜丝。壬螺丝与炭相通，癸螺丝与镴相通，所以壬为阳极，癸为阴极，其阻力极小者，因炭用双片与镴片相近也，所生之电足以燃灯。"④

---

① ③　《电学试验》，载《亚泉杂志》1900年第6期。
②　钟观光、陈学郢：《理化学初步讲义》，载《师范讲义》1910年第5期。
④　欧礼斐：《论电》，载《格致汇编》1892年第7卷春。

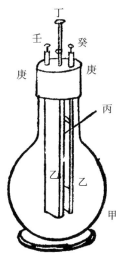

图 6 – 15 铬强电池

显而易见，铬强电池亦系以碳、锌为正、负极的电池；与本生电池相比，它以"铬强水"为电解液，而本生电池以"磺强水"为电解液。铬强水为硫酸铬溶液。

上述电池尽管制作材料有异，蓄电性能有差，但皆为湿电池，其制作需在两个金属板或碳、锌板之间注入液体，不仅笨重不易搬运，甚至还有外泄硫酸等危险品之虞。因此，有人开始研制干性电池。

1860 年，法国人雷克兰士发明了一种碳锌电池。其制作程序是：先在一带孔的玻璃杯内注入碳与二氧化锰的混合物，将一根碳棒插入其中，作为正极；再备一根锌汞合金棒，作为负极；然后，将正极杯和负极棒浸入氯化铵溶液中，电池即成。这种电池造价低廉，其后经人改进，成为干电池。其形制是：以锌片制成电池的外筒，作负极；内置石碳棒（$MnO_2$ 与炭粉制成），充正极，并将原先的水性的电解液改作糊状材料（$ZnCl_2$ 和 $NH_4Cl$ 混合物），填充与碳棒周围。1880 年，《格致汇编》述及雷克兰士电池的构成、特点及其功率：

"勒格兰舍电箱用何五金？答曰：用白铅与炭精。……勒格兰舍电箱亦用强水否？答曰：不用强水，惟用萨拉么呢浸在清水内便可。……丹力耳电箱与勒格兰舍电箱其力孰大？答曰：勒格兰舍电箱力量最大，譬如丹力耳力量一百分，勒格兰舍力量便有一百三十二分，其力相悬如此。"[1]

此所谓"萨拉么呢"，当为氯化铵（ammonium chloride）；"勒格兰舍"即雷

---

① 《电学问答》，载《格致汇编》1880 年第 3 卷冬。

克兰士。1892年，《格致汇编》又对雷克兰士电池予以介绍，其状见图6-16，具体构造及性能如下。

"甲为玻璃筒，内盛硝四轻绿水；乙为敷水银之镴片，浸于水中；丙为瓦筒，内盛丁炭片，倾入锰二养碎块，令满如戊如己如庚，以松香封口，旁留小孔。新池之初用者，须由孔倾入清水，立即生电。再以铜丝联炭、镴二片，则池生电时，水内（硝四轻绿水）电由镴达于炭，水外电由炭达于镴，系以炭为阳极，镴为阴极，其电性为一福尔又百分之四十七。此池生电不久，接连用之，其池恐致废弃，若间用之，如摇电钟与验德律风，一日不过数次，则池可用二三载不废，因不生电时，其力可以复原，故能历久如新也。用此池时，倾入硝四轻绿若少，镴片必生镴锈，水色必白，则应加硝四轻绿。倾入硝四轻绿若多，其块必挂镴片，则应加清水。所用炭片，须先以化开鱼油蜡浸之，历一小时之久。上凿二孔，铸以铅帽，以便联以铜丝，如此铅穿二孔，俨如二钉。其炭片先浸以蜡者，免生铅锈也。"①

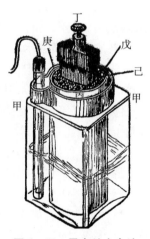

**图6-16　雷克兰士电池**

这里，作者不仅概述了雷克兰士电池的构造和性能，而且开出"使用说明"，提醒使用者注意观察氯化铵用量多寡。此所谓"硝四轻绿水"即氯化铵（$NH_4Cl$）溶液，"锰二养"即二氧化锰（$MnO_2$）。

雷克兰士将电池制造引入干电池时代，至19世纪末，干电池逐渐取代湿电池成为最广泛使用的电池。《学部官报》有文评述干电池曰："干电池之构造与

---

① 欧礼斐：《论电》，载《格致汇编》1892年第7卷春。

雷革兰（雷克兰士——作者注）电池相等，唯其不用溶液，故比雷革兰电池为尤便，且无每次联结成列之烦。"① 1910 年，《师范讲义》曾专门介绍一款"近日广用之干电池"，其状见图 6-17，构造如下。

"将瑙砂浓液浸以纸片，与二养化锰等物封入器中，惟露锌条及炭精，以为二极，则无液体狼藉之虞，携取最便。欲得强盛之电流，则须以数个电池连用。其连法常以第一电池之阳极与第二电池之阴极，以导线逐次连之，则所余者为末一电池之阳极与第一电池之阴极，再相连结，即能发电。"②

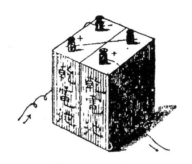

图 6-17 干电池

电池为晚清新奇之物，为了使用方便，《学部官报》有文还专门介绍了本生电池、红礬电池、雷克兰士电池和干电池的构造和使用方法，言简意赅，不失为一篇电池使用指南。③

此外，晚清期刊文献还论及蓄电池。蓄电池是一种能够通过可逆化学反应实现再充电的电池，其基本原理是充电时以外部电能促使内部活性物质再生，从而把电能储存为化学能；需要放电时，则将化学能转换为电能输出。通常使用的蓄电池为铅酸蓄电池④。《格致汇编·论电》既给出铅酸蓄电池放电与充电的化学反应式，又指出其基本特性，大略曰：蓄电亦如寻常电池，有正负两级，但只能蓄电，"放其所蓄之电，接连而出，亦如生电池。由此极过彼极，不能一时出尽所出之电，即原蓄之电出尽，则再蓄之。其与生电池有别者，彼能生电，此只用以出其所蓄之电也。"⑤

---

① 王学来译：《电池用法述要》，载《学部官报》1909 年第 1 册、第 2 册。
② 钟观光、陈学郢：《理化学初步讲义》，载《师范讲义》1910 年第 5 期。
③ 王学来译：《电池用法述要》，载《学部官报》1909 年第 2 册。
④ 铅酸蓄电池主要由管式正极板、负极板、电解液、电池槽、电池盖等构成，其电极主要由铅及其氧化物制成，电解液是硫酸溶液。放电状态下，正极主要成分为二氧化铅，负极主要成分为铅；充电状态下，正负极的主要成分均为硫酸铅。
⑤ 欧礼斐：《论电》，载《格致汇编》1892 年 7 卷夏。

综上所述，晚清期刊既阐述了感应发电机的发明发展历程，其中，提及皮克希发明的旋转式交流发电机、皮克希发明的直流发电机、赫尔特发明的自激式发电机、西门子发明的电磁铁自激式发电机、格拉姆发明的环状电枢自激直流发电机；又概述了从湿电池到干电池的演变历程，其中，提及电池发展史上几款重要电池的形制与性能，如"伏打电堆"、丹尼尔电池、格罗夫电池、本生电池、雷克兰士电池。

# 第七章

# 电 灯

随着电磁学理论研究的深入，电磁学之应用亦日渐广泛，"上而国计，下而民生，中而商务，无不于电气是赖；江海而舟，陆地而车，机轴之制造，灯竿之照耀，以及水雷、旱雷之燃放，无不于电气是资。是则电气之利与用，几乎悉数之不能尽矣！"① 因此，晚清期刊对电的应用知识多有介绍。有学者按电线、电报、电灯、电话、电视、电车、电池、无线电、电磁铁、电动机、电镀、电铸、电铃、电眼、电子显微镜、发电机和其他 17 个专题对《中国近代期刊篇目汇录》《科学画报》《科学天地》和《科学世界》中"电的发明和应用"篇目进行汇总整理，其统计结果是 1872～1911 年近代科技期刊共刊关于电的论文 853 篇。② 但据笔者对《晚清期刊全文数据库》的统计，晚清期刊文献中其题名内含"电灯""电气灯""电报""电话""德律风"等词的篇目即达 1379 篇，若加上其他专题统计，有关"电的发明和应用"的篇目则为数更多。以上各章着重阐述了电磁学理论在晚清的传播情况，本章及第八、第九两章将通过期刊文献对电磁学应用领域中关乎国计民生的电灯、电报和电话等重要电子产品予以考察，以期展示其在晚清的传播和应用程度。

## 第一节　晚清期刊所载电灯篇目

电灯是以电作能源的人造照明用具。它将电能转化为光能，在黑夜或暗室为人类照明。晚清期刊对电灯多有介绍，笔者以"电灯""电气灯"为关键词，对《晚清期刊全文数据库》进行检索，其题名中含有"电灯"一词者计 163 篇，含有"电气灯"一词者计 13 篇，合计 176 篇，见表 7－1，足见时人对电灯之重视。

---

① 沈毓桂：《广论电报之益》，载《万国公报》1889 年第 7 期。
② 王伦信等：《中国近代民众科普史》，科学普及出版社 2007 年版，第 103～106 页。

表 7-1           "电灯"与"电气灯"篇目题名

| 序号 | 题名 | 出处 | 著译者 |
|---|---|---|---|
| 1 | 电灯：干电湿电均能发光…… | 《中国教会新报》1871 年第 138 期 | |
| 2 | 各国近事：大美国：电灯通行 | 《万国公报》1881 年第 644 期 | |
| 3 | 各国近事：大清国：电灯照海 | 《万国公报》1882 年第 692 期 | |
| 4 | 各国近事：大清国：试验电灯 | 《万国公报》1882 年第 696 期 | |
| 5 | 各国近事：大清国：试验电灯 | 《万国公报》1882 年第 703 期 | |
| 6 | 各国近事：大清国：电灯费重 | 《万国公报》1882 年第 707 期 | |
| 7 | 各国近事：大美国：创设电灯 | 《万国公报》1882 年第 709 期 | |
| 8 | 各国近事：大美国：家用电灯 | 《万国公报》1882 年第 713 期 | |
| 9 | 各国近事：大法国：设立电灯 | 《万国公报》1882 年第 717 期 | |
| 10 | 各国近事：大德国：概用电灯 | 《万国公报》1882 年第 717 期 | |
| 11 | 各国近事：大清国：电灯试燃 | 《万国公报》1883 年第 737 期 | |
| 12 | 各国近事：大清国：添设电灯 | 《万国公报》1883 年第 739 期 | |
| 13 | 各国近事：大清国：电灯大观 | 《万国公报》1883 年第 743 期 | |
| 14 | 极大电灯 | 《万国公报》1889 年第 4 期 | |
| 15 | 各国近事：大英国：悉易电灯 | 《万国公报》1889 年第 7 期 | |
| 16 | 各国近事：大俄国：电灯新制 | 《万国公报》1889 年第 7 期 | |
| 17 | 西国近事：奥斯马加国：改用电灯 | 《万国公报》1890 年第 16 期 | |
| 18 | 西国近事：大美国：铁楼电灯 | 《万国公报》1890 年第 18 期 | |
| 19 | 欧美二洲朝野金载：……电灯奇制…… | 《万国公报》1895 年第 75 期 | |
| 20 | 欧美杂志：异式电灯 | 《万国公报》1903 年第 171 期 | |
| 21 | 各国杂志：电灯盛行 | 《万国公报》1904 年第 185 期 | |
| 22 | 译谭随笔：电灯之用钽丝 | 《万国公报》1905 年第 200 期 | |
| 23 | 智丛：金丝电灯 | 《万国公报》1907 年第 220 期 | |
| 24 | 智丛：电灯中烧料 | 《万国公报》1907 年第 220 期 | |
| 25 | 杂著：英国路矿工程：论电灯 | 《万国公报》1907 年第 225 期 | |
| 26 | 互相问答：第二百三十三上海友人问云西国制造电气灯业已多年…… | 《格致汇编》1880 年第 3 卷春 | |

续表

| 序号 | 题名 | 出处 | 著译者 |
|---|---|---|---|
| 27 | 药水电气灯笼 | 《格致汇编》1890 年第 5 卷夏 | |
| 28 | 记事：电灯将开 | 《格致汇编》1890 年第 5 卷夏 | |
| 29 | 博物新闻：京师电灯 | 《格致汇编》1891 年第 6 卷秋 | 艾约瑟 |
| 30 | 电灯渐广 | 《益闻录》1882 年第 148 期 | |
| 31 | 创建电灯 | 《益闻录》1882 年第 178 期 | |
| 32 | 日本创设电灯 | 《益闻录》1882 年第 187 期 | |
| 33 | 电气灯 | 《益闻录》1882 年第 188 期 | 葛其龙 |
| 34 | 电气灯赋 | 《益闻录》1882 年第 190 期 | 张翔龙 |
| 35 | 计算电灯 | 《益闻录》1882 年第 210 期 | |
| 36 | 电灯常炯 | 《益闻录》1883 年第 267 期 | |
| 37 | 议设电灯 | 《益闻录》1886 年第 556 期 | |
| 38 | 论电灯 | 《益闻录》1888 年第 729 期 | |
| 39 | 电灯志异 | 《益闻录》1890 年第 933 期 | |
| 40 | 电灯妙用 | 《益闻录》1890 年第 1028 期 | |
| 41 | 电灯轮船 | 《益闻录》1895 年第 1510 期 | |
| 42 | 电灯密设 | 《益闻录》1896 年第 1612 期 | |
| 43 | 记事：苏垣议设电灯公司 | 《南洋商务报》1906 年第 1 期 | |
| 44 | 记事：催办苏垣电灯公司 | 《南洋商务报》1906 年第 10 期 | |
| 45 | 记事：电灯开办有期 | 《南洋商务报》1907 年第 22 期 | |
| 46 | 记事：苏垣试办电灯地段 | 《南洋商务报》1907 年第 28 期 | |
| 47 | 记事：推广电灯电话 | 《南洋商务报》1908 年第 35 期 | |
| 48 | 记事：电灯开办有期 | 《南洋商务报》1908 年第 38 期 | |
| 49 | 记事：饬领电灯公司执照 | 《南洋商务报》1908 年第 43 期 | |
| 50 | 记事：电灯将开 | 《南洋商务报》1908 年第 54 期 | |
| 51 | 记事：电灯公司集股 | 《南洋商务报》1908 年第 54 期 | |
| 52 | 说电灯 | 《南洋商务报》1909 年第 67 期 | 酒臣 |
| 53 | 纪事：本国部：江苏：试办电灯 | 《广益丛报》1904 年第 34 期 | |
| 54 | 纪闻：开办电灯 | 《广益丛报》1906 年第 113 期 | |
| 55 | 纪闻：禀办电灯自来水 | 《广益丛报》1907 年第 128 期 | |

续表

| 序号 | 题名 | 出处 | 著译者 |
|---|---|---|---|
| 56 | 纪闻：创办电灯 | 《广益丛报》1907 年第 139 期 | |
| 57 | 纪闻：电灯出现 | 《广益丛报》1908 年第 172 期 | |
| 58 | 纪闻：电灯成立 | 《广益丛报》1908 年第 173 期 | |
| 59 | 纪闻：重庆电灯之扩充 | 《广益丛报》1910 年第 230 期 | |
| 60 | 纪闻：电灯将普照矣 | 《广益丛报》1910 年第 242 期 | |
| 61 | 纪实：新闻界：创设电灯 | 《重庆商会公报》1907 年第 75 期 | |
| 62 | 纪实：本国部：电灯出现 | 《重庆商会公报》1908 年第 94 期 | |
| 63 | 论说：重庆警察站岗灯宜用电灯不宜点洋油说 | 《重庆商会公报》1908 年第 99 期 | |
| 64 | 文苑：咏电灯 | 《重庆商会公报》1908 年第 102 期 | 仰止山樵 |
| 65 | 文苑：观电灯偶作 | 《重庆商会公报》1908 年第 102 期 | 古月氏 |
| 66 | 文苑：赋电灯七律二章 | 《重庆商会公报》1908 年第 102 期 | 渝冰壶生 |
| 67 | 论说：重庆电灯烛川公司开会演说 | 《重庆商会公报》1908 年第 108 期 | |
| 68 | 新闻：京外新闻：电灯招股 | 《四川官报》1904 年第 13 期 | |
| 69 | 新闻：京外新闻：准办电灯 | 《四川官报》1904 年第 28 期 | |
| 70 | 新闻：本省新闻：电灯学制 | 《四川官报》1905 年第 10 期 | |
| 71 | 公牍：山东机器局总办刘福航观察上抚帅创办电灯公司禀并批 | 《四川官报》1905 年第 20 期 | |
| 72 | 新闻：京外新闻：催造电灯 | 《四川官报》1907 年第 1 期 | |
| 73 | 新闻：本省近事：电灯招股 | 《四川官报》1909 年第 10 期 | |
| 74 | 新闻：本省近事：电灯推广 | 《四川官报》1910 年第 8 期 | |
| 75 | 论电灯 | 《画图新报》1881 年第 2 卷第 1 期 | |
| 76 | 拟设电灯 | 《画图新报》1881 年第 2 卷第 1 期 | |
| 77 | 海口电灯 | 《画图新报》1882 年第 3 卷第 8 期 | |
| 78 | 电灯田猎 | 《画图新报》1882 年第 3 卷第 8 期 | |
| 79 | 六合谈屑：电灯烛远 | 《画图新报》1891 年第 11 卷第 12 期 | |
| 80 | 一阳气转：电灯照远 | 《画图新报》1893 年第 14 卷第 8 期 | |
| 81 | 商事：粤设电灯 | 《集成报》1897 年第 3 期 | |

续表

| 序号 | 题名 | 出处 | 著译者 |
|---|---|---|---|
| 82 | 杂事：德国运河电灯 | 《集成报》1897 年第 5 期 | |
| 83 | 商务：杭州电灯公司招股章程 | 《集成报》1897 年第 11 期 | |
| 84 | 制造：制电灯法 | 《集成报》1897 年第 12 期 | |
| 85 | 各国近事：探海电灯 | 《集成报》1898 年第 33 期 | |
| 86 | 商务：议设电灯 | 《集成报》1901 年第 3 期 | |
| 87 | 新机器：新式汤汽引擎（附汉口电灯厂图） | 《万国商业月报》1908 年第 9 期 | |
| 88 | 商务纪闻：安东设立电灯及电车 | 《万国商业月报》1909 年第 16 期 | |
| 89 | 新机器：最新矿内所用之电灯 | 《万国商业月报》1909 年第 16 期 | |
| 90 | 新机器：捕盗贼电灯 | 《万国商业月报》1909 年第 17 期 | |
| 91 | 实业纪闻：保护电灯电线之法 | 《万国商业月报》1909 年第 17 期 | |
| 92 | 法制：山东华商电灯有限公司集股章程 | 《交通官报》1910 年第 6 期 | |
| 93 | 公牍一：咨札类：山东巡抚咨本部分省道刘恩驻创办济南电灯请与立案文 | 《交通官报》1910 年第 6 期 | |
| 94 | 公牍二：禀呈类：候选道顾钊等呈本部集股另设和丰电灯公司禀 | 《交通官报》1910 年第 9 期 | |
| 95 | 公牍三：批示类：批京奉路局禀复前门东站电灯比西站较多请仍照原拟自备机器燃点请核示由 | 《交通官报》1910 年第 18 期 | |
| 96 | 公牍一：咨札类：本部咨农工商部请饬电灯公司改用包皮线文 | 《交通官报》1910 年第 20 期 | |
| 97 | 京外近事：格致：电灯坏眼 | 《知新报》1897 年第 4 期 | |
| 98 | 京外近事：工事：电灯费廉 | 《知新报》1897 年第 10 期 | |
| 99 | 电灯总线 | 《知新报》1897 年第 21 期 | |
| 100 | 京外近事：工事：制电灯法 | 《知新报》1897 年第 25 期 | |
| 101 | 工事：海底电灯新式 | 《知新报》1898 年第 77 期 | |
| 102 | 公牍：本总局传知各区队遇有火警电知电灯官厂饬匠开关停闭文 | 《江南警务杂志》1910 年第 8 期 | |

续表

| 序号 | 题名 | 出处 | 著译者 |
|---|---|---|---|
| 103 | 公牍：本总局札行杨州分局饬遵保护电灯公司文 | 《江南警务杂志》1911 年第 11 期 | |
| 104 | 各省时闻节录：苏警署劝谕认缴电灯燃费 | 《江南警务杂志》1911 年第 14 期 | |
| 105 | 公牍：金陵电灯官厂详督宪酌拟减轻路灯收价文 | 《江南警务杂志》1911 年第 14 期 | |
| 106 | 选报：艺事彚纪：电灯花钟 | 《江西官报》1904 年第 7 期 | |
| 107 | 内政辑要：江西拟创电气工艺公司电灯说略 | 《江西官报》1906 年第 7 期 | |
| 108 | 内政辑要：江西拟创电气工艺公司电灯说畧（续） | 《江西官报》1906 年第 9 期 | |
| 109 | 内政辑要：江西拟创电气工艺公司电灯说畧（续） | 《江西官报》1906 年第 10 期 | |
| 110 | 论电灯之益 | 《湘报》1898 年第 29 期 | 谭嗣同 |
| 111 | 开办电灯 | 《湘报》1898 年第 61 期 | |
| 112 | 各省新闻：电灯筹款 | 《湘报》1898 年第 124 期 | |
| 113 | 各省新闻：筹设电灯 | 《湘报》1898 年第 142 期 | |
| 114 | 外国纪事：撮光镜之电灯 | 《鹭江报》1904 年第 57 期 | |
| 115 | 闽峤近闻：厦门：电灯利用 | 《鹭江报》1904 年第 60 期 | |
| 116 | 诗界搜罗集：电灯 | 《鹭江报》1904 年第 76 期 | 许自立豫庭 |
| 117 | 本省要闻：邮电：电灯公司之获利 | 《江宁实业杂志》1910 年第 2 期 | 九成 |
| 118 | 本省要闻：邮电：电灯厂添置新机 | 《江宁实业杂志》1910 年第 5 期 | 九成 |
| 119 | 各省要闻：邮电：电灯公司开办有期 | 《江宁实业杂志》1910 年第 5 期 | |
| 120 | 艺事通纪卷二：异式电灯 | 《政艺通报》1903 年第 2 卷第 8 期 | |
| 121 | 艺事通纪卷二：电气灯将来之大敌 | 《政艺通报》1903 年第 2 卷第 8 期 | |
| 122 | 艺事通纪卷四：撮光电灯 | 《政艺通报》1903 年第 2 卷第 23 期 | |

续表

| 序号 | 题名 | 出处 | 著译者 |
|---|---|---|---|
| 123 | 艺事通纪卷二：水银电灯 | 《政艺通报》1905 年第 4 卷第 13 期 | |
| 124 | 各省商务汇志：吉省创办电灯公司…… | 《东方杂志》1908 年第 5 卷第 5 期 | |
| 125 | 颐和园电灯处：照片 | 《东方杂志》1908 年第 5 卷第 12 期 | |
| 126 | 记载：撤销颐和园轮船电灯官役 | 《东方杂志》1908 年第 5 卷第 12 期 | |
| 127 | 格致新义：极小电灯 | 《格致新报》1898 年第 4 期 | |
| 128 | 时事新闻：铁路电灯 | 《格致新报》1898 年第 13 期 | |
| 129 | 答问：第二百零九问：小电灯玻璃泡内发光之弯形…… | 《格致新报》1898 年第 15 期 | 钧隐 |
| 130 | 丛录：铁路电灯 | 《通问报》1906 年第 186 期 | |
| 131 | 丛录：电灯坏眼 | 《通问报》1908 年第 322 期 | |
| 132 | 丛录：捕盗贼电灯 | 《通问报》1909 年第 374 期 | |
| 133 | 记事：汕头电灯公司注册 | 《商务官报》1906 年第 2 期 | |
| 134 | 公牍：农工商部札奉天商务议员文为营口自来水电车电灯公司附股事 | 《商务官报》1907 年第 28 期 | |
| 135 | 新发明之水银电灯 | 《科学一斑》1907 年第 4 期 | 植夫 |
| 136 | 丛录：珍闻：电灯新发明 | 《小说林》1907 年第 7 期 | 紫崖 |
| 137 | 商务丛谈三：杭州电灯告成 | 《利济学堂报》1897 年第 16 期 | |
| 138 | 见闻近录三：添设电灯 | 《利济学堂报》1897 年第 17 期 | |
| 139 | 中国要务：湖南：制就电灯 | 《萃报》1897 年第 4 期 | |
| 140 | 中国要务：湖南：电灯价廉 | 《萃报》1897 年第 6 期 | |
| 141 | 舆论：论王惠棠京卿报效电灯之妙用 | 《时务汇报》1902 年第 11 期 | |
| 142 | 邮筒：问题三：室中电灯…… | 《沧浪杂志》1910 年第 3 期 | |
| 143 | 纪事：要闻汇录：明远电灯公司开股东会纪事 | 《南洋商报》1910 年第 9 期 | |
| 144 | 奏议：安徽巡抚朱奏制造厂改名电灯厂片 | 《南洋商报》1910 年第 13 期 | |

续表

| 序号 | 题名 | 出处 | 著译者 |
|---|---|---|---|
| 145 | 海内外实业：宁波电灯业之扩充 | 《华商联合报》1909 年第 12 期 | |
| 146 | 海内外实业：苏州电灯公司之腐败 | 《华商联合报》1909 年第 20 期 | |
| 147 | 海内外商会纪事：皖省推广电灯之成效 | 《华商联合会报》1910 年第 11 期 | |
| 148 | 本埠新闻：电灯推广 | 《宁波白话报》1904 年第 5 期 | |
| 149 | 紧要新闻：各省：电灯专利 | 《第一晋话报》1905 年第 3 期 | |
| 150 | 海外杂俎：电灯新奇 | 《北清烟报》1907 年第 10 期 | |
| 151 | 各省新闻：饬验电灯公司股本 | 《河南白话科学报》1908 年第 21 期 | |
| 152 | 北京华商电灯公司之成绩 | 《协和报》1911 年第 43 期 | |
| 153 | 农工商部丙午年简明大事表：生生电灯股份有限公司…… | 《理学杂志》1907 年第 6 期 | |
| 154 | 记事珠：寄宿舍内一律装配电灯…… | 《震旦学院》1910 年第 2 卷第 1 期 | |
| 155 | 西国新事：电灯有益 | 《启蒙通俗报》1902 年第 2 期 | |
| 156 | 报告：督宪议将电灯公司赎回自办 | 《广东劝业报》1909 年第 67 期 | |
| 157 | 实业新闻：核准绅办电灯公司 | 《大同报》（上海）1907 年第 7 卷第 24 期 | |
| 158 | 东西洋情：探海电灯 | 《菁华报》1898 年第 2 期 | 张鸿勋荻村甫 |
| 159 | 博物：电灯之用钽丝 | 《真光月报》1905 年第 4 卷第 8 期 | |
| 160 | 中国近事：天津电灯 | 《绍兴白话报》1903 年第 12 期 | |
| 161 | 京外新闻：创设电灯 | 《浙江新政交儆报》1902 年壬寅春季智集 | |
| 162 | 安庆通信：电灯将次普及 | 《安徽白话报》1908 年第 1 期 | |
| 163 | 时评：电灯欤？炸弹欤？ | 《洞庭波》1906 年第 1 期 | 仙霞 |
| 164 | 电灯将兴 | 《工商学报》（上海）1898 年第 5 期 | |
| 165 | 智囊：自燃电灯 | 《通学报》1906 年第 1 卷第 17 期 | |
| 166 | 艺学：电气灯新制 | 《东亚报》1898 年第 5 期 | 桥本海关译 |

续表

| 序号 | 题名 | 出处 | 著译者 |
|---|---|---|---|
| 167 | 丛谭：隧道内燃灭自由电气灯 | 《商务报》（北京）1903 年第 3 期 | |
| 168 | 丛谭：电灯花钟 | 《商务报》（北京）1904 年第 7 期 | |
| 169 | 杂录：隧道内燃灭自由电气灯 | 《大陆报》1903 年第 9 期 | |
| 170 | 杂录：电气灯 | 《大陆报》1904 年第 7 期 | |
| 171 | 卫生：卫生琐语：电灯与眼之关系 | 《大陆报》1904 年第 7 期 | |
| 172 | 杂录：隧道内燃灭自由电气灯 | 《大陆》（上海）1903 年第 9 期 | |
| 173 | 杂录：电气灯 | 《大陆》（上海）1904 年第 2 卷第 7 期 | |
| 174 | 纪事：内国之部：议借洋款创办自来水及电灯公司 | 《大陆》（上海）1905 年第 3 卷第 5 期 | |
| 175 | 科学：电气灯 | 《龙门杂志》1910 年第 7 期 | 衣 |
| 176 | 科学：电气灯（续） | 《龙门杂志》1910 年第 8 期 | 衣 |

　　以上文献载于五十余种期刊中，仅为《晚清期刊全文数据库》内题名中含有"电灯"和"电气灯"的电灯文献，并不全面。通览晚清期刊所载电灯类文章，其内容大体分为三类：一是介绍电灯发展史，二是介绍电灯的基本原理、构造与制作方法，三是介绍电灯业的发展情况。兹将如是情况分述如下。

## 第二节　电灯发展史

　　电灯问世以前，人们要么以动植物油燃灯照明，要么以石蜡、煤油、煤气为燃料照明。此等照明器物无论是照明度还是清洁度都不理想，因此，一些发明家萌生了利用电能发光的特性来制作照明工具的意念。英国化学家戴维（Humphry Davy）可谓首开其绪，于 1809 年利用 2000 节电池和两根炭棒，制成世界上第一盏电弧光灯（voltaic arc lamp）。因属初创，该灯存在一些缺点：（1）光芒刺眼；（2）寿命太短；（3）炭极打火之后，冒出呛人的气味和黑烟，难于室内照明。图 7－1 为这种电灯的形制，可在公共场所如工厂、剧院照明。《益闻录》有文提及这一发明："一千八百一年，西人达昧始用铜铅皮二千对，通电于炭，发光照远，是为电灯之作俑者。"① 此所谓"达味"即戴维。

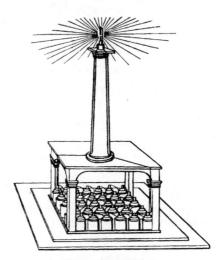

**图 7 - 1　电弧光灯**

资料来源：《论电》（第八十三节），载《益闻录》1887 年第 688 期。

1838 年，比利时人约巴德（Marcellin Jobard，1792～1861）提出将碳条置于真空内，通电使其发光的构想。受此启发，英国发明家德拉鲁（Warren de la Rue，1815～1889）于 1840 年将铂丝置入真空玻璃泡内，制成真空铂丝灯。此为世界上首枚电灯泡，但因铂丝价格昂贵，难于推广使用。1841 年，英国发明家莫林斯（Frederick William De Moleyns，1804～1854）在铂丝外敷以碳粉，制成"真空泡铂丝灯"，并获得该项发明专利。1845 年，美国发明家斯塔尔（John Wellington Starr，1822～1846）按照约巴德的构想，制成"真空泡"碳丝电灯，并与其合作者制造商奥古斯丁（Edward Augustin King）一同申请了发明专利，史称"斯塔尔—奥古斯丁灯"。但因当时真空抽取技术很差，灯泡内残余空气使灯丝极易烧断，故也不具有实用价值。其后，移居美国的德国人戈培尔（Henry Goebel，1838～1924）也利用这一原理制成"真空玻璃瓶碳丝灯"，但没有申请专利。1875 年，加拿大发明家伍德沃德（Henry Woodward）和伊万斯（Matthew Evans）获得白炽灯发明专利。1878 年，美国发明家索耶（William Edward Sawyer，1850～1883）和阿尔比恩（Albon Man，1826～1905）共同研制出一种真空碳丝灯，并组建电动力照明公司（Electro - Dynamic Light Company），从事白炽灯的生产和销售。同年，英国发明家斯旺（Joseph Wilson Swan，1828～1914）在真

---

① 《论电》（第八十三节），载《益闻录》1887 年第 688 期。

空泵专家斯特恩（Charles Stearn）的帮助下，发明了一种实用且能持久发光的真空碳丝电灯，并在 1880 年获得专利权。1879 年，美国发明家爱迪生在购得伍德沃德和伊万斯的电灯发明专利后，经过改良而发明一种新的真空碳丝电灯，性能更加优良，很快进入商业领域。图 7－2 为爱迪生像。

图 7－2　爱迪生像

资料来源：《爱第森像》，载《画图新报》1891 年第 12 卷第 6 期。

对于电灯的发明历程，《龙门杂志》有文概述如下。

"白热灯之历史由来已久，当十七世纪之时，法人兑飞氏之实验，实为白热灯之权舆。氏尝通电流于金属之细线中，而知其发热，当电流愈强，抵抗力愈大时，发热量愈多，能使金属线发出强光，终熔解而至于断绝。后至一八三八年，比利时之胃罢脱氏（Jobart）曾发表一论文云，欲以小炭片封入真空中，通以电流，而作一电灯。盖炭素在空气中虽容易养化，而在真空中则无此虑，可反复供用者也。此原理为今日白热灯制述之基础。一八四〇年，格洛伯氏立白金线于水上，覆以玻璃杯，通强电流而使发白光。用此以读书，历数小时之久。一八四一年，英伦斯氏（Fuoleyns）不绝于白金线上撒布炭粉，而使发光。此装置曾得政府之特许，而未见实行。一八四五年，美人斯太氏（Starr）发明立炭素杆于脱而昔力真空中之装置，与奥格斯德氏（August King）同至英政府呈报，得专卖之特许，谓之斯太奥格斯德灯。……一八五九年，蒙赛儿氏（Dr. Mancell）自骸炭、羊皮等制造炭线，是为炭线制造之创业。时又有壳痕氏（Kann）者，立炭素杆于其空中而制电灯。一八七七年，扫耶氏立炭素杆于淡气中而制电灯。翌年，与亚尔蓬孟氏（Albon Man）同制扫耶孟电灯。制出今日通用之电灯，为白热灯开一新纪元者，为英之史王氏（Swan）及美之爱迭孙氏（Edisan）。史王氏素有志于电灯之完成，至一八七八年之十二月乃制一电灯，发表于世上；复与司顿氏（Stearn）共同研究，得完全之装置，于一八八一年得政府之特许。灯中所用之纤条，乃浸木棉丝于稀硫酸中，俟干燥时炭化而成者。爱迭孙氏亦于一八七九年十二月用纸制之炭线，作一电灯，得政府之特许，其后又发明竹纤维制成之炭线，于一八八〇年得政府之特许。此种电灯因炭素之抵抗甚大，电流之分配适当，不须调整之手续，且其制作费甚廉，故为普遍所应用。爱氏得发明之名誉后，扫耶氏与之力争于政府，爱氏遂失败，后又于一八九二年为爱氏所胜，发明之名誉卒归于爱迭孙。"①

这里，作者提及白炽灯发明史上若干重要人物和事件。此所谓"兑飞"即法国物理学家杜菲，他发现电"能使金属线发出强光"，从而启发了后来以电照明的探索。"胄罢脱氏"即比利时发明家若巴尔，率先提出制作真空碳丝灯的构想。"格洛伯氏"即德拉鲁，真空电灯泡的发明者。"伦斯氏"即莫林斯，首先取得"真空泡铂丝灯"的发明专利。"斯太氏""奥格斯德氏"即斯塔尔和奥古斯丁。"史王氏""司顿氏"和"爱迭孙氏"即斯旺、斯特恩和爱迪生。"扫耶氏""亚尔蓬孟氏"即索耶和阿尔比恩，他们与爱迪生因电灯专利权问题发生讼案，最初爱迪生败诉，后又胜诉。至于"蒙赛儿氏""壳痕氏"，其生平业绩如何，待考。

尽管爱迪生不是"第一个电灯"的发明者，但由其研制的电灯因具有空前的耐用性、实用性而得到推广使用，社会影响力巨大。对于爱迪生发明碳丝电灯，《大同报》有文予以介绍，大略曰：

爱迪生最初亦依"旧法"制灯，"用白金丝或白金条引电，而其效不果"，后乃改用碳条研制电灯。"炭条电灯之理"早在一八四五年已由斯塔尔悟出，并"在英国请领专利证书上，申明炭条灯之电流，经过真空玻璃泡内之炭精后，可以燃烧。"此"乃为第一次论热光灯之功用"。但因斯塔尔旋而逝世，其研制工作中止。斯塔尔之后，"各制造家之思想似有退步，所造之灯皆不适用"，至爱迪生发明碳丝灯，才有所推进。爱迪生所造之灯，"与旧制不同之处，即电气所能燃之炭条较少，与玻璃泡内绝无空气耳。炭条初以纸条为之，后乃用竹头及炭精为之。"②

碳丝灯虽然比较适用，但寿命短、光效弱，因此，其后有人相继发明了比较

① 衣：《科学：电气灯》，载《龙门杂志》1910 年第 7 期。
② 汤穆森艾流：《论十九周电学之进步》（续），载《大同报》1911 年第 16 卷第 15 期。

耐用的锇丝灯、钽丝灯①，不过光效仍不理想。直到 1903 年，随着奥地利人杰司特（Alexander Friedrich Just，1874~1937）和汉纳门（Franjo Hanaman，1878~1941）等发明钨丝灯，才将电灯全面推广到生产生活中。钨丝灯寿命长、光效强，沿用至今而不废，堪称照明技术发展史上一大丰碑。

## 第三节 电灯的制作原理、构造与方法

电灯的基本工作原理是，电流通过灯丝，因电阻作用而发热；当灯丝热量积聚到一定程度时就发出光来，热度愈高，光度愈大。《学报》有文介绍这一原理曰："传电线中必有电阻最大之部分，此部分比于其他部分发热最大，热极遂至发光，寻常所用之茄形电灯（即室内用电灯）即基于此理。"②《理化学初步讲义》亦阐述其理曰："电流通过导线，则因导线之抵抗，变而生热，抵抗力大，则所生之热量亦强。白金丝及炭质为抵抗力之大者，通以强盛之电流，则热而发光，此发热作用，即为电灯之原理。"③《龙门杂志》亦曰："白热灯所以发光之理由，由于电流通过导线中时之抵抗，变而为热，导线之一部被其炽灼，因而发光。"④

晚清时期主要存在弧光灯和白炽灯。《格致汇编》曰：电灯可分为两大类：一为"炭条法，又名电气弧光法"，见图 7-3，"其电由炭尖传过时带有白热之炭点，则发光亮之火，而成弧形"。二为"炭丝法"，见图 7-4。"用弯形炭丝，传以电气，因受阻力，则生热而发光，惟炭丝受热，遇空气则收养气而焚毁，故炭丝必置真空玻璃泡内，即将玻璃瓶泡内空气抽尽，炭虽发光，而不烧毁，连用数千夜亦可不坏。"⑤此所谓"炭条法"即弧光灯，"炭丝法"指白炽灯。《龙门杂志》曰："今普通应用之电气灯有二类：一谓之弧光灯，凡七八种，如公园、大路灯台等所用之灯，远望如满月形者是也。一谓之白热灯，凡十数种，如家用电灯、怀中电灯及外科术所用之小电灯，用以照视胃囊、膀胱者是也。"⑥

① 1898 年，澳大利亚人卡尔（Carl Acur van clsbach）研制出锇丝白炽灯；1902 年，德国人韦克纳（Wcrner von Bolton）和奥托（Otto Fcucrlicn）研制出钽丝白炽灯。

② 青来：《动电气学述要》，载《学报》1907 年第 1 卷第 2 期。

③ 钟观光、陈学郢：《理化学初步讲义》，载《师范讲义》1910 年第 5 期。

④⑥ 衣：《科学：电气灯》，载《龙门杂志》1910 年第 7 期。

⑤ 《西灯略说》，载《格致汇编》1891 年第 6 卷秋。

图 7 - 3　弧光灯

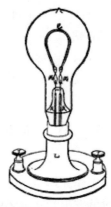

图 7 - 4　白炽灯

对于这两种电灯的基本构造与制作方法，晚清期刊多有介绍。弧光灯是以碳棒为阴阳二极而制成，用于户外照明。据记载，俄国沙皇曾在冬夜率"宫人数百，于囿中作游冰之戏"，用大型弧光灯照明，"照远如昼"。"其法用湿电池数十或数百具，以铜丝连络成为一池，令电生之多且浓。又以粗铜丝为电路，再用炭二条，各刮尖其一端，以二炭尖相对，将二电路连于炭上，则光由二尖发出，其光耀夺目，明亮非常，然其费甚钜，不堪民间之用。"①《益闻录》有文专门介绍了戴维所作名为"电烛"的弧光灯，其状见图 7 - 5，形制及功率如下。

"子丑处为二炭条，皆直置，上下正对，不稍敧侧。两炭中间置白坭一条，约厚一分许，用阻二电互合。炭条厚一分余，或稍为损益，当视电力如何，总以明亮为度。在顶上又加炭灰一块，以胶水合成者。凡以电线接甲乙二口，电气自子处上升，立燃炭灰块，由丑处降下。是时丙处已燃，光耀夺目。白坭为电力所烧，消散如烟，与二炭同时缩短，但子条为阳炭，消缩倍于丑条。未几，上下悬殊，电光欲绝，此不得不防者。缘是西人不用电瓶，特用克辣默机，使二电迭更，二炭齐缩，电光乃渐下。此式于戏台、街道等处往往用之，第电光甚烈，最易伤目。故西人将电烛置无光玻璃球中，遥望之，只见明光一球，不见火焰。计电烛长七寸，可燃一点二刻钟。今球中概置四烛，可燃六点钟，一烛将尽，有机关移电于他烛。于是相继发光，至四烛燃尽而止。"②

---

① 《论电灯》，载《画图新报》1881 年第 2 卷第 1 期。
② 《论电灯》（第一百节），载《益闻录》1888 年第 729 期。

图 7-5 "电烛"灯

　　这里所介绍的是一款典型的"碳极弧光灯"，主要由两根并排竖立的碳棒组成，中间隔着一块绝缘"白垩"片，其形如蜡烛。通电后，能够不断改变电流的方向，使两根炭棒交替地充当阳极和阴极，发出夺目光耀，常用于戏台、街道等处。因其用电量大，故宜用发电机供电。此所谓"克辣默机"，即赫尔特发电机。

　　白炽灯是在灯泡内置电阻丝制成。电阻丝为金属丝或碳丝，材质不同，性能有异。《格致新报》曰："小电灯玻璃泡内发光之弯形或环形之细丝，疑是铂丝所造，故不为电火烧化。《电学图说》谓系纸炭造成，然否？答：小电灯玻璃罩内之细丝，系铂所成；若大电灯则用纸炭。"①《格致汇编》有文详述爱迪生研制碳丝灯的过程，大略曰：

　　爱迪生新制之灯，其状见图 7-6。据美国新闻纸报道："爱第森尝闲居而揣摩此灯时，手拿黑炭质，无心中以指拈撚，偶思一理，若将此炭质压成薄片，定能通电发大光。因一试而再试，究未甚得法。旋见几上有棉线一束，思此线成炭，殆能通电发大光。即将线一条，以二铁夹钳之，置炉中，……烧成细炭条，置玻璃球内。两端接以电线，抽出球内空气，令电气通，则细炭条发光甚亮，而炭质不毁。后尽用发电之力，令多电气通过，则细炭条瞬发大亮光后，忽折而光熄。因而以同法试数种料所成之炭，如细木片、稻草茎、厚纸条等，末得厚纸之细炭条能久发电光而不改，故设新式之灯。"②

---

① 钓隐：《答问：第二百零九问》，载《格致新报》1898 年第 15 期。
② 《互相问答》（第二百三十三），载《格致汇编》1880 年第 3 卷春。

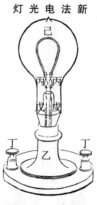

新 法 电 光 灯

**图7-6 碳丝灯**

按照《格致汇编》所言，此灯之基本制法是：先将厚而细密之纸做成马掌形之条，长约二寸，宽八分寸之一；次将此条若干层夹于熟铁模内，一并置入烤炉中烧烤，从而散去纸内所含"易散之质"，制成马掌形炭条。再将其中一条置于透明玻璃球内，两端以金属丝相连，外接以电线。"其球之下口，必与架相合极密，毫不泄气。其球之头引成一小嘴，用抽气筒抽尽空气而密封其口，则可合用。"见图7-6，"上段为玻璃球，乙为架，己为纸炭条，以细铂丝丙丙与通电线戊戊相联。此两电线通至丁丁两接头，从此处再以电线通至发电气之器，则炭可连发光，久久不息。……此灯合于屋内桌上之用，亦甚便当。"①

《集成报》也有文概述了碳丝白炽灯的基本制作方法，大略曰："烟抗颠士"灯系由碳丝和明净玻璃球制成，碳丝为灯芯，玻璃球为外罩。制作中，须将球内空气抽尽，"速封其嘴"。灯芯"用净灰和药水制成，一线插入罩内，其名为炭线，用电线驳炭线。灯内之炭线分为两端，一运电力入内，一运电气出电机，而灯自光。"制作碳线的方法，各有不同。"美人压地臣者，……电师以此人为巨擘。现电车、电器、电线、电机皆其所创。压地臣用棉花湿硫锚水，即将此棉花洗炭线，烧时寒暑表度更为热。烟抗颠士灯形式甚多，有制为瓜形者，有制为连环形者，无定形也。"②此所谓"压地臣"即爱迪生，"烟抗颠士"即"incandescent lamp"（白炽灯）的音译。

《师范讲义》有文比较了白炽灯和弧光灯的制作方法，大略曰：

常用电灯有二种："一为照于市街者，曰弧光电灯；一为照于室中者，曰白热电灯。"图7-7为白炽灯，其制作方法是："烧竹丝为炭，或以细棉纱浸硫酸

---

① 《互相问答》（第二百三十三），载《格致汇编》1880年第3卷春。
② 《制电灯法：译美国保路士杂志》，载《集成报》1897年第12期。

中，使成炭质，连于白金丝端，置玻璃球中，除去空气，而通以电流，则因炭质抵抗力强，使电流发热而生白光，又为球内真空，不起燃烧。"图7-8为弧光灯，其制作方法是："以炭精二条，状如大铅笔，以尖端相对，一接电池之阳极，一接阴极。通电之后，稍将炭条离开，则电流行至尖端，不易通过，受抵抗力最大，发光最强。其光自阳极进向阴极，曲成弧形，故有此名。此灯不去空气，故炭质易于烧毁，至尖端离远，电流不通，而其光即熄。故须别设器械，以调节之。近人用二条炭精并立，发光无异，而炭质燃烧之时，距离不变，不须别设调节器也。"①

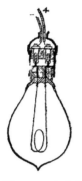

图7-7　白炽灯

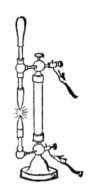

图7-8　弧光灯

《万国公报》有文更详细地介绍了弧光灯与白炽灯的构造与性能：

"当一千八百七十八年时，街道始有电灯。电灯有二式：一曰弧光（Arc），一曰荣光（Incandescent）。弧光灯在玻璃罩内有二炭条，其端作相向状，其蒂处系属所接引之铜丝，直至电池。电来则炭条之端相射生光，盖电有阴阳二者，阳电入于阴电，在炭条之端，其气相触，积爆遂能生光也。……此种灯式，大小不一。小者抵二百枝烛光，极大者可抵一万枝烛光，中等通用者则抵一千至二千枝烛光。……此灯非居家所宜。在一千八百八十一年时，英人算（Swan）制为荣光灯，其灯玻璃球罩殊小，内置引电线，作回环屈曲状，甚细，电气至线，因其阻力而积电，逼不得回，遂爆发而生光。此线亦系炭条，昔用白金（一名沃金），价甚昂，今有易以棉条或藤，撚之极细，入炭汁浸涂，在玻璃管内抽去养气，燃成全炭，而后用之。盖玻璃罩内无空气侵入，则炭线便可久用。大率荣光灯玻罩炭线，可用七百小时，尤良者善用之，可至一千五百小时；惟荣光之光不及弧光

---

① 钟观光、陈学郢：《理化学初步讲义》，载《师范讲义》1910年第5期。

之明，每灯不过抵五枝至三十二枝鲸脑烛光，以其装置甚便，……故居家多用之。"①

此所谓"算"即斯旺，"荣光灯"即白炽灯。如前所述，弧光灯与白炽灯各有优劣，前者发光虽强，但"非居家所宜"，后者发光虽弱，但宜于居家之用。然而二者有一共同的缺陷，即发光碳丝不能耐久使用。因此，在19世纪末20世纪初，有人陆续研制出金属丝灯以取代原先的碳丝灯。

1905年，《真光月报》介绍了一种"钽丝灯"，言称："西国近日新得电气发光之法，较前更善，因电灯初用之丝乃炭类，今则改用金类矣，名钽质。其物与铋、锑相似，其初钽质为人所不经见，今则能知其有大用矣。钽金出荷兰、瑞典及北美，常与他物质相杂。钽金一磅可成灯丝二万条云。"② 1907年，《万国公报》述及当时几种金属丝灯，略云："近日金丝电灯流行甚速，中国谓之金丝，其实乃炭类之丝也。兹据法国格致士某君所发明，则真不用炭类之丝，而用金类之丝矣。其金类之物，一名钽，一名鉿，一名钨，以作丝燃之，光焰甚明。"③ 1910年，《龙门杂志》更为详细地介绍了四种金属丝灯的性能④，基本内容如下。

1. 镁丝灯：由"南斯脱氏（Nernst）所作，用养化镁之细棒横架于灯球中，亦谓之南斯脱灯。但养化镁于常温时为电气之不良导体，故必于灯内设备白金线之变热器，热之，然后通过电流而发强光。每烛光仅需一·七瓦特之势力，且不必用真空球，故其价甚廉，惜此灯之寿命只有三〇〇小时耳。"此所谓"南斯脱氏"即德国物理学家能斯特（Walther Hermann Nernst，1864~1941），诺贝尔化学奖获得者，于1897年发明"能斯特灯"（Nernst lamp），其价虽廉，但耐久性差。

2. 鉿丝灯：由"维儿斯拔蚩氏（Dr. Welsbach）所作，用鉿线发光。此鉿线之制法，系藉化学的作用。沉淀鉿盾于铜线之上，再通以强电流，则内部之金属蒸发而散失，成鉿盾中空之线，因其盾质量较其抵抗大，而发热亦强。且其面积较大，故发光甚强，色白而类似日光，能比炭线灯以较低之温度而发同强之光。每烛光仅需一·二至一·七六瓦特之电力，寿命及一〇〇〇小时，惟不堪用电压力一〇〇弗打以上之电流，故不为世人所常用。"此所谓"鉿"即"锇"（Osmium）的旧译。"维儿斯拔蚩氏"即奥地利物理学家威尔斯巴克（Carl Auer von Welsbach，1858~1929），于1902年发明锇丝灯，省电而耐用。

---

① 季理斐译，曹曾涵述：《论电灯》，载《万国公报》1907年第225期。
② 《电灯之用钽丝》，载《真光月报》1905年第4卷第8期。
③ 《金丝电灯》，载《万国公报》1907年第220期。
④ 衣：《科学：电气灯》（续），载《龙门杂志》1910年第8期。

3. 钽丝灯：由"鲍儿顿氏（W. von Bolton）所作，该钽素可以制粘性铁条，且热至二〇〇〇度以上，尚不溶解（铼线亦然），不如炭线之飞散微粒。故以制成一一〇弗打之电灯，其形与次种之电灯相似，每烛光消费二至二.五瓦特之电力，寿命为七〇〇小时，较优于炭线灯，惟其制作费不廉，不适用于交流发电机，且不堪用高压电流，实为缺点。"此所谓"鲍儿顿氏"即德国化学家博尔顿（Werner von Bolton，1868~1912），于 1903 年发明钽丝白炽灯，性能优于碳丝灯，但造价昂贵。

4. 钨丝灯：由"奥国之克才儿氏（Kuzel）及亨那孟氏与胄斯脱氏（Just and Hannaman）等所创。此金属，英语谓之顿格斯推（Tungsten），法语谓之钨儿弗兰姆（Wolfram），故亦谓之顿格斯推灯。……灯球内有一玻璃之纵轴，自此轴之上下分布小钩，如伞骨，钨线屈曲于球内，特长于他种电灯。是以光度甚强，每烛光只消费一至一.二瓦特之电力，寿命自一〇〇〇至一五〇〇小时，无论交流发电机与直流发电机，皆可用之。识者谓此种白热灯实为空前绝后之制作，其功率殆已达白热灯之极限，亦可见灯之价值矣。……故旧式之炭线灯得有废弃之势。"此所谓"克才儿氏"，奥地利发明家，生平待考；"亨那孟氏""胄斯脱氏"为奥地利发明家杰司特、汉纳门，他们于 1903~1904 年间采用积压绕结制成钨丝白炽灯泡，性能良好。其后，再经美国发明家库利奇（William David Coolidge，1873~1975）等人的改良，钨丝灯逐渐取代了碳丝、锇丝和钽丝等灯成为最流行的白炽灯。

值得注意的是，经过不断改良，白炽灯的性能虽然得以提升，但因其依靠电流加热而将热能转换为光能，故不免有"费电"之弊。因此，美国科学家赫维特于 1902 年发明了比较节能的"水银电灯"。水银电灯是将水银充入真空玻璃管内制成，通电后水银蒸汽放电，发出强烈光芒。《政艺通报》述其形制曰：

"美国纽约新得一种电气灯之法，系一达官之子所造，其各种花样不同，而理则一。此灯用一玻管，似寒暑表，长者至六尺。管内吸出空气，实以水银气，两头以电气连之，则发白光，虽甚明亮，而其光颇宜人目，已属诸格致家详为考察，而各商家见者，亦相与称善云。"①

《政艺通报》还述及一款德国制造的水银电灯，其理与美国所制者同：

"德国厂现出一种燃水银汽之弧光电灯。其法如寻常弧光电灯，以两极炭条置真空玻璃管内，惟负电之炭条镇定于下面，四周灌以水银，其正电之炭条置于上面，倒垂有铜丝，使之升降。电溜过时，弧光成于水银之旁，其光约长三十至

---

① 《艺事通纪卷二：新灯奇制》，载《政艺通报》1903 年第 2 卷第 8 期。

五十米利迈当。该灯异于寻常电灯，因其光燃于水银汽中也。有红光线甚多，用电甚省。"①

水银灯为"荧光灯"的前身②，照明效果良好。《科学一斑》有文不仅介绍了这种灯的制作方法，而且比较了当时各种电灯的"光力"。其文曰：

"美国谷派吼韦笃所发明之水银电灯，其光力极强，用于夜间之写真尤妙。其装置法，盛水银于真空之硝子管中，通以直流电气，因水银之蒸发而生强烈之光线。他种电灯虽消费同量之经济，而其所得之光力，不如此远甚。故此种电灯，非常有益。今举美国拿挨那博士所验光力之比较表如左：瓦斯灯：一．六烛力；白热电灯：六．〇烛力；强光电灯：一〇〇．〇烛力；炭轻瓦斯：一〇．五烛力；盖司来尔管：三二．〇烛力；水银电灯：四七．九烛力。"③

此所谓"谷派吼韦笃"，当指赫维特，"拿挨那"为何许人，待考。依其记述，水银电灯的亮度约当一般白炽灯的 8 倍。因此，其在电灯发展史上具有重要意义。

在不断推陈出新过程中，学界还研制出其他形式的电灯。如在美国芝加哥博览会上，展出一款巨型探照灯，"其光可抵烛四万五千六百枝，于二百八十里外，能睹其光耀，而与二十七里内照读，虽细若牛毛，亦能不爽毫发。"④ 据《万国公报》报道，有人发明一种"异式电灯"，"灯中有炭丝两圈，一大一小，欲灯光之大小何如，可以随意开闭。"⑤《小说林》也有文介绍了一种可以调节亮度的电灯，大略曰："向来电灯，非放大光明，即全体熄灭，从未能施一毫人力，伸缩其光度。"近日伦敦某电灯公司"售出一灯，能自由旋拨，高下其光度，其度减者，所销耗之电流随之亦减"，因此其发明"足以革新电学界之面目"⑥《通问报》《万国商业月报》则分别介绍了西人所用"捕盗贼电灯"，"遇有窃盗，追之不获者，惟用此电灯照之，沿途巡士，互相映射，速于奔马，必可就获。"⑦ 这些电灯发明信息虽然没有说明其制作原理，但足以令人耳目一新。

---

① 《艺事通纪卷二：水银电灯》，载《政艺通报》1905 年第 4 卷第 13 期。
② 水银灯虽然省电，但光线太亮，发射出大量紫外线，危害人体健康。后来科学家在水银灯管内壁涂上荧光粉，遮挡了紫外线，从而制成荧光灯。
③ 植夫：《新发明之水银电灯》，载《科学一斑》1907 年第 4 期。
④ 《电灯照远》，载《画图新报》1893 年第 14 卷第 8 期。
⑤ 《欧美杂志：异式电灯》，载《万国公报》1903 年第 171 期。
⑥ 紫崖：《珍闻：电灯新发明》，载《小说林》1907 年第 7 期。
⑦ 《丛录：捕盗贼电灯》，载《通问报》1909 年第 374 期；《新机器：捕盗贼电灯》，载《万国商业月报》1909 年第 17 期。

# 第四节　电灯的传入

　　电灯发明后，因其照明效果良好，逐渐取代旧式照明设备，在世界各地推广开来。无论欧美，日本于 1882 年从西方购入发电机，在东京开办电灯公司。①1879 年，电灯传入中国，至清亡时各重要城市、商埠基本建立起电灯照明系统。1882 年，《申报》报道上海最初亮起电灯时的情形曰："其光明竟可夺目，……内外各物，历历可睹，无异白昼。……凡有电灯之处，自来火灯光皆为所夺。……故自大马路至虹口招商局码头，观者来往如织，人数之多，与日前法界观看灯景，有过之而无不及也。"②同年，《申报》论上海电灯建设情形曰："灯以电名，始盛于外洋，今年已行于上海。……每夕士女如云，恍游月明中，无秉烛之劳，有观灯之乐。"③

　　据考证，1888 年冬，北京亮起"第一盏电灯"。④1889 年，电灯已"照耀"于京城⑤，图 7-9 为"颐和园电灯处"。据报道，当时颐和园"各处游廊殿角深檐复室楦桷之间，共悬灯光二千余盏，每向晚升火上烛时，鼓动机器，发现光华，万点晶莹，逾于白昼。……每遍燃朗照之时，园门大开，室户尽辟，任人观览。……琉璃世界，图画天然，洵人间之佳景也。"⑥1891 年，《格致汇编》以"京师电灯"为题，介绍了东交民巷"俄国信局"电灯照明情形，略曰：冬至月"晚五点钟至七点钟顷，曾燃电灯三夕，于高出地丈二尺之墙头上，见大火球照同白昼，观者如堵，任何油烛不及其明也。是灯具由德国伯耳林城运来，为迩时德人西门创新法造者。"⑦1898 年，苏州筹建电灯公司，"闻已禀明商务局，马路两旁电杆均已竖立齐整，一俟机器运到，即可设局开办，店户均已包定，取价极廉。"⑧1902 年，瑞记洋行在天津筹设"电气灯"。⑨1904 年，厦门由美国引入电汽灯，"其式有桌灯、街灯、挂灯、壁灯，……每火可抵洋烛百支，光耀绝伦，永无火险。"⑩1907 年，举人龙之溪在九江创设启明电灯公司，由美国购进电灯

---

　　①　《日本创设电灯》，载《益闻录》1882 年第 187 期。
　　②　《电灯光灿》，载《申报》1882 年 7 月 27 日。
　　③　《论电气灯之用》，载《申报》1882 年 11 月 7 日。
　　④　樊良树：《北京第一盏电灯亮灯时间考》，载《华北电力大学学报》（社会科学版）2016 年第 6 期。
　　⑤　王道成：《颐和园的第一盏电灯》，载《紫禁城》1981 年第 6 期。
　　⑥　《电灯密设》，载《益闻录》1896 年第 1612 期。
　　⑦　艾约瑟：《博物新闻：京师电灯》，载《格致汇编》1891 年第 6 卷秋。
　　⑧　《电灯将兴》，载《工商学报》（上海）1898 年第 5 期。
　　⑨　《中国近事：天津电灯》，载《绍兴白话报》1903 年第 12 期。
　　⑩　《厦门：电灯利用》，载《鹭江报》1904 年第 60 期。

机器，"一俟机房落成，即可择期开灯。"① 同年，成都商务总会开始筹办电灯。②
1908 年，经理人张性承在芜湖创办明远电灯公司。③ 图 7 - 10 为汉口电灯厂图。

**图 7 - 9　颐和园电灯处**

资料来源：《颐和园电灯处》，载《东方杂志》1908 年第 5 卷第 12 期。

**图 7 - 10　汉口电灯厂**

资料来源：《汉口电灯厂图》，载《万国商业月报》1908 年第 9 期。

对于电灯这一伟大发明，国人莫不以新奇目之。如重庆烛川电灯有限公司于
1908 年在重庆"开灯"，"照明之日，如同白昼。维时政界、学界、商界争先快
睹，门庭若市，门以外观者如堵，几于街道填塞，不可往来，计亦两月有余，每

① 《记事：电灯开办有期》，载《南洋商务报》1907 年第 22 期。
② 《纪实：创设电灯》，载《重庆商会公报》1907 年第 75 期。
③ 《记事：电灯开办有期》，载《南洋商务报》1908 年第 38 期。

夕开灯，尚然如故。"①

改革家谭嗣同曾撰文大赞电灯之益：

"以电为灯，是不啻取日之光热以为灯，其益于人物也与日无异。农学家知其然，以电灯照农圃，则生长之速，视常加数倍。人目当之，必愈精明，更由目传入脑气筋，则脑气筋灵动而增人之神。更由皮肤之微丝管传入红血轮，则血红轮疾转而壮人之体。故电灯之为用，用于养生之大用，而以为杜火患，防盗贼，节财而美观，其亦末矣。"②

《万国公报》也有文评述电灯之"胜处"：

"以电气灯与煤气灯比较，其价值贵贱，固相悬殊，然电灯之胜处颇多：（一）电光能明烛毫芒。（二）电灯热度不甚高，且无烟煤熏蒸损物之患。（三）煤气必埋管于地，而电气只须牵线于壁。（四）煤气易致失火，而电气则无之。"③

《南洋商务报》更以白话形式介绍了发展电灯业的益处，语言直白生动，趣味盎然：

"那电灯是白种人爱既松发明的。白种人晓得这电光的光线比蜡烛的光线还亮还白，比煤油的光线还亮还白，安个白铁管儿，系个白金丝儿，笼个白玻璃罩儿，装起灯来，向远处瞭望，白筛筛的像个雪球，白皓皓的像个月轮，恐怕那乡下白蚂蚁，还要借这个电灯题目儿，向那白壁上诌诗，想要压倒元白咧！那晓得这电灯是白种人住在西方，西方金位，色尚白，白种人和这白帝的灵气相感召，才能够把这电灯的道理，勘明白了。起初只在要路上装点，照耀如同白昼，后来各街市、各店铺都装点起来，商务就平白的热闹了许多，所以现在没有一处不是电灯。那德国克房伯铁场电灯，约值白镪数千金；那法京巴黎戏园电灯，约值白镪万金。那电灯点起，放出那光线来，清清白白，地下爬的虫，都瞧得见。地下掉的针，都拾得着。别说比蜡烛亮些白些，比煤油亮些白些，就比那雪儿月儿还要亮些白些呢！白种人把这个电灯的道理输入我们中国，我们中国应该谢谢白种人才是咧！如今上海、天津、宁波、广东都明白这电灯的好处，兴了电灯。长江一带，汉口、九江、安庆、芜湖、镇江也都明白这电灯的好处，兴了电灯。独这金陵尚没有明白这个道理，真算缺点。金陵古名白下，素称繁盛，怎么这们一个通商大埠，只靠那几盏普通灯，点个夜景，难道永远黑暗，不想白茫茫方一片光明世界不成？况这电灯也不是白花了银钱，是于来往行人上有益处，于稽查盗贼上有益处，尤于街市店铺上有益处。街市上装点电灯，照得街市澈白，街市便有

① 《论说：重庆电灯烛川公司开会演说》，载《重庆商会公报》1908 年第 4 卷第 28 号。
② 谭嗣同：《论电灯之益》，载《湘报》1898 年第 29 号。
③ 季理斐译，曹曾涵述：《论电灯》，载《万国公报》1907 年第 225 期。

兴旺气象。店铺上装点电灯,照得店铺澂白,店铺便有兴旺气象。这电灯就算得街市店铺的一个精白乃心的大大功臣!"①

此番描述将电灯的发明归之于"白种人和这白帝的灵气相感召",自是附会穿凿之论,不足为道,但其中述及上海、天津、宁波、广州、汉口、九江、安庆、芜湖、镇江等地电灯业的盛况,让人晓得电灯的众多益处。此所谓"爱既松"即爱迪生。面对电灯这一新生事物,时人不免"望灯兴叹",甚者赋诗以记其盛。兹引数例如下。

### 《电气灯》

泰西奇巧真百变,能向空山捉飞电。

电气化作琉璃灯,银海光摇目为眩。

一枝火树高烛云,照灼不用蜕膏焚。

近风不摇雨不减,一气直欲通氤氲。

忽如月生光,又如虹吐焰。

朗若银粟辉,灿若红莲艳。

申江今作不夜城,管弦达旦喧歌声。

华堂琼筵照宴乐,不须烧烛红妆明。

吁嗟乎,繁华至此亦已极,天机至此亦尽泄。

穷奢极巧恐不常,世事惊心若电掣。

我欲别设千万灯,光明四射分星辰。

不照高堂与华屋,常照贫家纺读人。②

### 《电灯》

须知质欲胜灯红,人力天工却不同。

自去自来金线上,相映相辉水晶中。

圆如鸡子无留隙,细比丝痕可照空。

鉴彻乾坤千万物,无穷全赖热煤功。③

### 《赋电灯七律二章》

新奇最是电光灯,不事焚膏亮倍增。

万盏银缸递总线,六街玉烛系支绳。

燃资气贯月华竞,巧夺天工火闪腾。

抵制煤油今有术,文明渐进此堪征。

---

① 酒臣:《白话:说电灯》,载《南洋商务报》1909 年第 67 期。
② 葛其龙:《电气灯》,载《益闻录》1882 年第 188 期。
③ 许自立:《诗界蒐罗集:电灯》,载《鹭江报》1904 年第 76 期。

机转红铜砺炭精，摩擦电气自然生。

须臾贯注灯球亮，皎洁堪同日月争。

但用金丝昭现象，无庸火种亦晶莹。

渝州黑暗从滋出，大放光明不夜城。①

### 《观电灯偶作》

一片光芒同皓月，十分灿烂似繁星。

天工巧借人工代，中法兼参西法灵。

仅有明灯生暗室，恍来掣电射高庭。

蜿蜒转瞬相遥递，三巷六街去不停。

万盏银灯借电传，开关在我任盘旋。

鼎炉定位乘机引，线索通灵递管连。

世界维新依北斗，光明大放美东川。

漫云奇货矜持算，同辈须知挽利权。②

### 《咏电灯》

城开不夜巴渝中，点缀银灯到处同。

急似流星飞灿灿，朗如皓月色融融。

空灵线索凭光引，纵送机轮藉汽通。

人力偏能争造化，心思若此用无穷。

暗室生辉待电传，光明世界喜无边。

借通消息单丝系，巧递机关一线牵。

莫谓辘轳凭物力，亦知操纵在人权。

鼎炉烹炼纯青候，万户千门不夜天。③

在引进电灯照明的同时，国人有试图制作者。如巴县人温某"平日雅好沉思默虑，凡遇一物，必研究再三，……暇时制造电灯一具，颇能独出心裁，曾呈验大宪，甚蒙嘉奖。"④ 据德国报报道，时有南京人取得一项名为"赛月电灯"的发明，"比上海西洋人所造的还更明亮。"⑤

凡事有利即有弊。电灯虽然给人类带来光明，但使用不当，也会带来弊端。《知新报》有文指出"电灯坏眼"，谓"战船所用之电灯，其光太烈，以致兵士得目疾者甚多，竟有因而盲者。查其故有二：一因其光太猛，一因其灯罩系紫

---

① 冰壶生：《赋电灯七律二章》，载《重庆商会公报》1908 年第 102 期。
② 古月氏：《观电灯偶作》，载《重庆商会公报》1908 年第 4 卷第 22 号。
③ 仰止山樵：《咏电灯》，载《重庆商会公报》1908 年第 4 卷第 22 号。
④ 《电灯学制》，载《四川官报》1905 年第 10 期。
⑤ 《电灯专利》，载《第一晋话报》1905 年第 3 期。

色。"① 使用电灯时，电灯附近板壁上常有尘埃堆积。有人曾向《沧浪杂志》询问其原因，杂志社编辑从学理上回答曰：

"考其原因，约有二：一则由于电灯之发热而起空气之流动，此即所谓气体之对流作用也；一则实由于电气的现象，盖空气中浮游之尘埃分子，或本附着于导线，或因电流之通过而吸收，此又所谓电气之感应作用也。斯尘既附着之后，则电流通时，势必排出而射向板壁，遂紧着于其处，恰与电气中之所谓尖端作用略相同也。"②

如是回答，准确无误，足见作者已具有电磁学基础知识。

---

① 《格致：电灯坏眼》，载《知新报》1897 年第 4 期。
② 《邮筒：问题三：室中电灯附近之板壁每见有尘埃之堆积……》，载《沧浪杂志》1910 年第 3 期。

# 第八章

# 电　报

电报（telegram）是以电流（有线）或电磁波（无线）为媒介，进行远距离信息交换传输的通信方式。《中西闻见录》曰："电报之制，以一铁线之连络而能传数万里所言，明如睹面。"① 《理化学初步讲义》曰："电流迅速，无远而弗届，如以导线通之，再以电磁石等配其收发，则得通信于远地，谓之电信或曰电报。"② 1845年，世界第一家电报公司在英国成立。19世纪60年代，西方电报公司将电报引入中国。1881年，津沪电报线建成。至中日甲午战争之前，中国电报网基本建立起来。

## 第一节　晚清期刊所载电报篇目

对于晚清国人来说，电报为前所未闻之事③。因此，当时不少期刊不计繁难、不惜笔墨，力加介绍。笔者对《晚清期刊全文数据库》进行检索，其题名中含有"电报"一词者达815篇，兹选录其中150篇，编为表8-1。

表8-1　　　　　　　　　　　　　　　"电报"题名

| 序号 | 题名 | 出处 | 著译者 |
|---|---|---|---|
| 1 | 西国设电报 | 《中国教会新报》1869年第53期 | |
| 2 | 外国电报定价：附论电报神速 | 《中国教会新报》1869年第57期 | |

---

① 艾约瑟：《光热电吸新学考》，载《中西闻见录》1874年第29期。
② 钟观光、陈学郅：《理化学初步讲义》，载《师范讲义》1910年第5期。
③ 一般认为，国人最早记述电报知识者为译员林鍼。他在《西海纪游草》（1867）中如是描述电报："每百步树两木，木上横架铁线，以胆矾、磁石、水银等物，兼用活轨，将二十六字母为暗号，首尾各有人以任其职。如手一动，尾即知之，不论政务，顷刻可通万里，予知其法之详。"《西海纪游草》，载《走向世界丛书》（第一册），岳麓书社1985年版，第37页。

| 序号 | 题名 | 出处 | 著译者 |
|---|---|---|---|
| 3 | 论电报 | 《中国教会新报》1870 年第 82 期 | |
| 4 | 电报多益说 | 《中国教会新报》1871 年第 132 期 | |
| 5 | 日本国作电报 | 《中国教会新报》1871 年第 138 期 | |
| 6 | 电报用中国字 | 《中国教会新报》1871 年第 140 期 | |
| 7 | 电报状元 | 《中国教会新报》1871 年第 146 期 | |
| 8 | 日本国法国电报成 | 《中国教会新报》1871 年第 150 期 | |
| 9 | 疑问：电报线之长且远…… | 《中国教会新报》1871 年第 168 期 | |
| 10 | 电气奇闻：英国有电报馆门前安置木箱…… | 《中国教会新报》1872 年第 195 期 | |
| 11 | 格致近闻：两国水底电报数 | 《教会新报》1873 年第 237 期 | |
| 12 | 格致近闻：设电报防风水 | 《教会新报》1873 年第 245 期 | |
| 13 | 中外政事近闻：添造电报 | 《教会新报》1874 年第 227 期 | |
| 14 | 杂事近闻：瑞中堂深佩电报 | 《教会新报》1874 年第 290 期 | |
| 15 | 各国近事：法国近事：电报新法 | 《中西闻见录》1871 年第 32 期 | 丁韪良 |
| 16 | 电报论略 | 《中西闻见录》1875 年第 34 期 | 丁韪良 |
| 17 | 齐发电报图说 | 《中西闻见录》1875 年第 36 期 | |
| 18 | 齐发电报图式 | 《中西闻见录》1875 年第 36 期 | |
| 19 | 中外见闻杂志：电报杂用 | 《瀛寰琐纪》1872 年第 2 期 | |
| 20 | 论电报 | 《小孩月报》1875 年第 10 期 | |
| 21 | 电报章程 | 《益闻录》1881 年第 133 期 | |
| 22 | 中国电报创始记 | 《益闻录》1881 年第 119 期 | |
| 23 | 各国电报局总数 | 《益闻录》1882 年第 187 期 | |
| 24 | 论电报（第八十八节） | 《益闻录》1887 年第 699 期 | |
| 25 | 论电报（第八十九节） | 《益闻录》1887 年第 702 期 | |
| 26 | 论电报（第九十节） | 《益闻录》1887 年第 706 期 | |
| 27 | 电报迅捷 | 《益闻录》1892 年第 1176 期 | |
| 28 | 大美国事：海底电报将成 | 《万国公报》1874 年第 303 期 | |
| 29 | 大美国事：电报谣歌 | 《万国公报》1874 年第 304 期 | |
| 30 | 电报节略 | 《万国公报》1874 年第 309 期 | |

续表

| 序号 | 题名 | 出处 | 著译者 |
|---|---|---|---|
| 31 | 大俄国事：万国公报公同会议 | 《万国公报》1874 年第 310 期 | |
| 32 | 续电报节略 | 《万国公报》1874 年第 310 期 | |
| 33 | 续电报节略 | 《万国公报》1874 年第 312 期 | |
| 34 | 续电报节略 | 《万国公报》1874 年第 313 期 | |
| 35 | 续电报节略 | 《万国公报》1874 年第 314 期 | |
| 36 | 续电报节略 | 《万国公报》1874 年第 315 期 | |
| 37 | 大美国事：欲造太平洋电报 | 《万国公报》1875 年第 318 期 | |
| 38 | 大法国事：电报新法 | 《万国公报》1875 年第 338 期 | |
| 39 | 大美国事：铁线电报速而更速 | 《万国公报》1875 年第 354 期 | |
| 40 | 大俄国事：电报论伊犁情事 | 《万国公报》1875 年第 362 期 | |
| 41 | 大德国事：电报由地中传递 | 《万国公报》1878 年第 471 期 | |
| 42 | 大英国事：电报辨讹 | 《万国公报》1878 年第 477 期 | |
| 43 | 各国近事：大美：电报传风信 | 《万国公报》1878 年第 520 期 | |
| 44 | 各国近事：大俄：电报有益 | 《万国公报》1879 年第 533 期 | |
| 45 | 各国近事：大英国：电报甚速 | 《万国公报》1880 年第 583 期 | |
| 46 | 各国近事：大丹国：讲究电报 | 《万国公报》1881 年第 666 期 | |
| 47 | 万国电报通例后序 | 《万国公报》1881 年第 668 期 | |
| 48 | 续万国电报通例后序 | 《万国公报》1881 年第 669 期 | |
| 49 | 各国近事：大英国：电报效德 | 《万国公报》1882 年第 672 期 | |
| 50 | 广论电报之益 | 《万国公报》1889 年第 7 期 | |
| 51 | 论中国兴电报之益 | 《万国公报》1892 年第 39 期 | |
| 52 | 英国本年邮政德律风电报考略 | 《万国公报》1901 年第 149 期 | |
| 53 | 中西纪事：德国：无线电报 | 《万国公报》1902 年第 156 期 | |
| 54 | 欧美译闻：记电报留声 | 《万国公报》1902 年第 167 期 | |
| 55 | 各国杂志：无线电报 | 《万国公报》1903 年第 175 期 | |
| 56 | 论一千九百零二年西国格致之进步：无线电报 | 《万国公报》1903 年第 175 期 | |
| 57 | 创无线电报者麦科尼之像 | 《万国公报》1903 年第 178 期 | |
| 58 | 格致发明类征：电报之速率 | 《万国公报》1904 年第 187 期 | |

续表

| 序号 | 题名 | 出处 | 著译者 |
|---|---|---|---|
| 59 | 杂志：电报进步 | 《万国公报》1905 年第 194 期 | |
| 60 | 智能丛话：无线电报之新式 | 《万国公报》1905 年第 194 期 | |
| 61 | 智丛：电报传字 | 《万国公报》1906 年第 208 期 | |
| 62 | 智丛：无线电报之利用 | 《万国公报》1906 年第 214 期 | |
| 63 | 智丛：无线电报之益 | 《万国公报》1907 年第 218 期 | |
| 64 | 智丛：电报传字 | 《万国公报》1907 年第 221 期 | |
| 65 | 智丛：无线电报之发明 | 《万国公报》1907 年第 226 期 | |
| 66 | 电报新奇 | 《集成报》1897 年第 1 期 | |
| 67 | 无线电报 | 《集成报》1897 年第 2 期 | |
| 68 | 制造：电报新机 | 《集成报》1897 年第 14 期 | |
| 69 | 英报辑译卷一：电报新法 | 《实学报》1897 年第 4 期 | |
| 70 | 英报辑译卷一：电报新法（续） | 《实学报》1897 年第 5 期 | |
| 71 | 英报辑译卷一：电报新法续闻 | 《实学报》1897 年第 6 期 | |
| 72 | 《时务报》馆文编：三码电报便法凡例 | 《时务报》1897 年第 18 期 | 黄遵楷 |
| 73 | 《时务报》馆文编：三码电报便法凡例（续） | 《时务报》1897 年第 20 期 | 黄遵楷 |
| 74 | 译纽约讲学报：无线电报 | 《时务报》1897 年第 25 期 | 朱开第 |
| 75 | 留达电报由来 | 《湘报》1898 年第 88 期 | |
| 76 | 东西文译篇：劳打电报五则 | 《岭学报》1898 年第 xx 页 | |
| 77 | 公牍：大理寺少卿盛奏请电报局兼办德律风片 | 《商务报》1900 年第 17 期 | |
| 78 | 丛谈：电报速率 | 《东方杂志》1904 年第 12 期 | |
| 79 | 丛谈：无线电报之原理 | 《东方杂志》1905 年第 2 卷第 5 期 | |
| 80 | 交通：无线电报最速能达一百五十英里…… | 《东方杂志》1906 年第 3 卷第 11 期 | |
| 81 | 调查：国际无线电报条约大概 | 《东方杂志》1908 年第 5 卷第 9 期 | |
| 82 | 新知识：无线电报之新式 | 《东方杂志》1909 年第 6 卷第 2 期 | |
| 83 | 新知识：论无线电报之作用 | 《东方杂志》1909 年第 6 卷第 11 期 | |
| 84 | 莫柯尼无线电报之进步 | 《东方杂志》1911 年第 8 卷第 2 期 | 杨锦森 |

续表

| 序号 | 题名 | 出处 | 著译者 |
|---|---|---|---|
| 85 | 记无线电报 | 《外交报》1903 年第 3 卷第 13 期 | |
| 86 | 论无线电报 | 《外交报》1906 年第 6 卷第 29 期 | |
| 87 | 国际无线电报条约 | 《外交报》1908 年第 8 卷第 19 期 | |
| 88 | 论无线电报与国际公法 | 《外交报》1909 年第 9 卷第 8 期 | |
| 89 | 格致：详论电报各法 | 《知新报》1899 年第 99 期 | |
| 90 | 格致：详论电报各法（承前） | 《知新报》1899 年第 100 期 | |
| 91 | 外洋各埠新闻：电报琐言 | 《知新报》1900 年第 x 期 | |
| 92 | 丛谭：无线电报 | 《商务报》（北京）1903 年第 1 期 | |
| 93 | 实业：电报留声法 | 《商务报》（北京）1903 年第 2 期 | |
| 94 | 丛钞：世界电报 | 《商务报》（北京）1904 年第 34 期 | |
| 95 | 艺学图表：无线电报 | 《政艺通报》1903 年第 2 卷第 5 期 | |
| 96 | 艺事通纪卷二：纪太平洋无线电报 | 《政艺通报》1903 年第 2 卷第 7 期 | |
| 97 | 艺事通纪卷二：各国无线电报事业 | 《政艺通报》1903 年第 2 卷第 11 期 | |
| 98 | 艺事通纪卷三：邮政电报公司之线路而出桑港…… | 《政艺通报》1903 年第 2 卷第 15 期 | |
| 99 | 艺学图表卷一：日本电报 | 《政艺通报》1904 年第 3 卷第 12 期 | |
| 100 | 艺学图表卷一：意大利电报 | 《政艺通报》1904 年第 3 卷第 12 期 | |
| 101 | 艺学图表卷一：墺地利及匈牙利电报 | 《政艺通报》1904 年第 3 卷第 11 期 | |
| 102 | 艺学图表卷一：德意志电报 | 《政艺通报》1904 年第 3 卷第 11 期 | |
| 103 | 艺学图表卷一：法兰西电报 | 《政艺通报》1904 年第 3 卷第 11 期 | |
| 104 | 艺事通纪卷一：电报传字 | 《政艺通报》1906 年第 5 卷第 7 期 | |
| 105 | 艺学文编卷三（续）：无线电报说略 | 《政艺通报》1906 年第 5 卷第 10 期 | |
| 106 | 地球各国纪事：无线电报 | 《选报》1902 年第 20 页 | |
| 107 | 商业记：记电报局事 | 《选报》1903 年第 18~19 页 | |
| 108 | 无线电报的原理 | 《中国白话报》1904 年第 21-24 期 | |
| 109 | 比京无线电报 | 《湖北商务报》1899 年第 37 期 | |
| 110 | 外国商情：纪律平洋无线电报 | 《湖北商务报》1903 年第 136 期 | |
| 111 | 外国近事：无线电报 | 《清议报》1901 年第 89 期 | |

| 序号 | 题名 | 出处 | 著译者 |
|---|---|---|---|
| 112 | 时事六门：无线电报 | 《南洋七日报》1901 年第 78 页 | |
| 113 | 中国纪事：北京新设无线电报 | 《鹭江报》1903 年第 12 页 | |
| 114 | 中国十日大事记：推广无线电报 | 《鹭江报》1903 年第 xx 页 | |
| 115 | 新闻：无线电报 | 《四川官报》1904 年第 1 期 | |
| 116 | 电报发明者（其一） | 《新民丛报》1903 年第 42～43 期 | |
| 117 | 电报发明者（其二） | 《新民丛报》1903 年第 42～43 期 | |
| 118 | 海外拾遗录：路透电报之成功 | 《新民丛报》1906 年第 4 卷第 24 期 | |
| 119 | 博物：无线电报之新式 | 《真光月报》1905 年第 4 卷第 2 期 | |
| 120 | 图说：无线电报图说 | 《江西官报》1906 年第 6 期 | |
| 121 | 学问门：理科：无线电报说略 | 《广益丛报》1906 年第 4 卷第 21 期 | |
| 122 | 政事门：纪闻：无线电报大会续志 | 《广益丛报》1906 第 4 卷第 27 期 | |
| 123 | 学问门：理科：无线电报之发明家 | 《广益丛报》1907 年第 5 卷第 15 期 | |
| 124 | 丛录：电报长线 | 《通问报》1906 年第 186 期 | |
| 125 | 丛录：得力风根无线电报 | 《通问报》1907 年第 282 期 | |
| 126 | 丛录：电报考 | 《通问报》1908 年第 288 期 | |
| 127 | 丛录：电报之速率 | 《通问报》1908 年第 288 期 | |
| 128 | 丛录：无线电报之新式 | 《通问报》1908 年第 300 期 | |
| 129 | 丛录：无线电报之发明 | 《通问报》1908 年第 307 期 | |
| 130 | 丛录：无线电报之新式 | 《通问报》1909 年第 335 期 | |
| 131 | 丛录：论无线电报 | 《通问报》1909 年第 360 期 | |
| 132 | 益智丛录：最近无线电报之调查 | 《通问报》1910 年第 397 期 | |
| 133 | 益智丛录：无线电报在中国各海口之成功 | 《通问报》1910 年第 397 期 | |
| 134 | 益智丛录：涛贝勒考察无线电报 | 《通问报》1910 年第 408 期 | |
| 135 | 益智丛录：新无线电报之作用 | 《通问报》1910 年第 408 期 | |
| 136 | 杂俎：无线电报说略 | 《通学报》1906 年第 1 卷第 17 期 | |
| 137 | 惊人之电报配布夫 | 《学报》1907 年第 1 卷第 4 期 | |
| 138 | 无线电报之发明家 | 《理学杂志》1907 年第 6 期 | 裕译 |

续表

| 序号 | 题名 | 出处 | 著译者 |
|------|------|------|--------|
| 139 | 学术新报：外国之部：无线电报之进步 | 《理学杂志》1907 年第 4 期 | |
| 140 | 工程学：军用交通术：电报 | 《军学季刊》1908 年第 149～156 页 | 范崇望 |
| 141 | 大事纪要：本国之部：外部将捞打电报 | 《滇话报》1908 年第 5 期 | |
| 142 | 新艺术：无线电报横行大西洋 | 《万国商业月报》1908 年第 34～35 页 | |
| 143 | 实业纪闻：无线电报之功用 | 《万国商业月报》1909 年第 21 页 | |
| 144 | 国外紧要新闻：无线电报之设立 | 《大同报》（上海）1908 年第 9 卷第 9 期 | |
| 145 | 国外紧要新闻：新制无线电报出现 | 《大同报》（上海）1909 年第 11 卷第 3 期 | |
| 146 | 报告：创制无线电报 | 《广东劝业报》1909 年第 45～46 页 | |
| 147 | 研究报告：一千九百零六年国际法学会决议关于无线电报之规则 | 《交通官报》1910 年第 xx 页 | |
| 148 | 德国铁路无线电之发明：沿铁路之电报站 | 《协和报》1910 年第 1 期 | |
| 149 | 德国铁路无线电之发明：与车站通电报之仪器图 | 《协和报》1910 年第 1 期 | |
| 150 | 德国铁路无线电之发明：收电报之车站图 | 《协和报》1910 年第 1 期 | |

　　表内文献载于 30 多种期刊，其内容或为报道电报建设动态，或为介绍电报技术的发展情况，或为探讨电报制作原理和方法。兹将其所述大要概括如下。

## 第二节　有线电报的发明与发展

　　电报技术的发展经历了从有线电报到无线电报的演变。有线电报的发明大略可以追溯于 18 世纪中期。据有关资料，1753 年，英人摩尔逊（Morrison）利用静电感应原理，率先通过导线实现了信息传输。1804 年，西班牙人萨尔瓦（D. F. Salva）也制成电流传输信息装置。但这些发明只具有研究价值，不具备实用效能。1816 年，英国人罗纳德（Francis Ronalds，1788～1873）在相距 13 公里之地架设导线，一端接静电摩擦机，另一端接木髓球，进行电报传输，史称其为

"第一个工作电报"（the first working electric telegraph），但因当局未予重视，没有投入使用。图8-1为罗纳德发明的电报机。《知新报》曾提及罗纳德的发明。

"一千八百一十六年，男爵伦奴士侯初设电线，长约八英里。他既能以此传信，即致书于海军衙门，请咩路委路侯来观其成效。……当时伦奴士之名不甚显著，海军衙门官员得其邀函，不以为意，令书记官巴罗回复伦奴士，谓无论何种电线法，现下全用不着，除却现用之电线法，不复他求云云。……伦奴士之电线以铁线为之，长八英里，有几分深藏地下，以玻管包之，有几分挂于两大架。"①

此所谓"伦奴士"即罗纳德，巴罗（John Barrow）为英国海军部二等秘书，曾随马戛尔尼使团访华。这里只言其能够以电线"传信"，未述其"传信"方法，消息来源于英国报纸。

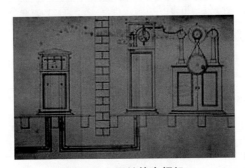

**图8-1　罗纳德电报机**

资料来源：Wikipedia：Francis Ronalds。

如前所述，1820年，奥斯特发现了电流的磁效应。受此启发，俄国人许林格（Baron Pavel L'vovitch Schilling，1786~1837）研制出一款电报机，但因其去世未能投入使用②。1837年，英国物理学家惠斯通（Charles Wheastone，1802~1875）和库克（William Fothergill Cooke，1806~1879）研制出第一个具有应用意义的有线电报机，并于1839年在大西方铁路（Great Western Railway）的两个车站之间投入运营。其传输特点是电文直接指向字母，即指针式电报。与此同时，美国人莫尔斯（Samuel Morse，1791~1872）也取得电报发明专利，并研制出一套将字母及数字编码以便拍发的方法，称为莫尔斯密码；并在国会的赞助下，于1843年在华盛顿到巴尔的摩之间架设一条长达64公里的电报线路。1844年5月

---

① 《详论电报各法》，载《知新报》1899年第99期。
② 许林格为俄国外交官，因受电磁效应理论的启发，于1822年提出一种构想：磁针有电源通过时会产生偏转，电流的强弱能决定磁针偏转角度的大小，磁针偏转角度的变化可以传达种种信息。于是他转入电磁电报机的研制，最终发明了人类历史上的第一台电磁式单针电报机。1837年，沙皇政府决定在圣彼得堡和彼德霍夫皇宫之间架设线路，试用许林格发电机发报，但因许林格去世未果。

24 日，莫尔斯发出了世界上第一份电报，电文内容是《圣经》中的一句话："What hath God wrought?"（上帝创造了何等奇迹!）[1] 由是，人类迎来了电信事业的黎明。

对于如上发明，《中西闻见录》略述曰："道光十八年，有英国人惠子敦设电线，自伦敦至北明翰。二十四年，法国设电线，自巴黎至路安。同年，有美国莫尔斯者设电线，自华盛顿而至伯底墨，其法系以电运笔而画字。"[2] 此所谓"惠子敦"即惠斯通，"北明翰"今译伯明翰，"伯底墨"今译巴尔的摩。图 8 - 2 为莫尔斯像。

**图 8 - 2　莫尔斯像**

资料来源：《新民丛报》1903 年第 42 ~ 43 合期。

莫尔斯电报机发明之后，又陆续出现了其他形制的电报机，如德国西门子公司研制出著名的"指针式发报机"。《湘报》有文不仅评述了这种发报机的使用情况，谓"今世界所设电线，勿论各国首府大都，至如各要地亦皆设立分局，安置委员，总期事机迅速，的确无误，使世界人士受其便益者，即留达电报也"；而且介绍了西欧最早的两条重要通信电缆：一条是由西门子公司于 1849 年在柏林与法兰克福之间架设，另一条是在 1851 年架设于英国多佛尔到法国加莱的世界上第一条海底电缆。[3] 此所谓"留达"，即西门子（Ernst Werner von Siemens，1816 ~ 1892），他于 1847 年和工程师哈尔斯克（Johann Georg Halske，1814 ~

---

① 高葆真：《电线之始考》，载《中西教会报》1903 年第 8 卷第 96 期。
② 丁韪良：《电报论略》，载《中西闻见录》1875 年第 34 期。
③ 《留达电报由来》，载《湘报》1898 年第 88 期。

1890)联合建立了西门子——哈尔斯克电报机制造公司,主要生产西门子发明的指南针式电报机,并于1848年建设了柏林至法兰克福的电报线。

嗣后随着电讯业的发展,发报技术也推陈出新,"妙法百出","有以电运针而指字者,有以电变色而传字形者,甚有以电运印书机而立时将所传之文字印出者。诸如此类,不一而足。"①

《知新报》有文介绍了有线电报初行时几种收发电报法:一是英国"曲琦、阙士端二君"所用"针指之法";二是美国"摩亚尔君"所创"摄铁记号之法";三是德国"士天喜路"所用"铃声之法";四是法国"布叻杰"所用"发光为号之法"。②"曲琦、阙士端二君"即库克、惠斯通,他们合作制成历史上第一款具备使用价值的电报机。该机拥有五根磁针,排列在一个菱形刻度盘的中心线上,刻度盘上绘有字母。发报者通过控制其中任意两根磁针的偏转,通过排列组合的方式组成特定的字母来发报,"时人极美之"。"摩亚尔君"即莫尔斯,发明莫尔斯密码,是一种早期的数字化通信形式。至于"士天喜路""布叻杰"为何许人,待考。

电报创始之初,采用人工收发,一条线路同一时间只能发送一路电报,"西国二十六字母,须用电线如数,方克敷用。"后经改进,先则可用两线收发电报,"一来一往",继则又创"一线同时并寄数信新法","其精思之巧,实属无以复加。"《格致新报》述及这一情形曰:"电报之法,初用二线,一去一回,今只用一线,另埋锌铜板于地,以代回电之线。"③《知新报》则道及惠斯通和爹连尼对电报的改良,略谓惠斯通创"轮转自动法",以轮机代替手动,"一机器能传递十人所作之音耗",每分钟可传四百余字。美国人爹连尼后来又对此法加以改进,"能同时令六人发音耗,令六副器具收音耗也。其布置之法,粗言之,乃用以轮自传,轮止一齿,轮外有铜线六条,各以一端通至将近轮周,分六边围之。轮转之时,其齿更迭,与各线之端相接,故电音能分投六路。其发音机及收音机各件,俱布置恰可,使交接合度,则音无虚发,故可同时用一线能令伦顿与数处通电音也。"④《中西闻见录》述及1875年法国人梅耶尔发明"齐发式电报机",它能以一条导线传送多路电报。其文曰:

"近有法人美业尔,创造电机新式,能于电线一条并发数信。其法用旋轮一具,每秒转一周,轮分若干角,每角各通一机,每机有数人司之,置长案上,留心注视。甲角对线,甲人亟以手按机,立传一字;乙角对线,乙人又传一字,至

---

① 丁韪良:《电报论略》,载《中西闻见录》1875年第34期。
② 《详论电报各法》,载《知新报》1899年第99期。
③ 储馨远:《答问:第一百二十六问》,载《格致新报》1898年第10期。
④ 《详论电报各法》,载《知新报》1899年第99期。

丙复然。甲字甫过，而尚未周回，司事者须先以手待之，略类抚琴。如此循环，数信同时得达，已经试验，毫无紊乱。核计一日中所发之信，较寻常电线可多五六倍，诚善法也。噫！电报自创兴以来，愈出愈奇，不一而足。"①

图8-3为《中西闻见录》所载梅耶尔"齐发式电报机""能于电线一条并发数信"。其操作方法如下：

"斯法用人，或四或六，并坐。用电线一条，通连案上，一线分歧，亦或四或六，每歧连一电机，有旋轮将电路开合，每一秒钟，或四次，或六次。司机之人面前，各置所送之信，伫视电路一开，计应送某字，即以手按机，立时传去。如此周而复始，信速费省。电线一条，足抵数条之用，诚妙法云。"②

图8-3　齐发式电报机

# 第三节　无线电报的发明与发展

在不断改良有线电报的同时，科学家们也在研制无线电报。1895 年，在"赫磁波"理论的启发下，意大利发明家马可尼（Guglielmo Marchese Marconi，1874～1937）利用电磁波成功实现了电讯传送。图 8-4 为马可尼像。嗣后他先后赴英、法等国，建立无线通信网络，不仅在英法之间搭起无线通信津梁，而且在英国的康沃尔（Cornwall）与加拿大纽芬兰（Newfoundland）之间实现横过大西洋的无线电通讯，使无线电达到实用阶段。其间，马可尼对无线电技术不断加以改进，使无线电报的传输距离从几英里逐步发展到几千英里。

---

① 丁韪良：《法国近事：电报新法》，载《中西闻见录》1875 年第 32 期。
② 《齐发电报图说》，载《中西闻见录》1875 年第 36 期。

**图 8-4 马可尼像**

资料来源：《无线电信发明者马哥尼》，载《新民丛报》1903 年第 30 期。

对于马可尼及无线电报的发明，晚清期刊多有介绍。马可尼，意大利博洛尼亚人。其父为本地富豪，其母为英国人。"少时聘师在家，及稍长入高等学，后入大学，研习电气学。"[①] 性格沉静，"精锐向学，不涉外好"[②]，其"颜色风采并天性均不似义国人，头大额透，深沉冷静，一见如愚。"[③] 19 世纪 80 年代，德国物理学家赫兹在电磁学研究中设计了一套"电磁波发生器"，不仅证实了麦克斯韦的电磁理论，更为无线电、电视和雷达的发展找到了途径。受此启发，马可尼提出不藉线路而藉电磁波向远距离发送信号的构想，并"思所以征诸实验"，至 1895 年成功实现了无线信号的传收。《广益丛报》有文述其创始历程曰：

"博尔尼乃马氏生长之所也，宅邻麦黍庐舍之旁，有先人之田数亩在。马氏用之，以为试验场。马氏首建一杆于园，杆之上置发电机一及锡片一；复置一杆于田，杆之上置接电机一及锡片一。二者相去不相见，马氏守于田，令人自园中发电出。守良久，按计其时，园中当发电，而机不动，马氏嗒焉若丧。少选忽闻有声作吼，电光闪闪如流星。马氏乃大喜，而千百年未发之钥乃为马氏所得矣。自此而后，博尔尼之场遂为世界无线电之起点。……其后器愈制愈精，信渐传渐远，不二年而无线电信可达二英里外矣。时为一千八百九十五年，马氏甫二十一岁也。"[④]

这里述及马可尼在"先人之田"里试验无线电发报的情形。但其试验所获，

———————

① 《艺事通纪卷四：无线电信之创制者》，载《政艺通报》1902 年第 17 期。
②④ 《无线电报之发明家》，载《广益丛报》1907 年第 5 卷第 15 期。
③ 《无线电信之制造者》，载《政艺通报》1902 年第 17 期。

国人"以为仅玩具耳",未有赞成者。① 1896 年,马可尼携其发明赴英国,在邮政总局总工程师威廉·普利斯(William Henry Preece,1834～1913)的帮助下进行推广试验,并获得了这项发明的专利权。1897 年,他在英国伦敦成立了"无线电报有限公司",致力于无线电报通讯服务和无线电报技术的改进,资本金达20 万英镑。② 对于马可尼在英实验及创业情况,晚清期刊多有报道。如 1897 年,《时务报》述其事曰:

马可尼"年少而好学",发明无线传信之器,可"凭空发递"信息。近抵伦敦,"白于其友溥利司。溥氏优于电报学,为之招集同志,假馆于电邮局",进行演示。"电邮执诸事,历试于局之屋顶,又历试于平畴相隔英里四之三,均甚灵捷。发报与接报处,并无尺寸之线,其电报器具不过两木箱。……一箱电发,则他箱内置之小钟铮然应之。……英国邮政大臣已定议试行,经费在所不计。……信若有效,则于航海大为便利,灯船灯塔随时可与岸上通电。……再战阵之时,无论水陆,随时随地可以通信,无设线之烦,并无虞敌人之潜毁,诚行军之利器也。"③

这里既概述了马可尼初至英国的实验情形,又指出无线电报的预期价值,此所谓"溥利司"即普利斯。同年,《富强报》也述及其事,略曰:

意大利人马可尼寓居英国,"得一新法,名曰电浪。……用大小合度、力量相当之电机,数英里之遥,可凭空发信。"英国邮政局"电股长"普利斯谓"此法一出,将来电报有不用杆线之日当不远矣。"经试验,马可尼电浪"无折回之病,近在沙士钵里泼灵地方,用八号三度湿电试验,远及两英里。又在邮政总局亦用此项湿电,及发电时,电器试验穿墙七堵,远一百码,照此传递,可远二十英里路之远,惟视激力与生浪二电机之大小。马克尼以为,在英国设一五六百匹马力之汽机于一四十尺见方室内,再在纽约亦设一机,马力及室之尺寸如之。伦敦、纽约即可通电,所费不过十万金磅。此为海线各行所不愿闻者也。目下渠正试验,在岸与灯船通信之法,其浪自十寸至三十码长不等,每一秒钟有二百五十兆层。若安设此机于船内,可知来船之远近。……格致之为用,不诚奇乎哉!"④

此所谓"沙士钵里泼灵"即英国萨里斯堡(Salisburg),马可尼在此进行无线电报试验。这里不仅道及马可尼在英国陆地和海陆间进行无线电报试验有关情况,而且提到他计划在伦敦和纽约之间开通无线电报的预想。

1899 年,《知新报》也介绍了马可尼无线电报的发明缘起及其在英国的推进

---

① 《论无线传电之原理》,载《北洋学报》1906 年第 45 期。
② 《记无线电报》,载《外交报》1903 年第 3 卷第 13 期。
③ 朱开第:《无线电报》,载《时务报》1897 年第 25 期。
④ 《电浪新法》,载《富强报》1897 年第 14 期。

情况，大略曰：

马可尼年富力强，醉心于电学研究。获悉德人赫兹"所用之电火星机，能发电浪，推前极远，而又不被高山楼阁所阻"，乃"自制之发音器与收音器"，所发电波较赫兹之"电浪能推更远许多"。一千八百九十六年，他"来至英国，求得邮政局官员相许，而在沙士勃雷大平原及在片那付试习，渐渐精益求精。初能传至十四英里半，次传至十八英里，次又传至三十二英里。"此外，马可尼"又在岸上与船上两下通消息，亦有所成效。"去年英国皇子环游海岛，常以此法与陆上联系，"或有小山七英里半之遥相遮隔，或海面七八英里之遥相距离，仍可传达之也。"①

此所谓"沙士勃雷"即萨里斯堡，"片那付"为何地，待考。马可尼曾在两地进行无线电报传送实验。同年，《知新报》又转载《泰晤士报》所述马可尼无线电报实验情况，谓其"所发诸电，或叙事，或致贺，或警号，或笑噱，彼此往还问答，字字明晰无讹，自印于小纸带条之上，每分钟约成十二至十八字，并无丝毫阻滞。……向者隔海传电，费数千镑置办电缆，今此法若可行，费数百镑即能代之。又船行海上，每不能告警于岸上，而此法若可行，则行舟又一益矣。……今日既见其演试灵妙，则政府宜勉励之，使精益求精为要。"②《湖北商务报》也刊载伦敦电讯，介绍了无线电报在英试验近况，略曰：

"刻有人在维美安至福而朗地方试验无线电报，所有信件均能传递，其速非常，每分钟能传递十五字。所传字母毫无错误，不日拟在低爱白暨乃方地方试验，盖该处地面较大故也。无线电报屡试有用，月前英国海口于风势甚大时试之，且创造此法之马可尼并不在旁，亦能奏效，将来可望广行。"③

马可尼在英试验无线电报告捷后，意大利政府立即邀请其回国试验，并在斯培西亚建造无线电发射站。对于他在罗马进行无线电报实验的情况，《实学报》报道曰：

一八九七年七月五日，马可尼在罗马海军衙门前演示无线电报，"环而观者甚众"，各报记者均与焉。据报道，无线电法"系用电浪之力，由发电器具运至接电器具。所发电码，甚觉清朗明晰。此种发电、接电器具，安置之处，相去远近不等。其器具甚觉简便，只将电浪聚在电机之中，其机系放在一杆上，杆之四围，捲有电线，并不用他物相接。电浪由此杆运至彼杆，彼杆上亦附有电机。两杆相离之处，虽有他物相阻，亦可通浪。其运浪之远近，全恃线杆之长短。"据马可尼云："用电浪传至接电之杆，使成电码，本属难事，现由伊想得用电气榔

---

① 《详论电报各法》，载《知新报》1899 年第 99 期。
② 《格致：试用无线电音》，载《知新报》1899 年第 94 期。
③ 《各国商情：无线电报》，载《湖北商务报》1899 年第 11 期。

头传运电浪，可以迟速随意，致接电之具发出电码，点画自分。……其妙处尤在收电发电两处之间，绝无阻碍也。"①

在英初获成功后，马可尼信心大增。1899 年，他在英法间建立了跨越多佛尔海峡的无线电通信，把通信距离扩大到 45 公里，并先后在尼德尔斯、怀特岛、伯恩默斯、哈芬旅等地建立了永久性的无线电台。"尔时战舰中悉设有无线电，与岸上通信，于是阴雾迷濛中战舰之失路者悉得救矣。"② 1901 年，又在英国康沃尔郡的普尔杜和加拿大纽芬兰省的圣约翰斯之间首次实现了横跨大西洋的无线电报通讯，其使用的通信天线是风筝，通信距离达 3000 多公里，从而证明了无线电波不受地球表面弯曲影响的预想。"自此无线电机日有进步，遂致成今日之盛业矣。"③ 图 8-5 为马可尼像。

**图 8-5　工作室内的马可尼**

资料来源：《万国公报》1903 年第 178 期。

对于马可尼无线电报技术不断实现远距离传送的发展历程，《外交报》有文评述曰：马可尼最初在英国进行无线电报实验时，"其电机越太晤士河，仅历二百五十码之途。一千八百九十七年六月，电至九英里；七月，电至十二英里。一千八百九十八年，则已电至法国，计程三十二英里。一千九百零一年，遂能电至三千英里矣。"④《广益丛报》也有文概述如是情形，尤其对大西洋无线电报通讯的建立过程记述较详，大略曰：

马可尼抵英两年后，其"无线电已实能为商界、报界通信，计其时所发电信有七百余起，相去远者可达二十余英里。"至一千八百九十九年，"马氏电报已能

---

① 《英报辑译卷一：电报新法续闻》，载《实学报》1897 年第 6 期。
② 《无线电报之发明家》，载《广益丛报》1907 年第 5 卷第 15 期。
③ 《论无线传电之原理》，载《北洋学报》1906 年第 41 期。
④ 《论无线电报》，载《外交报》1906 年第 6 卷第 29 期。

越英伦海峡而过"，联通英法。但马可尼并未就此止步，其志"欲令无线电报横贯大西洋而过"。于是在英国康沃尔郡的普尔杜和加拿大纽芬兰省的圣约翰斯分别筹建电报局，以为"通欧美之机关"。电报局建成后，其电杆"高至二百尺以外，其发电器则通以无数之电池。电浪之壮，发声如雷。杆之上悬大纸鸢一，其绳直达在下之石室。"开业时，"马氏乃守于美，候英伦电信。风月之夜，马氏居雪泥岭电局中，独处一室，手握电机，候电信至。维时时针正指十二点三十分，万籁无声，室中只钟摆左右不止，忽闻摆声中电机忽震作三响，如以铅笔摩桌，此非他，即英伦普尔特所发之电信。……于是马氏益大喜，而电信已横越大西洋而过矣。……后马氏立一至大之电局于怀福利，建台四，其高皆越二百尺，其制法与前局相仿佛。……于是电信可达至三千英里以外。"①

此所谓"普尔特"即普尔杜，"雪泥岭"即圣约翰斯。由于，大西洋无线电报通讯的建立意义重大，借此"周流天下，亦无不可"②，故《万国公报》将其视为"西国格致"巨大进步而予以专门报道：

"西方格致家于一千九百零二年各进步之中，究以何者为最，必曰无线电报。考电报之设，始于一千八百三十七年，至今日除野蛮无教化之国外，已无地无之。……近日有马可尼者，创一传电新法，虽相距数千里之遥，可无需乎电线、电杆、转电局等。糜费既省，电费自廉。其法系于甲拿大之背吞角，筑一高台，为发电于空气之所，又于英之冈瓦勒筑一高台，置受电筒于其上，为收电所，则电流可接，电报可通，较之线电不又更上一层哉！查昔时西国创立汽机者为司提芬，用电光者为爱德森，设德律风者为贝勒。今马氏竭五年之心力，造此无线电，奇巧绝伦，其功业之载于史册者，视彼三人当亦不相上下矣。"③

此所谓"甲拿大之背吞角"，即加拿大新斯科舍省的布雷顿角，马可尼在此建立无线电报局。"冈瓦勒"即英国的康沃尔。司提芬、爱德森、贝勒即火车机车发明者史蒂芬森、电灯发明者爱迪生、电话发明者贝尔。

1907年，马可尼又在加拿大新斯科舍州与爱尔兰的克利夫顿开通了跨越大西洋的商业无线电报业务，从而使无线电事业达到了高峰。《通学报》述及其事曰："大西洋麦考利所造之无线电报业已告成，自老凡斯考亚（坎拿大之一省）至英国爱尔兰岛，商务信息，已可传递。"④ 此所谓"老凡斯考亚"即新斯科舍州。《东方杂志》更追述了马可尼开通这条通讯线时的情景：

"发明无线电报者葛里而麻莫柯尼（Gugliehmo Marconi），日前赴亚近丁那

---

① 《无线电报之发明家》，载《广益丛报》1907年第5卷第15期。
② 《格物门：无线电记》，载《南洋七日报》1902年第23期。
③ 山西大学堂译书局：《论一千九百零二年西国格致之进步：无线电报》，载《万国公报》1903年第175期。
④ 《智囊：无线电》，载《通学报》1908年第5卷第2期。

（Argentina），在大西洋中试验，得以收发无线电报之新法。先是，莫柯尼于爱尔兰之克列夫墩（Clifuton）及拿伐史各歇（Nova Scotia）两地之无线电局，预约发电。莫柯尼在舟中，乃放一风筝，以一长而细之铜丝为线，下通一收电机。莫柯尼于是于白日中能收三千五百英里以外所发之无线电。是盖自古以来所未曾有者也。莫柯尼方试验间，风浪大作而罢，否则能收之电，必不限于三千五百英里也。夫日间所发之无线电，往往不能如夜中发电所达之远，而用风筝收电，日间已能受三千五百英里以外之电，宁非无线电报之大进步耶。此不独于收电为然，发电设用风筝，其能达远，与收电等也。"①

文中所谓"亚近丁那"即阿根廷，"拿伐史各歇"即加拿大新斯科舍州，"克列夫墩"即克利夫顿。

与拓展通信距离同步，马可尼还致力于改进无线电报技术。《万国商业月报》云，无线电报初创时，主要存在三大弊端："一则限于程途，二则不甚秘密，三则有时不达。"因此，马可尼费尽心思，不断进行技术改良。至 1907 年，"传递消息，无复如前时之错误矣。" 1908 年，能够传递机密要事，"或谓无线电不易传暗码，今则无不可者矣。"②

此外，他人也在谋求无线电技术的革新。如《理学杂志》有文介绍丹麦技师对发报机的改进："丹国朴尔生机师，近发明一种无线电报，能遏制电报于发电接电二站，不使邻近接电器私行接去，是则已除却无线电之最大阻碍矣。"③ 与有线电报相比，无线电报保密性差，所发电报易被他人截获。《江西官报》介绍了一款由意大利人发明的可以防止泄密的"定向"发报机：

"无线电信之法，能不藉网线而通报消息，无远弗届，可谓巧妙之极。但只电音一发，四处皆能收接，若属秘密之件，即易泄露，故于战务军情，尚觉未宜。今据罗马来耗，有意国武员，取前人之法而改良之，已考得一法，能使电浪任意射向一方，对其方向者，始能收接。若转往别方，则不相响应。意国军务处曾查验其法有效，特饬加拨巨款，再行考究精细，以成通报机密，则为用广而无憾矣。"④

《真光月报》则述及德国物理学家布劳恩（Karl Brau，1850～1918）对无线电技术的改进：

"麦科尼之无线电报，虽已通行于各处，然未必遽为尽善也。有大发明家拍辣伐拿者，以为麦科尼之法不能同时一来一往，且亦不能同时多收多发，又于两

① 杨锦森：《莫柯尼无线电报之进步》，载《东方杂志》1911 年第 2 期。
② 《商务纪闻：无线电之发达及逐年之进步》，载《万国商业月报》1909 年第 17 期。
③ 《无线电报之进步》，载《理学杂志》1907 年第 4 期。
④ 《艺事汇纪：无线电之新改良》，载《江西官报》1904 年第 7 期。

声浪相应和之中间，不能保无他声浪之错乱。至拍氏则不然，其法排列无数试音叉，各试音叉有一定之配号，发电人之所动，为甲试音叉，则收电者之试音叉，亦只甲动而其余不动，则可同时发或同时收。倘虞泄露，则每发一音，必有附音随之，则为他收器所不能分清矣。近闻已试验于某工厂，甚效，故现拟多造，以著其益。"①

此所谓"拍辣伐拿"即布劳恩，与马可尼于1909年一同获得诺贝尔物理学奖。1902年，他成功地用定向天线系统接收到了定向发射的信号，成为第一个使电波沿确定方向发射的试验者。定向性是电报技术的一个难点，发射机需要定向发射，接收机也需要定向接收。布劳恩发明的定向天线只在一个指定的方向上发射电波，不仅减少了能量的无谓消耗，而且能把发射机的频带调得很窄，减小了不同发射机之间的干扰。

在改进无线通信技术的同时，有人产生反向思维，试图研制"无线电干扰"技术，以用于战时扰乱敌人无线电信号。《重庆商会公报》即载有这样一条信息：

"有澳大利亚洲人，善精电学，近思得一法，能制无线电，使于战时不能为用。其法于一高塔上，置一旋转之顶，设电池十具，可以施发大小电力，与空中所过之电，互相混乱，可使四周七百里内之接收无线电者，辞意混乱，不知所云。"②

这里提及的澳大利亚发明家为何人，待考。

## 第四节　电报机的构造与原理

在叙述电报发展历程的同时，晚清期刊文献还介绍了电报机的构造和原理。有线电报机的主要部件是导线、发报器和接收器。导线即沟通两地的电线，或架在空中，或埋在土里，或沉于海底。发报器能够将电文以信号形式发射出去，而接收器则能够牵动摆尖左右摆动的前端与铅笔连接，在移动的纸带上划出波状的线条，经译码之后便还原成电文。《益闻录》所载《论电报》述及电报机的装置，略曰："电报法以四物为纲领：一电瓶，二电线，三打报机，四接报机。"电瓶可用丹尼尔电瓶和本生电瓶，电线可分为三种："一曰气线，支于空际；二曰海线，沉于海底；三曰地线，藏于地下。"图8-6为"发报机样式"，图8-7为"接报机样式"，二机"均有发报、接报之具"。③

---

① 《博物：无线电报之新式》，载《真光月报》1905年第4卷第2期。
② 《科学：制无线电》，载《重庆商会公报》1908年第103期。
③ 《论电报》（第八十八节），载《益闻录》1887年第699期。

图 8-6 发报机样式

图 8-7 接报机样式

莫尔斯电报机为早期著名电报机，有人工与自动两种。人工电报机由电键、印码机构和纸条盘组成。发报主要利用电键拍发电报信号，按键的时间短就代表点，按键的时间长（点的三倍长）就代表"划"，手抬起来不按电键就代表间隔。收报则通过听声音的长短的办法来区分"点""划"，既可进行人工抄收，也可用纸条记录器把不同长短的符号记录下来，后者比人工抄收更为可靠，可作为书面根据，便于查对。《益闻录》以图文形式述其构造及工作程序，大略曰：

莫尔斯电报机由"打电具"与"接报机"构成。图 8-8 为"打电具"，其制作如下："作木匣一，上置活条在丑寅处，中间支于横轴。又有铜板一在卯字处，将横轴一端抬起，又一端则贯子针，下触铜球，通匣内铜线，其线出匣至甲字处。方接报时，电气由丙线至活条，由活条至子针，由子针至甲线，由甲线至接报机，乃得电报。若欲发报，则电瓶之电由丁线来者，须入打电具，但丑寅活条不与丁线相连，故须将乙处一针压下，乃二线相通，电气贯于丙线，传递远方，消息踵至。"

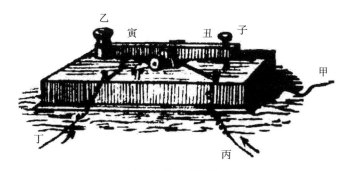

图 8-8 打电具

图 8-9 为"接报机样式"，其制如下："丑卯箱内有转轴，如钟表然。戊字

处有纸一条，自戊盘转下，受印电报后，卷于酉盘。此盘有摇柄，用以旋转。右面申字处有防电表，巳字处有茄瓦诺表，辰字处有电磁表。"此表详见图8－10，"丙庚处为楮条，介于癸辛二轴间。辛轴之转自右而左，上有甲字处塞子，裹以洋绒，沾染油墨。塞子下有齿，在乙字处，齿于受墨后印于楮上。又于电磁针上有软铁一块，在子字处，钉于横条，可随时升降。又接铜皮在巳寅二字间，电气不行，墨不触齿，齿不著楮，即无记号。迨电气一至，机动齿触楮上有号，或为一点，或为一横，随人所欲。是即传报之法。"[①]

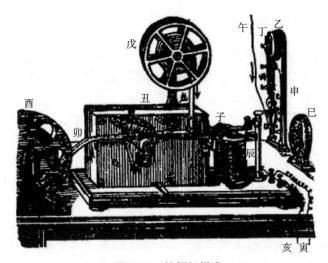

图8－9　接报机样式

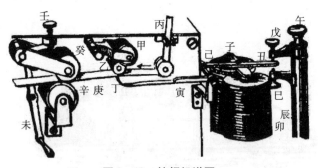

图8－10　接报机详图

此所谓"茄瓦诺表"即伽伐尼电流表，能显示电流自电路中流动的方向和

---

① 《论电报》（第八十九节），载《益闻录》1887年第702期。

强弱。

《理化学初步讲义》亦图解了发报机和收报机的构造和工作原理与流程，大略曰：

电报机之全形如图8－11，其中"甲乙为电报局，以导线卯及金属板辰、辰′交通。此金属板埋地下数尺，亦可作一导线，以地球本为导体故也。子子′为发报器，丑丑′为受报器，寅寅′为电池，俱在甲乙局中，各自设备，故两处皆可发电，皆可受电。但两处发电，何以不互相冲突，则须就子子′发报器上，略言其构造。此器为黄铜制杠杆，其中央支于台上之柱，而后端有柄，可持而押之。又台柱前后，有黄铜制小柱二个，后柱与电池通连，前柱与受报机通连，皆与杠杆之前后端适对，故押杆之后端使触小柱，则本局之电流通而可发报，放之则杆与前柱相触而可受报也。今如在甲局发报，则将子柄押下，使触后柱，电流即自寅起，经子达卯，流入乙局之子′，在丑′受报器上，显其作用，复由辰辰′归于甲局。如此循环一周，距地万里，瞬息可达，而乙局之子′，则因后端举起，与寅′断绝，不发电也。如乙局发报，亦同此理。"

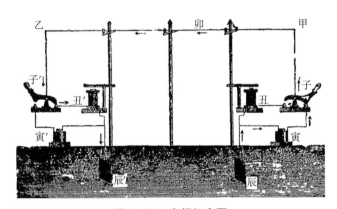

图8－11 电报机全图

关于受报器之作用，可通过图8－12来说明。"甲为电磁石，即前图之丑丑′，其上有软铁片丁，可以吸引，此软铁连于铜杆（乙）之一端，而其他端则连有戊笔，内盛墨汁。铜杆中央支于丙点，因有发弹条牵力，使戊端常俯而丁端常仰，电流通时，甲得磁性，吸丁端下降，而戊端举起，即以墨迹印于纸上。……电流断，则丁仍举起，戊仍下降，墨迹亦断而不印。故由甲局押机之久暂，而所记墨迹分为长短，短者为点，长者为线，以点线代表记号，由记号代表文字，而通音信。"①

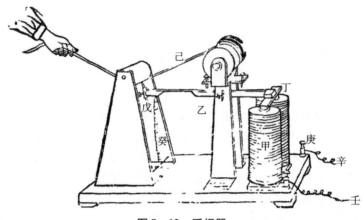

图 8 - 12　受报器

　　电报是晚清输入的重要新式通信工具，晚清期刊如此不惮其烦地解释其构造和原理，自然很有必要，国人借此可以深入认识其科技奥妙。

　　莫尔斯发明电报机之后，有人对电报机予以改进。如《益闻录》介绍了一种名为"驿马"的电报机，见图 8 - 13，其特点是在电路上增设一枚名为"驿马"的仪器，可提高电流强度，加强信号传输能力。②

图 8 - 13　驿马电报机

---

　　① 　钟观光陈学郢：《理化学初步讲义》，载《师范讲义》1910 年第 5 期。
　　② 　《论电报》（第九十节），载《益闻录》1887 年第 706 期。

至于无线电报构造和原理，晚清期刊也多有介绍。无线电报是通过无线电波来传播信号的，《大陆报》曰：无线电报即"利用电气波之电信法也"①。如同水波一样，无线电波是由外力激荡而成。"天气中之电，本来清净无为，忽尔无线电报台之器具发电激动"，便"生电浪而成移动之浪"，向远处移动，愈行愈远，"如水晕池中也"。②因此，无线电报的基本原理是以"振荡器"激荡电波，然后借电波传输信号。《北洋学报》以水波为喻，介绍了无线电波产生之理：

"有线电报与无线电报，即以所称有线、无线之名，已可知其区别之概。有线者，用包皮电线连接报房而电流随线以致远；无线者，各报台并无电线交通及他种相连之物，其所用以介绍者，只在天气，盖电气行动于天气之中也。……大凡天空之电，无声无臭，并不由此达彼以行动，犹之池水之平静也。假如取水一提，抛于池之中心，则点滴所到，水必晕于池面，惟水定后仍归平静。又如水击池心，必跳跃上下数次，而其跃下之点，亦必自行周展，每滴次第成圈，激成浪花，移动出于圈外，其原滴之点必愈晕愈大，然后平静。水如此，电亦宜然。是故天气中之电本来清静无为，忽尔无线电报台之器具发电激动，其天空平静之电势必亦生电晕而成移动之浪于天气电中，亦如水晕于池中也。此电浪将向远处移动，由此起点愈行愈远，而浪亦渐小，终归于乌有焉。"③

《中国白话报》《东方杂志》更以通俗的语言讲述了这一道理：

"无线电报能够凭空传信，这是什么道理呢？譬如把砖投在河水里面，那水忽然生起圆浪。电气放在空中也是会生圆浪的，可以传至数千里外。此地放电，那地收去，看电的断续，便晓得报的人要报什么字。"④

"无线电报能凭空传信，譬犹投石于河，水生圆浪，电气放空中，亦有圆浪，可传至数千里外。此地放电，彼地收之，以电之断续，知报者欲作何字，以若干字连贯之，便知。此即无线电原理。"⑤

如上论述准确地概括了无线电波的生成原理。

无线电报机首创于马可尼，《知新报》概述其制曰："其电不藉线而传，只用铜线一百五十尺，通至旗杆顶上，即能借奥妙之伊打气传之至收电之处"，传送距离可达一百英里之遥，"灵效可与有线电信相伯仲"。其所用器具"浅显易造"，全套机件不过百镑英金。⑥此所谓"伊打气"即电波。《广益丛报》述及其最初形制及其机理，大略曰：

---

① 《实业：无线电信》，载《大陆报》1904年第9期。
② 《杂俎：无线电报说略》，载《通学报》1906年第1卷第17期。
③ 《论无线传电之原理》，载《北洋学报》1906年第41期。
④ 《无线电报的原理》，载《中国白话报》1904年第21~24合期。
⑤ 《丛谈：无线电报之原理》，载《东方杂志》1905年第2卷第5期。
⑥ 《格致：试用无线电音》，载《知新报》1899年第94期。

马可尼初制之机，"与今日所用者相类"，主要由发电机和接电机两大部件构成。"机之上有球杆二，以通电条。球杆之间为粘管，球杆之后为发电钥，以司启闭，用时启钥，令电发。发时球杆间作爆裂声，电浪随以太盘旋而上，直接达长杆之顶。于是四散分布，愈颤愈远，直达他处长杆之顶而下，浪触粘管银镍屑，接电机动，助以电浪，于是可以通书信。其电信之纪号，浪短者为点，长者为线，线点相间而无穷之言语以传。"①

此所谓"发电钥"即电键，是断续电报回路、拍发点划符号的机件。按下电键可以把发报局的电池连接到线路中，电流传达至收报局的继电器上，带动印字机在电报条印出点划符号。

《知新报》有文更详述马可尼电报机的构造及制作程序，大略曰：

两地欲"通报"，需在其地分别设立长杆一枝，或在高处设置铜线一条。铜线之高度须与两地距离远近保持一定的比例。马可尼"查得线高二十尺者，能传至一英里；四十尺者，能至四英里，八十尺者，能至十六英里。总而言之，以线高之尺数自乘，以四百除之，即得传远之英里数也。"两地所建电报站，分别配置发报机、收报机各一副。"其发电机之制法，不外一附电綑为之，能发火星，长十寸。火星相接处，两端各有一大球，谓之火星球。此电綑系藉电池生电，……见用之时，即能令二火星球之间，放光明之电火星。有机关为之制，启闭可以随意，所以电火星震成一种电浪，随线而上，浪之长短，可因机关启闭之久暂、火星之长短而异。……至于收电机之制法，系以小玻管一枚，内藏银末与镍末少许相和。管之两端，各插银线一条，惟两银线入管内之端不直接，而有此银镍相和之细末少许相间，欲接电号之时，其一端银线接笠立之铜线，其又一端银线接铜线入地，远处发来之电浪，照于笠力之铜线，引落至此玻璃小管，令其有一息间通电之力，所以能容电而过之，因而印一记号于纸上。此记号或长或短，可因电浪之久暂而异。如此发电机所发各项长短之记号，收电机显能显之，即传电线之要法也。"②

《江西官报》则以图文形式展示了马可尼在北美所建电台，该台位于加拿大新斯科舍省布雷顿角，由四座木塔构成，见图 8-14。每塔高出海面约二十七丈，"四塔在四角作一方区，彼此相去各十八丈。塔顶连以铜锁，如寻常水线然。索上悬一百五十线，垂下至中央，合为索"，见图 8-15。"索入屋中，接于电机电瓶上，其发电、收电、打报等均在屋内。"马可尼谓"此台可北达欧洲，南通好望角""是一台而通两洲之信"。③

---

① 《无线电报之发明家》，载《广益丛报》1907 年第 5 卷第 15 期。
② 《格致：述无线电信之法》，载《知新报》1899 年第 98 期。
③ 《图说：无线电报图说》，载《江西官报》1906 年第 6 期。

图 8－14　北美电台

图 8－15　北美电台木塔

以上为马可尼电报机的构造，至于普通无线电机的构造，《北洋学报》《通学报》有文予以详解，《广益丛报》又全文转载。大略曰：

无线电台有"转电机"和"接电机"两部要件。转电机用于"引电以转消息"，接电机用于"记录由他出报台发来之消息"。两机之间有一"线绳"，名曰"天气引电网"。转电机由"电匙、阻电机、涨电力器、感电机筒及闪火机、电表等"元件组成。电钥在转电机上面，开启后可发送"电浪"，传递电码信息。阻电机能"变直行之流电为逶迤曲进之流电"，调节电流强度，使电流进入涨电力器后"倍增其力"。接电机主要有三大要件："化电器具并电表及装电器具"，"克海纳器具并电管及助电机"，"莫尔斯写字台"。"化电器具乃直接天气引电网，当电浪由他处报台送出之时，必经过此器，又引电机内，将电报接入；而此化电机内，来电早经行过，又穿过第二器具，移至克海纳器具内。克海纳之形，乃一小玻璃管，用臬客尔及银屑装满，以备迳记电浪。凡有记录之事，穿过助电机内者，仍令由莫尔斯写字台经过"，形成电文。①

此所谓"转电机"即发报机，"接电机"即收报机，"天气引电网"即天线，"臬客尔"即镍（Nickel），"莫尔斯写字台"即印字机。至于"克海纳器具"为何物，待考。

其实，无论有线还是无线，电报机在原理上就是一个可控制的电磁铁电路。该电路的主要构件是电键、电磁铁线圈和衔铁。发报时，按下电键，电路接通，电磁铁线圈即产生磁性，吸引衔铁向下；松开电键，电路断开，电磁铁线圈失去磁性，衔铁向上弹开。莫尔斯的主要贡献在于发明了莫尔斯电码，将衔铁的动作分成"．"（点）"－"（划），并按照电码组合点画，翻译成语言，进行发报和收报。《学报》有文概述这一原理曰：

"电报机虽繁复，述其大要，则有一铁片置于电气吸铁石稍前面，而支以发

---

① 《论无线传电之原理》，载《北洋学报》1906 年第 41 期；《杂俎：无线电报说略》，载《通学报》1906 年第 1 卷第 17 期；《理科：无线电报说略》，载《广益丛报》1906 年第 117 期。

条。通电流则电气吸铁石带磁性，而铁片被吸，引电流断，则铁片为发条所牵，仍复旧位。铁片每被吸引时，发音铮铮然。如此电流一断一续，铮铮之音相间而发，断续电流有迟速疾除之不同，所发音亦然。故延长传电线，能如其所欲，以达迟速疾除之音于受信局。此能藉电流以通消息之原理也。"①

## 第五节　电报业的发展情况

电报的发明，揭开电信时代的序幕。据报道，当时有线电报最快可在 10 分钟内环绕地球一周。② 因其具有空前的便捷性，故迅速得以推广。据晚清期刊文献统计，到 1882 年，各国电报局已达 37841 个，到了 1894 年，更超过 47659 个，见表 8 – 2。

表 8 – 2　　　　　　　　　　　各国电报局总数　　　　　　　　　　单位：个

| 1882 年 | | 1894 年 | |
|---|---|---|---|
| 国名 | 电报局数 | 国名 | 电报局数 |
| 日耳曼 | 7066 | 美国 | 12917 |
| 奥国 | 3248 | 英国 | 5747 |
| 伯利时 | 772 | 法国 | 6319 |
| 丹国 | 124 | 日耳曼 | 10803 |
| 西班牙 | 349 | 俄国 | 2819 |
| 法国 | 5391 | 奥国 | 2696 |
| 英国 | 5438 | 意大利 | 2590 |
| 土耳其 | 417 | 比利时 | 836 |
| 巴西 | 123 | 苏依士 | 1160 |
| 埃及 | 168 | 西班牙 | 647 |
| 希腊 | 83 | 英属印度 | 1025 |
| 意大利 | 1494 | 中国 | 100 余 |
| 挪威 | 127 | — | — |
| 葡萄牙 | 191 | — | — |

---

① 青来：《动电气学述要》（续），载《学报》1907 年第 1 卷第 4 期。
② 《格致发明类征：电报之速率》，载《万国公报》1904 年第 187 期。

| 1882 年 | | 1894 年 | |
|---|---|---|---|
| 国名 | 电报局数 | 国名 | 电报局数 |
| 罗马尼 | 102 | — | — |
| 俄国 | 979 | — | — |
| 瑞典 | 176 | — | — |
| 美国 | 11317 | — | — |
| 印度 | 276 | — | — |

资料来源：《各国电报局总数》，载《益闻录》1882 年第 187 期；《电报馆》，载《益闻录》1894 年第 1337 期。

　　无线电报的发明，更使"世界上递信之方法"发生重大变革，各国纷纷建立无线电台。据《政艺通报》报道，1898 年，英国伦敦设立马可尼"无线电信局"，资本金为 20 万英镑。1903 年，英国邮电局"因欲连络本岛与隔岛消息，特于两岛间又设立无线电信支局一所，其结果不拘气候风雨如何，传递通达均无滞碍。"意大利政府为无线电报事业"最热心"的支持者，大西洋无线通信开通后，批准马可尼在罗马建立电报分局，"以与南美及英国、美国开通联络之道"。法国为"备传递殖民地消息之用，特设大无线电信会社一所，其他法国各汽船会社中之有力者均无不加入。"德国也于 1903 年设立无线电信局，"以为与大西洋他号汽船通信上联络之用"。加拿大政府每年补助马可尼电信公司 1.6 万美元，用于无线电报建设，国内设总局一所，分局若干。美国设立"大无线电信"公司一所，资本金达 650 万美元。日本也在九州和台湾间兴办无线报。①

　　到了 1907 年，欧美两洲"已设电信所者，国二十五，所二百余。就中公设以应商业界通信之用者，国十一，所八十，其有最重要之关系者，美利坚二十六所，意大利二十所，加拿大十二所，英伦十二所，德意志十一所，法兰西、瑞士各三所。对于是等地方商船，其装置无线电信机者，且及于七十艘十三航路之多。一千九百零四年中，英国六处之无线电信所，通信之数达于六万，柴独岬电信所，一日中乃至六万通。"② 1909 年，"英国、香港、美国、印度、澳洲及其余名城巨镇，无地不有此无线电，如宇宙之网罗矣。"③

----

① 《艺事通纪卷二：各国无线电报事业》，载《政艺通报》1903 年第 2 卷第 11 期。
② 纪玉、高田：《各国无线电信》，载《理学杂志》1907 年第 3 期。
③ 《商务纪闻：无线电之发达及逐年之进步》，载《万国商业月报》1909 年第 17 期。

据考证，1831 年西人雪林最早携指针式电报来华。① 1851 年，由传教士玛高温译述的《博物通书》出版，首次系统地将电报技术传入中国。同年 5 月，《中国丛报》有文专门介绍此书，略谓：它"向中国人传播电报原理"，且以"45 幅插图简单向中国人传播电磁学原理。"② 就笔者所见，《遐迩贯珍》可能是最先向国人提及电报的中文期刊。其创刊号所载《序言》曰："泰西各国创造电气秘机，凡有所欲言，瞬息可达数千里，而中国从未闻此。"③

1871 年，由英国、俄国和丹麦敷设，电报从香港引到上海，首次实现了中美间越洋通讯。同年 4 月 22、25、27、29 日，电报公司在《上海新报》连载"电报行告白"，5 月 23 日至 6 月 20 日，又在《上海新报》连载"电报行启"，以宣传开展电报业务。6 月 17 日、7 月 13 日，《香港新报》《上海新报》分别以"精造电报"为题报道了这一重大事项，言称"地球之内为电报所环及者三分之二，从此可与中国声气相闻矣！"其时，《教会新报》曾刊《不信电报自误》一文，奉劝人们破除陈见，积极采用电报通讯。④ 1872 年，《申报》有文评述电报曰："泰西各国制电机以通音信，名为电报。用铜线穿山透水，埋于深土，收电气通之，虽千里之程，顷刻可达。迩来其地，各城各镇俱有电路，四通八达，分布经纬，或报军情，或捕盗贼以及商贾物价无日不知，无处不达。"⑤ 1874 年，《申报》又申论发展电报之益，有曰："电线之有利于国家也，本馆前报已屡论之矣；中国之宜设电线，本馆前报已屡言之矣。盖电线者，其巧妙夺天造化，其传递捷于影响，天下之事固未有若是之速且便也。泰西之富强，虽不尽由于此，然未曾不基于此。"⑥ 1881 年 12 月，中国首条长途电报线——津沪电报线建成；12 月 3 日，总理衙门的一封电报由天津电报局传送至上海，转由上海外国电线行寄至德国使署，"是为中国电报试传外洋之第一信"。⑦ 1882 年 1 月 16 日，《京报》所载谕旨第一次由天津电传至上海《申报》馆，《申报》因而成为"首家使用国内电讯的华文日报"。⑧ 津沪电报线开通后，时人有诗赞曰："从此千里争片刻，无须尺幅费笔砚。鹰帛鱼书应共炉，声气相通快胜箭。"⑨

嗣后电报逐步向内陆发展，至 19 世纪 90 年代初，中国电线"东北则达吉

① 沈云龙主编：《近代中国史料丛刊续编》第 93 辑；王开节、修城、钱其琮主编：《铁路·电信七十五周年纪念刊》，文海出版社 1982 年版。
② *The Chinese Repository*, Vol. XX, No. 5, May, 1851, p. 284.
③ 《序言》，载《遐迩贯珍》1853 年第 1 期。
④ 《不信电报自误》，载《教会新报》1871 年 6 月 17 日。
⑤ 《电机信缘起》，载《申报》1872 年 4 月 2 日。
⑥ 《论电线》，载《申报》1874 年 7 月 14 日。
⑦ 《电局续闻》，载《申报》1881 年 12 月 6 日。
⑧ 上海通社编：《上海研究资料》，上海书店 1984 年版，第 25 页。
⑨ 《廉让居士甫稿》，载《申报》1881 年 12 月 25 日。

林、黑龙江俄界，西北则达甘肃、新疆，东南则达闽、粤、台湾，西南则达广西、云南，遍布二十二行省，并及朝鲜外藩"，已形成规模初具的电报网，并在上海等地与国际电报网实现多方位链接，功能日显，"殊方万里，呼吸可通，洵称便捷。"① 1903 年，北京创设无线电报②。1910 年，《通问报》专门译述无线电报在中国各"海口"的建设成就。③

在引进电报的过程中，为了培养专门通讯人才，福建、天津、上海、广东等地皆设立电报学堂，其中，以李鸿章、袁世凯先后于天津创办的北洋电报学堂和无线电学堂最为著称。前者创建于 1880 年，聘请大北电报公司丹麦人濮尔生（Care H. O. Poulsen）和克利钦生（B. E. Christiansen）为教习，朱格仁主其事。④后者创立 1905 年，《教育杂志》述其事曰：

直隶总督先曾创设电信队，"专为学习无线电而设"，现又在小站"创立无线电学堂。该堂总督业委邱蓝田都戎玉崑，从各镇挑选电兵共八十名，分作八棚，每棚正副目各一名，正兵九名，已由上海聘定无线电教习两员，教习一员，并购无线电机器四副。……定章一年卒业，闻于本月初五日业经开学云。"⑤

值得一提的是，在创办推广电报通讯时，国人产生了自行研制电报机的意念。如 1873 年，华侨商人王承荣从法国回国后，与王斌、李辅等研制出我国第一台电报机，并呈请政府自办电报，未获允准。1908 年，《实业报》《农工商报》《半星期报》《广东劝业报》报道一则粤人胡氏研制出"土料"电报机的消息，其文曰：

"近有顺德胡君，全以中国土料制成新机，连日在存善大街等处试验，运用灵活，得未曾有。经无线电报学者之赞赏，以为视外国所输入宁或过之，记者亦曾邀参观。综其利益，盖有三善：（一）其材料悉由中国所固有，利源不至外溢。（二）此种电机，购自外洋，其值自数千以至数万不等，而胡君此机每种价值，实减大半。（三）政界设用此机，当不难由胡君传习多人，以供政界之用，可节糜费。"⑥

翌年，《广东劝业报》也登载了这则消息，略谓："顺德胡君炽珊昆仲又制出一种无线电报，曾在慈善会操演助赈，亦纪报端。现闻胡君更新制一种军舰所用之无线电报，其容积小而功用大。曾上之李水提，经在虎门等处试验，运用颇

---

① 中国史学会主编：《中国近代史资料丛刊·洋务运动》第 6 册，上海人民出版社 1961 年版，第 446 页。
② 《北京新设无线电报》，载《鹭江报》1903 年第 12 期。
③ 《无线电报在中国各海口之成绩》，载《通问报》1910 年第 397 期。
④ 《电局新闻》，载《申报》1882 年 12 月 8 日。
⑤ 《时闻：创设无线电学堂》，载《教育杂志》（天津）1905 年第 9 期。
⑥ 《实业新闻：新制土料无线电机出世》，载《实业报》1908 年第 7 期；《本省大事：土料制无线电》，载《半星期报》1908 年第 5 期；《报告：新制土料无线电报出世》，载《农工商报》1908 年第33 期。

为灵捷，已奉李水提饬令安设于龙骧轮需用"。① 据此文献，此"顺德胡君"名炽珊，其生平若何，待考。

无线电报发展之所以如此迅速，自然与各国政府的大力推进有关。基于无线电报在海难发生时能够用于呼救，各国政府先后出台措施，强制航船配备无线电报机。如美国政府规定："凡船舶发自美国港口，向百哩以外之外国航行，或向本国他港航行，载有五十名以上乘客之船，必装设无线电报机，切须令有适当之技师，乘入其船舶，为之收发。如有不遵，则该船舶之所有者，或使用者，须科罚金千元。"加拿大政府规定："凡在该国所登录之船，其总吨数至四百顿以上者，或总吨数至一千二百顿以上之货船，皆须装置无线电报，倘有违背，则该船舶之所有者可处百元以上千元以下之罚金，或十二个以下之禁锢，或禁锢与罚金并行。"意大利政府规定："搭载移民发自意大利之船舶，不问其船籍属于何国，一律须装用无线电报。"② 奥地利政府也规定："凡航船开往其白莱脱或亚典尔之外者，一律须装置无线电报。"③

电报事业的发展，虽然给世界交通带来了便利，但因种种原因时常出现互相干扰现象。因此，各国政府逐渐萌发制定统一规则，以促进电讯业的有序发展。1905 年，德国颁布《德国无线电信管理规则》，总计五条：第一条，通则；第二条，本规则之适用范围；第三条，公开沿岸局之通信设备；第四条，通信管理法；第五条，德意志沿岸局及德意志商船传唤符号。其中，不仅规定"公开沿岸局之电波及平时天气之通信距离"，而且制定统一的通信符号。④ 由于电报通信不限于一国范围内，故在德国的倡议下，德、英、法、美、日等 27 个国家的代表于 1906 年在柏林召开会议，签订了《国际无线电报公约》。当时德国驻华公使穆默（Alfons Mumm von Schwarzenstein，1859～1924）奉命"特请中国政府派员赴会"⑤，但未获清廷回应。《重庆商会公报》述及这次会议召开的背景及所定公约的基本精神，大略曰：

"无线电信收有伟大之效果，固为世人所熟知。……英法俄德比等各国皆于其沿岸枢要之地点设置无线电信局，且在重要航海之商船殆全部装置无线电信机，以利用之。然同时于各国通信所相互间因感有通信混乱等之障害，于是乎各国为保护共通之利益，且期完全之效，始生国际间协定之要举。……德国政府先为主唱者，遂于柏林有开催万国无线电信会议之举。当时参列此会议者为英法日俄意和比等列强二十八国之代表，该会议特缔结万国无线电信条约。此条约不外

① 《创制无线电报》，载《广东实业报》1909 年第 56 期。
② 《新知识：论无线电报之作用》，载《东方杂志》1909 年第 6 卷第 11 期。
③ 《各国要闻：粤政府注意无线电》，载《江宁实业杂志》1910 年第 6 期。
④ 《专件：德国无线电信管理规则》，载《商务官报》1906 年第 12～13 期。
⑤ 《要闻：德使请中国赴万国无线电会》，载《通问报》1906 年第 197 期。

于各国政府就其沿岸枢要之地点，采定设置无线电信局，不问国之内外与方式如何，总以与海上之船舶交换通信，且以互相对他人之通信员不加障害之义务；更不问军用与商用，苟有利用无线电信之途，总期收实效，以图航海之安全，且使易于救济船舶之遭难，又常时在于使一般公众与乘客间得通信之利便为主旨。"①

据史实，当时总计 27 个国家签订了《国际无线电报公约》，而该文谓有 28 个国家订约，或系笔误。

《国际无线电报公约》总计 23 款，自 1908 年 7 月 1 日开始执行。1906 年，《通问报》以"万国无线电会告成"为题，率先报道这次会议召开情况②。1907 年，《东方杂志》全文刊载了《国际无线电报公约》③。同年，《外交报》《振华五日大事记》也摘要登载了《国际无线电报公约》。④ 1908 年，《东方杂志》又概述了该公约的要点。⑤

中国虽未签署《国际无线电报公约》，但在宣统元年七月十五日颁行《收发无线电报暂行章程》，以规范国内无线电通讯业务。⑥ 该章程总计十八条，原则上规定了各电报局的责任和义务以及运营过程中重要事项，其基本精神与《国际无线电报公约》相通。

面对电报带来的通讯便利，晚清时论多赞其益处，不再以"奇技淫巧"视之。如《教会新报》曰："论电报之益，瞬息千里，军机传密，事泄可不虞；围城求援，速可不陷；盗逸于牢，可传信即获；飓起于海，可立告皆防；不仅传物价之贵贱，可以疾达而获利也。"⑦ 《益闻录》曰："电报创自西洋，近更风传，遍及中国。藏气于五行之内，寄声于一线之中。谢纸笔之纷披，庚邮远达；悟阴阳之激耀，申泄同符。纵横四方，瞬息万里。固无损乎根本，良有裨于国家。正宜棋布寰区，应星躔而绕地，何必风生议论，执管见以窥天也哉。"⑧ 《万国公报》谓：电报既创古今未有之奇，又获古今未有之利，其速可使"穷边远境，不殊几席""绝域异邦，不异户庭"⑨ "夫世之至神至速，倏去倏来者，盖莫如藉电以传信。……今泰西各邦皆设电报，无论隔山阻海，顷刻通音，诚启古今未有之奇，泄造化莫名之秘，富强之功，实基于此!"⑩ 更有人作诗赞其奇妙，兹引数

① 《科学：无线电信利用之发达》，载《重庆商会公报》1908 年第 112 期。
② 《要闻：万国无线电会告成》，载《通问报》1906 年第 224 期。
③ 《交通：万国无线电会公约》，载《东方杂志》1907 年第 4 卷第 8 期。
④ 《万国无线电信协约》，载《外交报》1907 年第 7 卷第 12 期；《世界大事：万国无线电信之协约》，载《振华五日大事记》1907 年第 18 期。
⑤ 《调查：国际无线电报条约大概》，载《东方杂志》1908 年第 5 卷第 9 期。
⑥ 《法制：收发无线电报暂行章程》，载《交通官报》1911 年第 29 期。
⑦ 《论电报》，载《中国教会新报》1869 年第 57 期。
⑧ 《中国电报创始记》，载《益闻录》1881 年第 119 期。
⑨ 沈毓桂：《广论电报之益》，载《万国公报》1889 年第 7 期。
⑩ 《论中国与电报之益》，载《万国公报》1889 年第 7 期。

例于下：

举头铁索路行空，电气能收夺化工。
从此不愁鱼雁少，音书万里一时通。①

海上涛头一线通，机谋逾巧技逾工。
霎时得借雷霆力，片刻能收造化功。
击节宵应惊蛰屋，传书今不费飞鸿。②

电气何由达，无机不易参。纵横万里接，消息一时谙。
竟窃雷霆力，惟将线索探。从今通尺素，不藉鲤鱼函。③

最是称奇一线长，跨山越海度重洋。
竟能咫尺天涯路，音信飞传倏忽详。④

奇哉电报巧难传，万水千山一线牵。
顷刻印书来海外，机关错讶有神仙。⑤

电报遥传遥买丝，外洋来账点金狮。
春池纵是浔三号，无奈菱湖太入时。⑥

机关微动电波流，踏破乾坤满地球。
上古结绳开字学，只今树线博书邮。
不须人力传千里，但看移时达五洲。
岂独佳音端藉赖，安危缓急此中求。⑦

---

① 《续沪上西人竹枝词》，载《申报》1872 年 5 月 30 日。
② 《洋场咏物诗》，载《申报》1872 年 7 月 9 日。
③ 慈溪酒坐琴言室芷汀氏求是草：《上海洋场四咏》，载《申报》1873 年 4 月 18 日。
④ 珠联璧合山房：《春申浦竹枝词》，载《申报》1884 年 10 月 10 日。
⑤ 洛如花馆主人未定草：《春申浦竹枝词》，载《申报》1874 年 12 月 21 日。
⑥ 《洋泾浜竹枝词》，载《申报》1874 年 10 月 15 日。
⑦ 许自立：《诗界蒐罗集：电信》，载《鹭江报》1904 年第 76 期。

# 第九章

# 电　话

电话（Telephone），旧译"德律风"，是一种可以实现远程通话的通信设备。电话由谁发明，长期争论不休。尽管美国众议院于 2002 年裁定意大利人安东尼奥·梅乌奇（Antonio Meucci，1808～1889）为最早的电话发明者①，但长期以来人们将贝尔（Alexander Graham Bell，1847～1922）视为"电话之父"。贝尔生于苏格兰，1870 年移居加拿大，旋供职于美国波士顿聋哑人学校、波士顿大学。1875 年，研制出磁石电话机，并于 1876 年获得发明专利。《万国公报》述其事曰："西历千八百七十六年，坎拿大博士贝尔（Bell）因电气之用，而悟一妙法，制成机械，能将人声于铁线传递，即今之德律风鼻祖也。"②

## 第一节　晚清期刊所载电话篇目

电话发明的消息很快传到了中国。面对这一"新创之器"，晚清期刊予以多方面报道。笔者以"电话""德律风"为关键词，对《晚清期刊全文数据库》进行检索，其题名中含有"电话"一词者计 312 篇，其中《交通官报》《邮传部交通统计》主要刊载电话有关章程法规和电话局经营情况，其他期刊则多介绍电话的原理及其应用，总计 109 篇，见表 9 - 1；含有"德律风"一词者计 73 篇，见表 9 - 2。

---

① 安东尼奥·梅乌奇（Antonio Meucci，1808～1889），意大利人，后移居古巴、美国。1850 年，他制作出电话的原型，并于 1860 年公开展示了这一套装置，但因家境贫困，无力申请发明专利。后来，他把一台样机和记录有关技术细节的资料寄给了西方联合电报公司；1876 年，曾经与梅乌奇共用一间实验室的贝尔申请了电话发明专利，并与西方联合电报公司签订了一项获利丰厚的合同。

② 《德律风之发达》，载《万国公报》1907 年第 224 期。

表9-1 "电话"篇目题名

| 序号 | 题名 | 出处 | 著译者 |
|---|---|---|---|
| 1 | 交通：直隶总督袁电政大臣吴札电话参赞吉田正秀文 | 《东方杂志》1904 年第 6 期 | |
| 2 | 交通：电话总局近于京师至保定一带沿途安设电杆…… | 《东方杂志》1905 年第 2 卷第 3 期 | |
| 3 | 丛谈：电话传字 | 《东方杂志》1905 年第 2 卷第 5 期 | |
| 4 | 交通：韩国通信院与日本邮便局会议将韩国邮政电报电话全数交由日本邮便局…… | 《东方杂志》1905 年第 2 卷第 7 期 | |
| 5 | 交通：赣省各衙署局所及常备军马队营前曾设立电话…… | 《东方杂志》1907 年第 4 卷第 10 期 | |
| 6 | 新知识：电话奇报 | 《东方杂志》1909 年第 6 卷第 3 期 | |
| 7 | 新知识：机器学报汇译：以机器应答电话 | 《东方杂志》1910 年第 7 卷第 6 期 | 甘永龙 |
| 8 | 单线电之新发明 | 《东方杂志》1911 年第 3 期 | 甘永龙 |
| 9 | 单线电话之新发明：单线电话之发明者美国陆军少佐斯葵亚氏肖像 | 《东方杂志》1911 年第 3 期 | |
| 10 | 电话验病术 | 《东方杂志》1911 年第 9 期 | 甘永龙 |
| 11 | 各国杂志：电话日兴 | 《万国公报》1903 年第 174 期 | |
| 12 | 格致发明类征：电话新报 | 《万国公报》1904 年第 186 期 | |
| 13 | 格致发明类征：无线电话 | 《万国公报》1904 年第 188 期 | |
| 14 | 格致发明类征：电话传字 | 《万国公报》1904 年第 189 期 | |
| 15 | 格致发明类征：电话前程 | 《万国公报》1904 年第 190 期 | |
| 16 | 智能丛话：电话通行 | 《万国公报》1905 年第 197 期 | |
| 17 | 智丛：电话新闻 | 《万国公报》1907 年第 216 期 | |
| 18 | 智丛：电话机进步 | 《万国公报》1907 年第 217 期 | |
| 19 | 智丛：记音电话 | 《万国公报》1907 年第 218 期 | |
| 20 | 智丛：电话奇报 | 《万国公报》1907 年第 226 期 | |
| 21 | 格致：电话传形 | 《广益丛报》1905 年第 64 期 | |
| 22 | 纪闻：电话设妥 | 《广益丛报》1905 年第 79 期 | |
| 23 | 纪闻：电话局直隶邮传部 | 《广益丛报》1907 年第 147 期 | |
| 24 | 纪闻：无线电话 | 《广益丛报》1908 年第 163 期 | |
| 25 | 纪闻：陆军筹设电话 | 《广益丛报》1909 年第 219 期 | |
| 26 | 纪闻：筹办电话 | 《广益丛报》1910 年第 237 期 | |

续表

| 序号 | 题名 | 出处 | 著译者 |
|---|---|---|---|
| 27 | 纪闻：电话借员 | 《广益丛报》1910 年第 242 期 | |
| 28 | 新闻：无线电话 | 《四川官报》1904 年第 14 期 | |
| 29 | 新闻：创行电话 | 《四川官报》1904 年第 24 期 | |
| 30 | 奏议：电政大臣袁、吴奏请禁擅设电话片 | 《四川官报》1904 年第 25 期 | |
| 31 | 新闻：电话交通 | 《四川官报》1904 年第 31 期 | |
| 32 | 新闻：收买电话 | 《四川官报》1905 年第 8 期 | |
| 33 | 新闻：电话注意 | 《四川官报》1905 年第 12 期 | |
| 34 | 新闻：拟办电话 | 《四川官报》1907 年第 17 期 | |
| 35 | 见闻：新发明之无线电话装置 | 《南洋兵事杂志》1907 年第 7 期 | |
| 36 | 论会战中电话之使用 | 《南洋兵事杂志》1908 年第 23 期 | 刘炳枢 |
| 37 | 见闻：电话斥候 | 《南洋兵事杂志》1908 年第 25 期 | |
| 38 | 见闻：海军之无线电话 | 《南洋兵事杂志》1908 年第 28 期 | |
| 39 | 见闻：无线电话 | 《南洋兵事杂志》1909 年第 32 期 | |
| 40 | 架设军用电话线之光景 | 《南洋兵事杂志》1909 年第 34 期 | 阙伊 |
| 41 | 杂录：伯灵女子之业电话者 | 《大陆》（上海）1904 年第 2 卷第 4 期 | |
| 42 | 杂录：水中电话 | 《大陆》（上海）1904 年第 2 卷第 10 期 | |
| 43 | 世界谈片：美国装电话者之数 | 《大陆》（上海）1905 年第 3 卷第 4 期 | |
| 44 | 纪事：内国之部：闽督不允厦门建设电话 | 《大陆》（上海）1905 年第 3 卷第 6 期 | |
| 45 | 世界谈片：拟禁医者之用电话 | 《大陆》（上海）1905 年第 3 卷第 11 期 | |
| 46 | 外国纪事：电话器之发达 | 《鹭江报》1904 年第 56 期 | |
| 47 | 中国纪事：收回电话 | 《鹭江报》1904 年第 76 期 | |
| 48 | 诗界搜罗集：电话 | 《鹭江报》1904 年第 76 期 | 许自立 |
| 49 | 闽峤琐闻：厦门：鼓浪屿拟设电话 | 《鹭江报》1904 年第 85 期 | |
| 50 | 电话发明家克剌谦俾尔及其夫人 | 《新民丛报》1903 年第 30 期 | |
| 51 | 琐琐录：美国电话事业 | 《新民丛报》1905 年第 3 卷第 20 期 | |
| 52 | 如是我闻：汽车进行中之电话 | 《新民丛报》1906 年第 4 卷第 20 期 | |
| 53 | 丛谭：火车电话 | 《商务报》（北京）1904 年第 12 期 | |
| 54 | 丛钞：电话新筒 | 《商务报》（北京）1904 年第 26 期 | |
| 55 | 丛钞：电话神奇 | 《商务报》（北京）1904 年第 30 期 | |

续表

| 序号 | 题名 | 出处 | 著译者 |
|---|---|---|---|
| 56 | 科学琐谈：格致电话奇报 | 《万国商业月报》1909 年第 10 期 | |
| 57 | 实业纪闻：北京电话 | 《万国商业月报》1909 年第 14 期 | |
| 58 | 杂录：伯灵女子之业电话者 | 《大陆报》1904 年第 4 期 | |
| 59 | 杂录：水中电话 | 《大陆报》1904 年第 10 期 | |
| 60 | 各省新闻：开办自动电话 | 《河南白话科学报》1908 年第 24 期 | |
| 61 | 各省新闻：改换电话机器 | 《河南白话科学报》1909 年第 66 期 | |
| 62 | 各国要闻：电话奇报 | 《江宁实业杂志》1910 年第 2 期 | |
| 63 | 各国要闻：日本电话交通之纪念 | 《江宁实业杂志》1910 年第 6 期 | |
| 64 | 又奏中国境内电话准归电局经办外人不准擅设片 | 《外交报》1905 年第 5 卷第 20 期 | |
| 65 | 世界大事记：英法架设海底电话 | 《外交报》1910 年第 10 卷第 31 期 | |
| 66 | 实业新闻：定期接办电话 | 《大同报》（上海）1907 年第 7 卷第 21 期 | |
| 67 | 实业新闻：电话逐渐扩充 | 《大同报》（上海）1910 年第 12 卷第 25 期 | |
| 68 | 记事：推广电灯电话 | 《南洋商务报》1908 年第 35 期 | |
| 69 | 记事：禀准电话改归商办 | 《南洋商务报》1907 年第 28 期 | |
| 70 | 科学丛谭：电话 | 《教育世界》1907 年第 160 期 | |
| 71 | 杂纂：新发明之电话器 | 《教育世界》1906 年第 135 期 | |
| 72 | 智囊：电话便民 | 《通学报》1906 年第 1 卷第 3 期 | |
| 73 | 智囊：电话新报 | 《通学报》1907 年第 3 卷第 9 期 | |
| 74 | 国闻：设电话局 | 《湖北学生界》1903 年第 1 期 | |
| 75 | 谈奇：衣囊电话器之发明 | 《湖北学生界》1903 年第 1 期 | |
| 76 | 理学新报：外国之部：怀中用无线电话器 | 《理学杂志》1907 年第 3 期 | 纪玉 高田 |
| 77 | 学术新报：外国之部：怀中用无线电话器 | 《理学杂志》1907 年第 4 期 | |
| 78 | 工业：电话之原理 | 《实业报》1908 年第 16 期 | |
| 79 | 工业：续电话之原理 | 《实业报》1908 年第 17 期 | |
| 80 | 理学界之杂俎：无线电话之发明 | 《直隶教育杂志》1906 年第 17 期 | 吴燕来 |
| 81 | 译件：无线电话之发明 | 《秦陇报》1907 年第 1 期 | 通裔 |

续表

| 序号 | 题名 | 出处 | 著译者 |
|---|---|---|---|
| 82 | 附编：水中传递电话之新法 | 《四川教育官报》1908 年第 1 期 | |
| 83 | 文牍：本局奉准邮传部咨各省设立电话暂行章程…… | 《福建农工商官报》1910 年第 3 期 | |
| 84 | 纪实：改装电话 | 《重庆商会公报》1908 年第 86 期 | |
| 85 | 短篇名著：无线电话 | 《小说时报》1911 年第 9 期 | 笑、呆 |
| 86 | 艺事通纪卷四：电话述奇 | 《政艺通报》1902 年第 17 期 | |
| 87 | 艺事通纪卷二：火车电话 | 《政艺通报》1903 年第 2 卷第 8 期 | |
| 88 | 艺事通纪卷三：电话日兴 | 《政艺通报》1903 年第 2 卷第 14 期 | |
| 89 | 艺事通纪卷一：水中电话 | 《政艺通报》1905 年第 4 卷第 4 期 | |
| 90 | 艺事通纪卷二：水底电话 | 《政艺通报》1905 年第 4 卷第 17 期 | |
| 91 | 艺事通纪卷二：水机电话 | 《政艺通报》1905 年第 4 卷第 17 期 | |
| 92 | 艺事通纪卷一：无线电话 | 《政艺通报》1906 年第 5 卷第 10 期 | |
| 93 | 艺事通纪卷二：电话新闻 | 《政艺通报》1906 年第 5 卷第 24 期 | |
| 94 | 艺事通纪卷二：衣襄电话器 | 《政艺通报》1906 年第 5 卷第 15 期 | |
| 95 | 艺事通纪卷二：新发明之电话器 | 《政艺通报》1906 年第 5 卷第 21 期 | |
| 95 | 艺事通纪卷一：记音电话 | 《政艺通报》1907 年第 6 卷第 3 期 | |
| 97 | 艺事通纪卷一：电话机进步 | 《政艺通报》1907 年第 6 卷第 3 期 | |
| 98 | 艺事通纪卷一：怀中用无线电话器 | 《政艺通报》1907 年第 6 卷第 3 期 | |
| 99 | 丛录：水底电话 | 《通问报》1906 年第 220 期 | |
| 100 | 丛录：电话新报 | 《通问报》1906 年第 221 期 | |
| 101 | 丛录：街道之电话机 | 《通问报》1906 年第 230 期 | |
| 102 | 丛录：电话新闻 | 《通问报》1907 年第 238 期 | |
| 103 | 丛录：怀中用无线电话器 | 《通问报》1907 年第 249 期 | |
| 104 | 丛录：火车行驶时可通电话 | 《通问报》1907 年第 258 期 | |
| 105 | 丛录：水中传递电话之心法 | 《通问报》1907 年第 272 期 | |
| 106 | 丛录：电话奇报 | 《通问报》1908 年第 306 期 | |
| 107 | 丛录：电话理想之新发明 | 《通问报》1908 年第 311 期 | |
| 108 | 丛录：美国电话之进步 | 《通问报》1909 年第 385 期 | |
| 109 | 益智丛录：电话奇报 | 《通问报》1911 年第 466 期 | |

表 9-2　　　　　　　"德律风"篇目题名

| 序号 | 题名 | 出处 | 著译者 |
|---|---|---|---|
| 1 | 德律风 | 《益闻录》1883 年第 254 期 | |
| 2 | 德律风新法 | 《益闻录》1885 年第 425 期 | |
| 3 | 拟设德律风 | 《益闻录》1885 年第 452 期 | |
| 4 | 论德律风 | 《益闻录》1887 年第 723 期 | |
| 5 | 时事：不解事：申报载本埠德律风公司来函…… | 《通学报》1906 年第 2 卷第 7 期 | |
| 6 | 格物杂说：公用德律风 | 《格致汇编》1891 年第 6 卷春 | |
| 7 | 互相问答：第三百零五：上海汪君问云：西法德律风即传声器也…… | 《格致汇编》1891 年第 6 卷夏 | |
| 8 | 德比议设德律风 | 《集成报》1897 年第 2 期 | |
| 9 | 制造：德律风表 | 《集成报》1897 年第 22 期 | |
| 10 | 工商杂志：创设德律风厂 | 《集成报》1901 年第 38 期 | |
| 11 | 丛录：高音德律风 | 《通问报》1906 年第 226 期 | |
| 12 | 丛录：德律风 | 《通问报》1907 年第 245 期 | |
| 13 | 德律风原理的发明 | 《中国白话报》1904 年第 21～24 期 | |
| 14 | 本省新闻：创德律风 | 《浙江新政交儆报》1902 年壬寅夏季四月 | |
| 15 | 报告：无线德律风出现 | 《农工商报》1908 年第 54 期 | |
| 16 | 丛谈：无线德律风 | 《东方杂志》1904 年第 5 期 | |
| 17 | 丛谈：传形之德律风 | 《东方杂志》1904 年第 8 期 | |
| 18 | 京师：北京德律风前由盛大臣奏归电报局办理…… | 《东方杂志》1904 年第 12 期 | |
| 19 | 日本：东京至佐世保近设一德律风…… | 《东方杂志》1905 年第 5 期 | |
| 20 | 商业：德律风之历史 | 《新朔望报》1908 年第 1 期 | 立群 |
| 21 | 大清国事：德律风妙用 | 《万国公报》1878 年第 487 期 | |
| 22 | 各国近事：大英：德律风精益求精 | 《万国公报》1879 年第 524 期 | |
| 23 | 各国近事：大德国：设德律风 | 《万国公报》1881 年第 622 期 | |
| 24 | 各国近事：大清国：设德律 | 《万国公报》1882 年第 678 期 | |
| 25 | 各国近事：大德国：试德律风 | 《万国公报》1882 年第 683 期 | |
| 26 | 西国近事：大德国：新德律风 | 《万国公报》1890 年第 19 期 | |

续表

| 序号 | 题名 | 出处 | 著译者 |
|---|---|---|---|
| 27 | 西国近事：大美国：德律风多 | 《万国公报》1891 年第 26 期 | |
| 28 | 西国近事：大美国：添德律风 | 《万国公报》1892 年第 39 期 | |
| 29 | 西国近事：大英国：议德律风 | 《万国公报》1892 年第 40 期 | |
| 30 | 西国近事：瑞典国：安德律风 | 《万国公报》1893 年第 51 期 | |
| 31 | 欧美二洲朝野金载：大奥国：德律风成 | 《万国公报》1895 年第 75 期 | |
| 32 | 各国杂志：德京柏林新得一法能使德律风之线加长…… | 《万国公报》第 1903 年第 174 期 | |
| 33 | 各国杂志：电话日兴：德京柏林新得一法能使德律风之线加长…… | 《万国公报》1903 年第 175 期 | |
| 34 | 智能丛话：德律风之历史 | 《万国公报》1905 年第 198 期 | |
| 35 | 智能丛话：高音德律风 | 《万国公报》1905 年第 201 期 | |
| 36 | 智丛：德律风之进步 | 《万国公报》1907 年第 218 期 | |
| 37 | 智丛：德律风之发达 | 《万国公报》1907 年第 224 期 | |
| 38 | 工产志略：纪德律风 | 《选报》1902 年第 xx 页 | |
| 39 | 外国要务：欧洲英国：海底德律风 | 《萃报》1897 年第 4 期 | |
| 40 | 新艺术：无线德律风 | 《万国商业月报》1908 年第 28 期 | |
| 41 | 商务纪闻：日本之德律风 | 《万国商业月报》1909 年第 11 页 | |
| 42 | 实业纪闻：中国最长之德律风 | 《万国商业月报》1909 年第 19 页 | |
| 43 | 中国近事：德律风 | 《绍兴白话报》190x 年第 121 期 | |
| 44 | 丛录：高音德律风 | 《通问报》1906 年第 226 期 | |
| 45 | 丛录：传德律风于犬耳 | 《通问报》1906 年第 228 期 | |
| 46 | 丛录：用水传递之德律风 | 《通问报》1907 年第 250 期 | |
| 47 | 格物奇事：德律风 | 《蒙学报》1898 第 7 期 | |
| 48 | 新知识：印字德律风之奇巧 | 《商业杂志》（绍兴）1910 年第 2 卷第 4 期 | |
| 49 | 艺事通纪卷四：无线德律风 | 《政艺通报》1903 年第 2 卷第 23 期 | |
| 50 | 艺事通纪卷三：长德律风 | 《政艺通报》1903 年第 2 卷第 16 期 | |
| 51 | 艺事通纪卷四：电气德律风 | 《政艺通报》1903 年第 2 卷第 20 期 | |
| 52 | 艺事通纪卷一：无线德律风出现 | 《政艺通报》1904 第 3 卷第 4 期 | |
| 53 | 时事六门：格物门：日设德律风 | 《南洋七日报》1902 年第 57 页 | |

| 序号 | 题名 | 出处 | 著译者 |
|---|---|---|---|
| 54 | 国外紧要新闻：无线德律风出现 | 《大同报》（上海）1908 年第 10 卷第 16 期 | |
| 55 | 法文译编：美国修改德律风 | 《昌言报》1898 年第 1 期 | 潘彦 |
| 56 | 中国纪事：仿设德律风 | 《鹭江报》1903 年第 12 期 | |
| 57 | 外国纪事：无线德律风之思想 | 《鹭江报》1904 年第 xx 页 | |
| 58 | 德比议设德律风 | 《利济学堂报》1897 年第 11 期 | |
| 59 | 纪闻：拆德律风 | 《广益丛报》1905 年第 3 卷第 20 期 | |
| 60 | 纪闻：赣省拟设德律风 | 《广益丛报》1906 年第 4 卷第 16 期 | |
| 61 | 纪闻：北洋各镇增设行军德律风 | 《广益丛报》1908 年第 6 卷第 10 期 | |
| 62 | 纪闻：各局一律设德律风 | 《广益丛报》1906 年第 4 卷第 11 期 | |
| 63 | 时闻事新：长德律风 | 《格致新报》1898 年第 11 期 | |
| 64 | 时事新闻：德律风会计 | 《格致新报》1898 年第 4 期 | |
| 65 | 艺学：新式高音海军德律风 | 《东亚报》1898 年第 2 期 | 桥本海关 |
| 66 | 苏省改良德律风现行简章 | 《南洋商务报》1908 年第 54 期 | |
| 67 | 见闻：最简便之德律风 | 《南洋兵事杂志》1910 年第 51 期 | |
| 68 | 各国商情：无线德律风 | 《湖北商务报》1899 年第 11 期 | |
| 69 | 奏疏：大理寺少卿盛奏请电报局兼办德律风片 | 《湖北商务报》1900 年第 48 期 | |
| 70 | 译东报：中国内架设电话线（即德律风）事业 | 《湖北商务报》1901 年第 91 期 | |
| 71 | 公牍：大理寺少卿盛奏请电报局兼办德律风片 | 《商务报》1900 年第 1 期 | |
| 72 | 公牍：大理寺少卿盛奏请电报局兼办德律风片 | 《商务报》1900 年第 17 期 | |
| 73 | 商情：各国：俄售德律风 | 《商务报》1900 年第 33 期 | |

以上文献刊载于四十余种期刊中，尽管不能涵盖晚清期刊中所有有关电话知识的文献，但其内容已述及电话发展史和电话机的基本原理及其制造方法。兹摘要概述如下。

## 第二节 电话机的发明与改进

电话是一种利用电流直接传送人类声音的通信方式，其发明可追溯到 1854 年法国科学家布索（Charles Bourseul，1829~1912）在巴黎博览会上所做通过电流进行传声的试验。受此启发，德国人雷斯（Johann Philipp Reis，1834~1874）于 1861 年发明了一种通话机，并将其命名为"telephone"（电话机），史称"雷斯电话"（Reis telephone）或"闭合 – 断开式电话"（make-and-break telephone）。这种电话利用声波原理可在短距离互相通话，但不具备实用价值，"不久便湮没无闻了"。[①] 图 9 – 1 为德国邮政局为纪念雷斯发明电话机一百周年而发行的纪念邮票。

**图 9 – 1 雷斯电话机纪念邮票**

资料来源：Wikipedia：Johann Philipp Reis。

"雷斯电话"的发明，引起了其他科学家的兴趣。1875 年 6 月 2 日，波士顿大学教授贝尔（Alexander Graham Bell，1847~1922）研制出第一架可供使用的电话机；翌年 2 月 14 日，在美国专利局申请了电话专利权。然而就在同一天，另一位美国发明家格雷（Elisha Gray，1835~1901）也向专利局申请电话发明专利，申请时间仅比贝尔晚两个小时左右。于是，在美国引发一场持续十余年之久的争夺电话发明权的诉讼案，其最终结果是贝尔胜诉。《中国白话报》概述这桩讼案曰：

---

① 徐应昶：《电话》，商务印书馆民国二十年版，第 8~9 页。

"德律风，在西历一千八百七十六年，有一西国电师，名叫卑路，他才考得。这一年，美国费路地费埠开设百年博览大赛会，费路地费将伊所造的德律风器陈设在赛场中间。他的意思要想夸示别人，显自己的本领。哪晓得有一个科学博士，名叫忌厘，他同时也考得这法，并且也造成功这种的机器。因此互相疑忌，以为自己秘密的功夫被人家偷窃去了。因齐向政府争取专利功牌，兴个从古未有的大讼案。嗣后各国电师专心研究，因此各人都有制造的方法。近来这法愈进愈精了。"①

此所谓"卑路"即贝尔，"忌厘"即格雷，"费路地费埠"即费城。在费城博览会上，贝尔与格雷同时展出其发明的电话机。1877年，贝尔创建"贝尔电话公司"，电话借以投入生产。"1877年6月30日，电话进入实用阶段还不到一年，已有230部电话投入使用。7月，上升到750部，到8月底达到1300部。他们主要替代了用于两地间通讯的电报设施。"② 图9-2为贝尔夫妇像。

**图9-2 贝尔夫妇像**

资料来源：《电话发明家克刺谦俾尔及其夫人》，载《新民丛报》1903年第30期。

贝尔电话机是由微型发电机和电池构成的磁石式电话机（Magneto Telephone Exchange），虽然很快投入使用，但因事属初创，故有音量微弱、声音失真、通

---

① 《德律风原理的发明》，载《中国白话报》1904年第21~24合期。
② 伊锡尔·德·索拉·普尔主编：《电话的社会影响》，邓天颖译，中国人民大学2008年版，第16页。

话距离短等缺陷。因此，自其发明后，科学家们便不断谋求改良。1877 年，爱迪生发明了碳素送话器，使通话声音更趋清晰[①]。1878 年，哥伦比亚大学教授普平（Mihajlo Idvorski Pupin，1858～1935）又对电话进行改良，即在电话电路上每隔大约一公里串接一个加感线圈（loading coil），从而大大延长了通话距离。《万国公报》《新朔望报》皆述及爱迪生、普平对电话机的改良，大略曰：

德律风由美国大学教授贝尔发明，"能将人声于铁线传递"。一千八百七十六年，美国举办"百年大赛会"，德律风参展，已经初具规模。后经大发明家爱迪生改良，"更觉精进"，惟当时"尚不能及远"。旋又经哥伦比亚大学教授普平"增益其力"，遂能"通行三千英里，近则有人拟令由海线渡海矣。"[②]

1879 年，贝尔电话公司获得爱迪生碳粒电话的专利使用权。1882 年，美国发明家安德斯发明了共电式电话机（Common Battery Telephone Exchange）。与磁石式电话机相比，这种话机无须安装电池与电机，构造简单，供给信号和通话电源由交换机统一控制，使用便捷，既省电，又省工，"服务标准提高"。[③] 然而，无论磁石式电话机还是共电式电话机，皆属第一代电话机，需要话务员手工操作来接线、撤线，工作效率低，"所需维持费用甚巨，颇不经济。"

1891 年，美国一家殡仪馆老板史端乔（Almon Brown Strowger，1839～1902）发明了一种新式电话机。它可以通过旋转拨号盘，发出直流拨号脉冲，控制自动交换机动作，选择被叫用户，自动完成交换功能，取代人工接线，史称"步进制自动电话交换机"（Step By Step Telephone Exchange）或"史端乔交换机"（Strowger switch）。由是，电话通信步入"自动式"时代。翌年，"自动电话交换机"在美国印第安纳州的拉波特城率先投入使用。"1904 至 1906 年间，已有许多三四千号之自动机件，装设于各城市内矣。"[④] 《商务报》述及自动式电话机曰：

"有美人新制自报电话新筒，欲用其筒，则以手按某号数，而其机自达于某号，不必由总线处倩人交接电线之劳，比之旧式愈出愈神，且可免总线处传递前

① 碳精粉是导电体又具有良好的弹性，很适合用来做导电粒子。爱迪生将这种材料用于送话器，使得电流对声音的变化变得更加敏感，于是交谈时语音更为清晰。

② 《各国杂志：电话日兴》，载《万国公报》1903 年第 174 期；《德律风之历史》，载《万国公报》1905 年第 198 期；《德律风之发达》，载《万国公报》1907 年第 224 期；立群：《德律风之历史》，载《新朔望报》1908 年第 1 期。

③ 共电式电话交换机以信号灯的明灭表示呼叫、应答、通话和话终等各种用户状态，以塞孔、塞头和塞绳作为通话电路的接续器件，以键键和少量的继电器控制电路的工作程序，由话务员负责处理通话的接续和拆线工作。当主叫用户摘机呼叫时，交换机机台上用户号灯亮，话务员将塞绳电路中的应答塞头插入应答塞孔内，询问所要叫的号码，然后以呼叫塞头在被叫用户的复式塞孔上进行占线测试。如果被叫用户忙，话务员立即通知主叫用户，并将应答塞头拔出拆线；如果被叫用户空闲，立即将呼叫塞头插入被叫用户的复式塞孔，并送出振铃信号。被叫用户听到铃声应答，双方即可通话，这时在机台上主被叫用户的监视灯熄灭。通话完毕，主叫和被叫用户挂机，机台上的监视灯亮，话务员即可拆线。

④ 陈湖、王天一编著：《电话学》，中国科学图书仪器公司民国三十七年版，第 159 页。

往交接电线之人故意留难稽迟之弊。"①

《通问报》有文也谈到自动式电话机的优点:

"德律风,日本人译之为电话。……旧法于电话时,须先摇铃,取下听筒,俟总局既应,乃以欲接之号数告之,而还置听筒于机,须待回铃既至,方能再取筒与之对语焉。今则不然,用者但擎铃呼总局中人,告以号数,立待数秒钟,即与欲语之人通矣。较之旧法,便易滋多,故使用之家阒然增多数倍焉。"②

起初,电话"一线同时只能通一处之信",不能多人同时通话。1910 年,美国陆军军官斯奎尔 ( George Owen Squier, 1865 ~ 1934 ) 发明了"多路复用"电话机 ( telephone carrier multiplexing ),实现了"一线同时能通多处之信"。图 9 - 3 为斯奎尔像。《东方杂志》述及其事,大略曰:

吾人今日所用之电话,发音器与听音筒由"长线"连接。长线有单、双线之分,当其为单线时,"则吾侪当通信之时,他家之欲用者,必须徐俟其终止";当其为双线时,"则当该线行使极忙之际,吾侪亦不得不静候。"究其原因,是由"一线同时只能通一处之信"所致。然而这一局限近来已被美国陆军部信号司军官斯奎尔破解。他创立一法,不但能使"一线同时能通多处之信,且当该线行用时,又可兼传电报,与所递之电话毫不相关碍。……自此法一行,而使用电话者虽距离甚远,尽可同时传递,无待于增线,且本地所有之电线只须以无线电话机连系之,则悉变为远线电话矣。"③

**图 9 - 3　斯奎尔像**

资料来源:《单线电话之新发明》,载《东方杂志》1911 年第 8 卷第 3 期。

---

① 《丛钞:电话新筒》,载《商务报》(北京) 1904 年第 26 期。
② 《德律风》,载《通问报》1907 年第 245 期。
③ 甘永龙译:《单线电话之新发明》,载《东方杂志》1911 年第 8 卷第 3 期。

此外，据《教育世界》记述，1906 年，日人藤泽忠藏利用"磁石之周围填蜡之法"，制成一款新式电话机，能在 3000 英里间，"彼此通话无滞，诚学界之一大发明也。藤泽氏出身东京物理学校，……自言发明此器，盖几经挫折，苦心焦虑，历六年而始成。"①

在不断改进有线电话技术的同时，有人又研制出无线电话。无线电话与无线电报相似，"所不同者，一则系藉摩尔斯电码（Morse code）为信号，一则系藉话筒（Microphone）而发音。"② 据记载，1899 年，美国人柯林斯达率先发明无线电话。《湖北商务报》刊载无线电话发明消息曰："前英国新得无线电报之法，一时播为奇谈。近又有人查得德律风，亦可不用电线。缘近日由益克斯来斯至比利时京城之德律风线为大风吹断一段，益局之委员试向电机说话，而京局竟能闻之，历历不爽云。"③

1903 年，丹麦发明家波尔森（Valdemar Poulsen，1869～1942）研制出一款"连续波无线电发射机"（continuous wave radio transmitter），可谓首台具有实用性的无线电话，不仅音效良好，也可随身携带。《万国商业月报》述及其事曰：波尔森近创无线电话，已在柏林实验成功，"其验法设二人，欲彼此通讯，即在发电站用电力，令空气震荡，一震荡则在气线圈内即生微音，由此可以通问矣。轻音缭绕，能逐浪飔行，有人在收电站闻之，谓其爽亮无匹。"寻常电话"非声浪模糊，即嘤咛难辩"，而此电话"不惟悉绝此弊，且入耳倍觉清亮。"④《广益丛报》也介绍了波尔森试验无线电话情况，大略曰：波尔森利用无线电报之理，发明无线电话，近日在柏林进行实验。发话与听话二机相距五十英里，竟能清晰闻听。寻常有线电话"之声浪恒类蜂声，今无线声浪不独无蜂声，且与面谈无异。"此种电话的"发电机及收电机皆可随身携带。除其显微音器，可以代无线电报之用；装以显微音器，即可为无线电话。电机全具所装之箱，大小等于寻常施行之衣箱，尤行军最有效用之器具也。"⑤

其后，又有发明家研制出无线电话，晚清期刊亦有所反映。如 1904 年，《东方杂志》载有一则美国少年麦卡尼发明无线电话的新闻：

"旧金山有一西童，名麦卡尼者，今年十五岁，聪颖异常，留心电学，考究麦哥尼无线电报法，近造出无线德律风。一置家中，一置相隔四英里之双山顶上，

---

①《杂纂：新发明之电话器》，载《教育世界》1906 年第 135 期。
② 朱其清：《无线电报及无线电话》，商务印书馆民国二十二年版，第 126 页。
③《无线德律风》，载《湖北商务报》1899 年第 11 期。
④《新艺术：无线德律风》，载《万国商业月报》1908 年第 28 期。
⑤《无线电话》，载《广益丛报》1908 年第 6 卷第 3 期。

其相问答如晤谈。"①

关于麦卡尼的生平事迹，待考。1906年，《直隶教育杂志》刊登日本海军技师木村骏吉发明无线电话信息，谓"此电话专用于海上，不可为于海底电线之存在处。近今日俄大海战，而日本海军独有敏活之行动者，皆以此无线电话也。"②1907年，《秦陇报》又介绍了日本学者田子正次发明的无线电话。田子正次曾供职于递信省、海军省，后退职"专心于无线电话之研究"，研制出一款既省电力，又不易出现故障且便于操作的无线电话，其技术特点在于"装置特种之变压器与受话机，由变压器之端连结于电池、导话机及受话机，他端则接续于空中线及大地"，其通话效果超过当时流行的"鲁马尔（Rumel）式"无线电话。③同年，《南洋兵事杂志》介绍一款由法国人美秀发明的无线电话，此电话由"二电话所成立"，其中"各有电话器一，电池一，特殊用之'印打克熊、柯以儿'一及用绝缘铜线造成之匣一。"借此通话，"无论隔石垣壁及户扉等，亦可随意交话。"④此所谓美秀为何人，待考。1909年，《南洋兵事杂志》又刊登法国两名海军中尉"相与发明无线电话"的消息，"在巴黎与米伦之间试演"，两地相距45公里，"两面电话，均极清楚。海军大臣丕卡德君极为赞赏，并谕令再加改良，以成行军利器。"⑤

电话为传音器具，其音质如何不仅与音色有关，而且与音量有关。因此，在改进电话机制造技术时有人发明了扩音设备麦克风（Microphone）。麦克风俗称"话筒"，是一种小信号、低噪声音频放大器。《蒙学报》有文述及麦克风的扩音效果：

"德律风之外，再另安一小器具，则虽极细微之声，可以放大。苍蝇行路，可使其如雷贯耳，倘人咳嗽，则天下无此大声，说话筒为之炸破。今各处无不用此器，如议院、教堂、戏院内，均安有德律风，故凡有不能亲历其境者，即可至德律风之房，听议院之议论，听戏院之歌乐，听教师之传教，俨与同在一室。"⑥

《政艺通报》载有一则旧金山人麦卡发明无线麦克风的消息：

"金山大埠有西人名麦卡，年四十七岁，自数月以来，创制无线电话，近在柯顺比珠试用。麦立于机器之前，唱曲十余调，其声清越达一英里远。听者立于

① 《丛谈：无线德律风》，载《东方杂志》1904年第5期。
② 吴燕来摘译：《理学界之杂俎：无线电话之发明》，载《直隶教育杂志》1906年第17期。
③ 通斋：《译件：无线电话之发明》，载《秦陇报》1907年第1期。
④ 《各国军事：法国：新发明之无线电话装置》，载《南洋兵事杂志》1907年第7期。
⑤ 《各国军事：法国：无线电话》，载《南洋兵事杂志》1909年第32期。
⑥ 《格物奇事：德律风》，载《蒙学报》1898年第7期。

接收声音之端，直与在电话站所无异也。麦之机器居家制造，外人不能窥其秘密云。"[1]

《新朔望报》《通问报》则报道了法国人仇曼恩发明的"电话发声筒"，大略曰：

法人仇曼恩新造电话发声筒，"当传话时，其声可闻于三十丈以外。倘将此等机器置于演说之场，则凡欲演说者，不必亲到，只须在家对德律风说之，会堂上已人人皆闻矣。且千里外之人，皆可借此演说，不必亲临，尤为简便，且当演说之际，亦可以留声机接之，以当记录。"[2]

此所谓"麦卡""仇曼恩"为何许人，待考，由其发明的"麦克风"可用于远距离传输声音。《政艺通报》登载一则美国新发明的扩音"传声机"，可用于公共场所播放通知："此机使用之时，可不必发大声音而能传递言语。……其构造之部，系用数个铜之喇叭所成。将喇叭配置停车场各处，以电线一条，从各喇叭连于中央发声场，宛如德律风公司之总传话处。每报告火车开车之时刻，则其原音可以增大而从各处之喇叭口发出其声音，使在停车场等候火车之旅客得以共闻其报告。"[3]

## 第三节　电话机的构造及原理

电话机是通过电信号双向传输话音的终端设备，按其制式可分为三类：一是磁石式电话机，其特征是通话电源和信号电源都由电话机自备；二是共电式电话机，其特征是所有电源由电话交换机提供；三是自动式电话机，其特征是电源由交换机提供，设有一只拨号盘或按键盘发送控制信号，以控制自动交换机工作。无论哪种电话机，皆由通话件、信号发送件、信号接收件三部分组成，其核心部件为送话器、受话器。

按照声学原理，"声音的发生，完全由于物体的振动，由空气传布，而达于吾人之耳膜。振动有强弱速徐，则发生的声音有大小尖钝。如果能藉电流作用传到他处，使他处的某种物体，发出同样的振动，就可以生出同样的声音。"贝尔即依照此理发明磁石式电话机。《学报》有文据图9-4解读了此种电话机的制作原理，大略曰：

---

① 《艺事通纪卷一：无线电话》，载《政艺通报》1906年第5卷第10期。
② 立群：《商业：德律风之历史》，载《新朔望报》1908年第1期；《丛录：高音德律风》，载《通问报》1906年第226期。
③ 《艺事通纪卷一：美国传声机之新发明》，载《政艺通报》1907年第6卷第11期。

图中"B为真吸铁石，其前有生铁A感之而亦带磁性。取线圈围绕A，C则系与A相距极近之铁片。今若向C发声，则C振动，而变C与A之距离，遂致起磁界之变化，即'示力线'贯线圈之数有增减。故线圈中起感应电流，今若取长传电线联络于受话器，则起于送话器之感应电流，亦通入受话器之线圈，因而在线圈中心生铁，带变强变弱之吸铁性。在其前之铁片，被吸引亦或强或弱而为振动。此振动即与所传之声相吻合。此德律风之原理也。"①

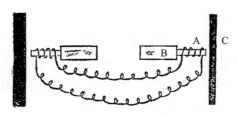

图9-4　磁石式电话机结构示意图

《益闻录》有文图示了贝尔电话机的外形图和剖面图，分别见图9-5和图9-6，并详解其基本构造及原理，略谓：电话器以其内置之软铁片、磁条、度电圈等元件为送话和受话装置。"此具须有二枚，一枚在听者之处，一枚在言者之处。听者属耳于管口，言者口对管口。"究其传音之故，是因发话端之声波引发软铁片振动，而软铁片振动时因与磁条的距离时远时近，故其所感受的磁场时强时弱，由是度电圈亦相应而生感应电流。感应电流经导线传到他处受话器的度电圈上，亦产生时强时弱的磁场，从而引起软铁片的振动，复制出发话端传来的声音，"宛似两人晤语者然"。②

图9-5　贝尔电话机外形图

---

① 青来：《动电气学述要》（续），载《学报》1907年第1卷第4期。
② 《论德律风》（第九十七节），载《益闻录》1887年第723期。

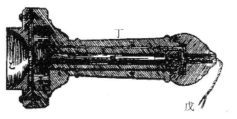

图9-6 贝尔电话机剖面图

《格致汇编》同样以图文形式介绍了贝尔电话机的构造及传声原理，略曰：图9-7为电话机之外壳，以木为之。图9-8为电话机之平面图，其中"甲为摄铁条，后端有螺丝旋紧之，乙为丝线包裹之细钢线，缠绕于摄铁条之前端，即成附电气。其细铜丝之两端，接以粗铜线，通至木壳外相连之螺丝钉丁。从此线传电至远方，而声已随之而行。盖摄铁条极点前之熟铁片，遇声而颤，每一颤，则电气一显，无论声之高下疾徐，空气中之声浪亦如之，俱能感动其熟铁片，而附电气遂传声于彼处之器矣。"[1] 此所谓"摄铁条"即磁条，"熟铁片"即软铁片，"附电气"即度电圈。

图9-7 贝尔电话机外壳

图9-8 贝尔电话机平面图

《新世界学报》也概述了贝尔电话机的构造与原理，略曰：此机之构造如图9-9，"送言语之装置与受言语之装置，其一极（N即北极）A为螺线，围绕成一个之磁石棒（NS），其北极之前生起音响，则动物之瓣膜震动。又有薄片铁板（C）与送置言语之装置，及受听言语装置之两螺线互相连续。今向送致言语传话机之铁板谈话，其音响之震动，自此铁板为磁石棒之极所距斥，由磁石力生变

---

① 程端甫：《传声器、像声器》，载《格致汇编》1877年第2卷冬。

动螺线中，即起电流感应，而电流通于传导线，即可送致言语，受听言语。"①

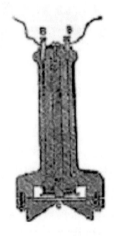

**图9-9 贝尔电话机结构**

贝尔电话机问世后，"德律风法制几易，愈考愈精，传音亦愈远。"其中，爱迪生曾将贝尔电话机内之磁石条易为"碳粒筒"，制成所谓"炭精"电话机，用碳粒接触来控制电流强度，使"电流变化程度加甚，通话效能大增。"《学报》有文述及这种电话机，略谓："今日所用之受话器，……系用一炭质棒支于横排之二炭质棒间。炭棒感觉颇锐，虽遇极微振动，其相接处变紧变宽，其电阻有增减，因而系于炭棒之传电线中电流，亦忽强忽弱，遂传其振动于受话器。此送话器名曰微音器。"②

《师范讲义》有文图示了这种"炭精"式电话机的构造，见图9-10，并述其工作原理曰：

"图内子为送话器，于敞口之下置振动板甲，以薄钢片为之，善于振动。下置炭条戊戊，以小炭粒松填其间。丑为受话器，内藏蹄铁形电磁石丙，端缠包丝铜丝数十周，能生强大之磁性，有振动板乙，与其两极相对，而不密切。将此两器与电池连接，则电流经送话器之炭质及振动板，转入受话器之电磁石，回归电池，而成一周。人向送话器之口发言，则振动板甲随声振动，压板下之炭条，视其压力大小，而使板与炭粒之接触或紧或松，即电流通过，或强或弱。电有强弱，则受话器之电磁石所得磁性亦分强弱，而对其振动板乙或引或放，故乙与甲

---

① 马叙伦：《新物理学》，载《新世界学报》1902年第8期。
② 青来：《动电气学述要》（续），载《学报》1907年第1卷第4期。

有相等之振动数，能使发言者之语音确肖无异。"①

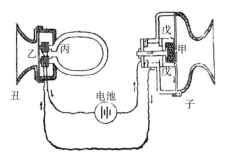

图 9 – 10 "炭精"式电话机构造

其实，无论使用磁石还是炭精来制作送话器，电话机的基本结构及机理是相同的。《蒙学报》有文述及电话机的制作之理曰：

"德律风，是仿照人耳中之情形制造而出者。造德律风之法，将吸铁一块，绕以金类之丝，前安一铁板，人声之浪，惊动铁板，铁板之摇动，使电气力量大小不同，因此彼端之吸铁，使其前之铁板，惊动生声。故此端之声音，变为电气，而彼端之电气，变为声音，缘是始有德律风。但以后改制，精益求精，遂成今日最备之器。"②

《实业报》也有文准确地概述了电话机通话机理，谓电话"所以能通话言者，缘话音触动电流。此处由讲筒发音，即由铁线绕成之度电圈，传达彼处之听筒，触动彼处听筒之薄铁板。其薄铁板敷以薄漆一层，稍阻电流，即生磁石之驱吸力，一触一动，而音以传。"同时，该文还概述了"铜扣""电铃电话转换器""上下线轮""电铃""听筒受话器""讲筒送常器"等电话机部件的功能及使用注意事项。如述电铃电话转换器曰："此转换器一端与上部通，一端与下部达，下部通电铃，当电鸣时，即出听筒，弹机密压上部，为送话之作用，其接点处，须上下充分，俾无阻碍，平时须细察之。"述听筒受话器曰：此器内"有用炭精，有用马蹄形铁。外有铜钮，由铜钮相连之内外，以幼细铜线缠以丝，使不泄漏电气。铜线接触入内，上端之铁仍绕以二卷线铜丝，成磁石之极作用，与软铁板距离少许，使生感应之机。受话时感动，若断绝，而又常相通话吸引，一触一动，话音以传。"述讲筒送常器曰："谈话之时，须常以手轻按讲筒，或稍转移之，以变其方位，谈话时，口气入内，多则生水。金类之物，易替二生锈，亦于电流有

---

① 钟观光、陈学郢：《理化学初步讲义》，载《师范讲义》1910 年第 5 期。
② 《格物奇事：德律风》，载《蒙学报》1898 年第 7 期。

所阻，须常拭净之。"①

共电式电话和自动式电话虽较磁石式电话为优，但其制作原理与磁石式电话并无本质区别。共电式电话只是将分别供电改为由交换机集中供电，自动式电话只是在共电式电话机上添置"号码发送键"，以代替人工接线。最典型的号码发送键为拨号盘（Dial），由汤姆森（W. P. Thompson）于 1896 年发明。《昌言报》有文介绍了自动电话机的使用方法：

"日来美国纽约、华盛顿、斐拉代尔斐与各首城中德律风线，一律加一数目圆表，如钟表面然，再加圆球四枚。有此数事后，各处德律风所到之地，即可彼此通传言语。譬如一人在纽约地方，欲与某友七千四百二十八号对话，将左手压首列之圆球，俟七数显出后，即须放手停压，下列各球亦然。初以手压之，俟数目表上七四二八诸数，尽行显出后，即行停止。当该友之码数已经明显后，该欲对语者，又将圆球之刊有拷尔二字者，译言唤人也，以手按压，其时指字表即示以尔林二字，译言鸣钟也。而又一德律风局内之指字表，则示以尔在此否数字，其时即鸣钟唤人，两相对话矣。迨对话毕，二人各触其机，即触拨圆球之刊有飞尾斯字者，译言终也，而凹拂二字，译言去也，于两处指字表上，同时即见，其事乃毕。倘得此种修改之法，携来沪上，一律仿造，岂不更妙哉。"②

此所谓"数目圆表"即拨号盘。这里述及使用自动电话时拨号盘上显示的几个重要提示符，"拷尔"即"call"；"尔林"即"on line"；"非尾斯"即"finish"；"凹拂"即"off"。

《通问报》也有文概述了自动电话的特点及拨号方法：

"其法于电话机器之外，另制罗盘一事。用者检明号数后，但将盘中表针，如数拨之，拨至其数，则电即与某数相通，而可以彼此对语矣。苟非仍将其针拨回至零数之上，则曾无断续之患，更无泄露之虞。从此权操自我，可以直接运动矣。且也数目虽多，罗盘不必甚大，盖有法可以通融焉。譬如我今欲与某友相语，而其数为二三五一，则其拨动之法，应先将表针从〇度拨至二千，然后仍退归〇度，于是再由〇度拨至三百，再退归〇度，然后而五十，而一度，合之即与二三五一之数无异。迨言语既毕，将针由一度退至〇度，则其电自断而不通矣。"③

以今人视之，晚清期刊如是介绍电话的使用方法未免过于烦琐，但对时人而言则十分必要。

---

① 《电话之原理》，载《实业报》1908 年第 16、17 期。
② 潘彦：《法文译编：美国修改德律风》，载《昌言报》1898 年第 1 期。
③ 《丛录：德律风》，载《通问报》1907 年第 245 期。

## 第四节 电话形式的拓展

随着电话机技术的不断改进，电话通信日渐超乎普通"对话"形态出现了诸如电话广播、电话传真、可视电话、可携电话、录音电话、车用电话、公用电话等新的存在形式，晚清期刊对此皆有所介绍。

### 一、电话广播

电话广播是以电话信息系统传送声音的新闻传播工具。1880 年，俄国人奥霍罗维奇研制出利用导线把剧院里的音乐节目传输出去的播音设备。1893 年，匈牙利的布达佩斯建立数百条电话网线，定时广播新闻，形成正式的有线广播。1907 年，《万国公报》述及匈牙利电话广播业发展情形：

"匈加利近日创行电话新闻，人或奇之，其实无足异也。此新闻并不刷印报纸，惟每日以访事所得，选一声音洪亮之人，对电话机读之。凡购此新闻，则以耳受，不以目阅，惟其读也有一定时刻。闻预定之者，已有六千三百余家。"①

同年，《万国公报》进一步介绍了布达佩斯有线广播运作流程和内容：

"奥国布大培司德城（Buda Pesth）有最奇之报，不假竹帛，不赖印刷，亦勿须邮传分布，惟恃线话机之一线，则诸事妥备矣。当冬令时，馆中执事二百余人，分布之电线，长千有一百英里，每日达报与一万五千家。传递之法，按时报告，自早八句种起，至晚十句钟止。特选声音宏亮者八人，按时将各件新闻，向话机收声器处，高声宣布，使千门万户之人同时明晓；且不独传递消息，即梨园中演唱之歌词，亦可与其话机贯通，人虽安居室内，不啻置身于戏场间也。每日报告之时，如九句钟始，先报天文台所测定之时刻，使各家对准，以齐时光；九句半时，报外间音信；十句钟时，报当日金银市价。如此类推，共二十有一次。倘人欲知一二事，亦可随意择取，借室中之话机，按传递之时，择所欲闻者连接之，则随心所欲矣。馆中偶得紧要信件，即刻触动各家之铃，示人有紧要信件，速来听闻，且所收之报资，日仅一辨士，费省益多，洵为两便。"②

此所谓"布大培司德"即布达佩斯。此外，《通问报》《东方杂志》《江宁实业杂志》以"电话奇报"为题，《万国商业月报》以"格致电话奇报"为题，分

---

① 《智丛：电话新闻》，载《万国公报》1907 年第 216 期。
② 季理斐译：《智丛：电话奇报》，载《万国公报》1907 年第 226 期。

别报道了布达佩斯有线广播运作情况。①

在有线广播发展的同时，又出现了无线电广播。无线电广播由加拿大发明家费森登（Reginald Aubrey Fessenden，1866~1932）创始。费森登为爱迪生手下的首席化学家，其重要发明是对无线电波的调制。无线电波可以以脉冲形式模仿莫尔斯电码的点画记号向外发送，通过费森登的"调制"可使其连续发射，其振幅随声波的不规则变化而改变。在接收台站，这些变化了的电波可被选出并还原成声波。1906年，费森登在马萨诸塞州无线电塔上利用其新法首次发送无线电波信号，成功传送出音乐与讲演，无线电广播由是宣告诞生。嗣后，他应邀前往英国进行推广试验，1908年，《农工商报》刊载了这一讯息：

"纽约来函云：……英政府因电学家地化利市发明无线德律风之妙用，不胜欣悦，第一次试演，乃在水师衙门与停泊于英国海湾之战舰上谈讲。其效果极佳，水师人员皆称赞不置。闻地化利市未离本埠，往英国试演之先，本埠斐猛旅馆与和多土多旅馆，已于顶楼安设无线电话机器，又于卜碌崙海军厂安设，每日三处互通消息，其管理机器之人，乃地化利市之徒。英国人知之，报于英政府，政府中人乃特延地化利市前往试演云。又闻政界中拟设法，求美政府将此种无线电话机器安设于各兵舰上，使有事时消息可以灵通，于海军上不无少补云。"②

此所谓"地化利市"即费森登。总之，20世纪初，电话广播已成为一种重要的传媒形式在西方国家发展起来。《新朔望报》述其发展情形曰：

"德律风初行，不过装于繁盛世廛间，后则接通乡镇，故美国印第安城遂出一种电话报，能于晚间将最近新闻及商界行市用德律风遍传。奥京维也纳亦有如此办理者。大概每日以访得之事，选一声音洪亮之人，对电机读之，使各处遍闻。故此等新闻，以耳受而不以目观，惟其读也，有一定时刻，俾购此新闻者，得以按时细听，不致耽误。闻预定此新闻者，已有六千三百余家矣。"③

电话既能用于广播，自然可以用于"开会"。《中国白话报》即载有一则美国大总统利用电话主持博览会开幕式的消息。其文曰：

"美国圣路易大博览会开会，大总统因为有紧要事，不能够亲到会场，所以那电机一直联系到华盛顿京城，待到开幕那时候，大总统在华盛顿白屋里头把电机一按，那一千余里以外的会场，门户都开起来，炮鸣旗动，万机同时发作，这也是科学上一件妙事了。"④

① 《丛录：电话奇报》，载《通问报》1908年第306期；《新知识：电话奇报》，载《东方杂志》1909年第6卷第3期；《各国要闻：电话奇报》，载《江宁实业杂志》1910年第2期；《科学琐谈：格致电话奇报》，载《万国商业月报》1909年第10期。
② 《报告：无线德律风出现》，载《农工商报》1908年第54期。
③ 立群：《商业：德律风之历史》，载《新朔望报》1908年第1期。
④ 《电气开会》，载《中国白话报》1904年第21~24合期。

## 二、公用电话

电话最初装设于政府机关、公司和家庭内，其后，电话运营商陆续在公共场所安装电话，一则以便公用，一则从中营利。1891 年，《格致汇编》即以"公用德律风"为题介绍了这一发展动态：

"德律风者，传声器也，行于各国已数年矣。现美国用之，通语言者甚夥，近更设新法，可以公用，不需专人司理，即能通达各处。其传声法，先按过电机关，报知总局，总局回问欲通语何处，既明告之，总局即回应需钱若干，可置钱箱某孔内。其箱盖有五孔，一孔需洋五分，一孔一角，一孔二角半，一孔半元，一孔一元。箱内有大小五钟，欲通语者，照章置钱入孔，落于何膛，击钟有声。总局闻声，即令其电线通连，以达言语。以此法设总局于闹市，多备传声器于各处路旁，为铁柱形，则不必专人司理，每届若干时，遣人开箱取钱可矣。"①

这里介绍了美国公用电话的设置情况，其所用电话机有投币箱，但非自动式，使用者需向电话局先行询价、按价投币后，才可以使用。1906 年，《通问报》以"街道之电话机"为题，报道了美国的公用电话：

"近人所用电话之机，俱安设于室内，与客两地谈话。美国某公司，近思得一新法，安置电话机于城市热闹之街道。该机设于匣内，其匣钉于凹形之铁柱上，即由此铁柱，传电以通于总局。行人欲用电话者，以手开匣，将小银钱一枚，投入匣旁小穴，即因银钱之激投，电溜相通，而能谈话焉。此法之设，甚便行人。另遇火警，或需警察及他不测之事，更为方便。最奇美者，美城街道既设此种电话，并无顽童及流氓等乘机玩弄，损害机器，或者因其设在街市热闹之处，行人如织，亦实收看护之效于无形中，小人无从而恶作剧耳。"②

这里述及的公用电话已是自动式电话，它安设于"热闹之街道"，使用者可以直接投币拨号通话，颇为便利。

电话不仅可以安装于固定的公共场所，而且可以用于公共交通工具上。《政艺通报》云：法国社会党党员"尧葛突氏"发明了一种可供火车使用的电话，能够通报"火车所在之消息，且当遇险之时，可即便告警，预防冲突之害于未然。"③《南洋兵事杂志》则介绍了一种美国新近发明的"一种最简便之德律风，可以装于火车以及各车站"。其"法于机关内，投入如许分量之物，即可达言语，虽火车驶

---

① 《格物杂说：公用德律风》，载《格致汇编》1891 年第 6 卷春。
② 《丛录：街道之电话机》，载《通问报》1906 年第 230 期。
③ 《艺事通纪卷二：火车电话》，载《政艺通报》1903 年第 2 卷第 8 期。

行之时，用之亦甚简易，故中途告急，尤便捷于电信也。"①《新民丛报》云：美国人"亚比约翰氏"研制出一种汽车专业电话，"当汽车进行中，旅客可得自由自在以与各地通电话；已以之试验于一时间二十五哩速力之汽车中，结果异常良好，将来当见采用于各地，此亦一大便利也。"② 《小说林》也介绍了这种电话，并谓"此亦交通上不可缺者也"。③ 此所谓尧葛突氏、亚比约翰氏为何许人，待考。

## 三、随身电话

无论将电话安设于室内，还是安设于街边或车辆上，皆不便于出行使用，因此，有人发明了可以随身携带的电话。晚清期刊介绍了一种"衣囊电话"，即可随身携带。《新民丛报》将其视为"二十世纪之新发明物"予以介绍④。《政艺通报》有文介绍其构造曰：

"美国英基那亚洲之拉非特，设立衣囊话器制造会社。此器械装置收话器与送话，兼诸地之电话线柱，以亚米尼箱连络之。廻箱键时，即呼出交换局，可得通话。巡查街市通行之应援，或报出火时，必携之。"⑤

如其所言，这种电话合送话器与受话器于一体，内置各地"电话线柱"，与"亚米尼箱"相通。拨动话键，即可呼叫通话。此外，《湖北学生界》也有文概述了这种电话机的特点：

"美国印叠亚之拉活脱地方，近设立衣囊电话器公司，制造衣囊电话器，以受话器与送话器合为一物，可置于囊中；又于各电话线杆置置尔密纽谟箱，用时连络之。廻其箱之键，呼出交换局，便能通话，其便利可想见矣。"⑥

此所谓"英基那亚洲""印叠亚"即印第安纳州；"置尔密纽谟箱"与"亚米尼箱"为同一仪器，音译不同而已。

## 四、"水下"电话

电话通常用于陆地，但在其发展中有人别出心裁，研制出可以用于聆听水下动静的电话，晚清期刊亦有所载述。如 1904 年，《大陆》刊载了美国科学家"孟藉氏"发明的一种"水中传达电话之器械"，谓"其器械沉于水中一定之深

① 《见闻：外国军事：美国：最简便之德律风》，载《南洋兵事杂志》1910 年第 51 期。
② 《如是我闻：汽车进行中之电话》，载《新民丛报》1906 年第 4 卷。
③ 郭节：《丹隐居谭尘：汽车进行中之电话》，载《小说林》1907 年第 8 期。
④ 高阳骏一郎：《杂俎：纪二十世纪之新发明物》，载《新民丛报》1904 年第 3 卷第 11 期。
⑤ 《艺事通纪卷二：衣囊电话器》，载《政艺通报》1906 年第 5 卷第 15 期。
⑥ 《谈奇：衣囊电话器之发明》，载《湖北学生界》1903 年第 1 期。

240

处，由水上之送话器，送电话于水中之器，则其器械起电动，而传其波动于水。他处之一端，受此波动，则传于水面之听话器，遂得闻焉。此器屡经实验，虽相距甚远，听话亦甚明了，现已获专卖之特许矣。"[1] 其后，《通问报》也报道了这一发明，谓将其"沉于水底若干尺，由水面之传话机，传话至此器之时，机器即生电浪，传其动力于水中，另一端之机器则受其激动，而传话于水上之听话器。"[2] 此所谓"孟藉氏"为何人，不详。

1905 年，《政艺通报》刊登了一则挪威人发明"水底"电话的信息，言其"能在江海中收摄音响，渔家藉此听鱼鳖虾蟹之声，从而捕之，百不失一，满载而归，利市三倍。其电话分为两具：一条显微声器，状若小箱，乃铜板制成，四围接缝极密，不透空气。渔时置入水中，一德律风器安在船上。两器有电线相连，水底一有声动，显微声即增高其音，电线传至船上之德律风，遂知水族之所在而尽捕之，不但知水族之所在，并水族种类及其数目，无不全晓。"[3]

以上所述"水下"电话，前者为无线电话，水上话机与水下话机依靠声波传动所引发的电波而传输信号；后者为有线电话，水上话机与水下话机以导线相连，水下如有响动，即通过"微声器"传于水上话机。

## 五、传字电话

传字电话是将语音转换成文字的通信设备。1878 年，《万国公报》报道了爱迪生研制"传字电话"的消息：

"德律风初兴，已属奇技，不谓更创一奇思，出乎其右者。美国有爱迭生者，其人本精格致之学，今思得德律风之用，不独能传话，并能传字。以德律风之筒头置膜处，装一笔尖，筒口说话，空气声动其膜，膜即作凹凸形，声分轻重，膜动亦分轻重，笔尖亦随而轻重之，于是近笔尖处，以轮轴出纸条，笔尖应声而作点画，以字母分配点画，而语言即成文字矣。数年前电器传声，人不之信，今于传声之余，复能传字，斯亦奇矣。"[4]

1908 年，《新朔望报》刊载了意大利机械师发明的传字电话：

"比国京城有意大利机器师，得一新法，于德律风传话之际，能同时将所说之字印出。如此将来省却笔墨不少，恐打字印字等机器必为之减色，如再能以光传说话人之面貌，则千里之外可以晤谈矣。"[5]

[1] 《杂录：水中电话》，载《大陆》（上海）1904 年第 2 卷第 10 期。
[2] 《丛录：水中传递电话之心法》，载《通问报》1907 年第 272 期。
[3] 《艺事通纪卷二：水底电话》，载《政艺通报》1905 年第 4 卷第 17 期。
[4] 《大清国事：德律风妙用》，载《万国公报》1878 年第 487 期。
[5] 立群：《商业：德律风之历史》，载《新朔望报》1908 年第 1 期。

1910年,《商业杂志》登载英国伦敦装设传字电话的情形:

"近有人发明一新式德律风,能以印字讲话,现时英京伦敦大楼内纷纷装设,以为各房各厅通消息之用,不久可以大开公司,联合各楼,彼此由德律风通传文字上之消息,免至阻隔云。"①

此外,《北洋学报》有文提及一种"传字电话",它不是将语音转换成文字传输出去,而是将文字行迹直接传送于对方。其形制和功能如下:

"传字电机分为两件,中联铁丝,一端用为发电,一端用为收电。其发电之一端,有金类夹,如剪形,夹之钩间,箝以铅笔。笔上有纸,能自转动,以受笔画之运动,此发电机也。收电机亦与此相类,惟不用铅笔,而装以玻璃筒之自来笔墨水于筒中,故所作之字,甚为清晰,此收电机也。发电者仅用铅笔行动,则收电者之墨笔亦随之而动,曲折高低,毫无差忒。用此法后,不但能互通言语,且可将其人之笔迹与之同传,即用以签约绘画及作算草,皆无不可,其便甚矣。"②

显而易见,这种传字电话即是今天所用的传真电话,不但可以互通言语,而且可以将"其人之笔迹与之同传"。电话既能传字,自然也可传送图片。《大同报》有文刊发一则讯息,谓德国人宽尔恩发明了一款能够传送照片的电话机:

"前三年,有德国教习,名宽尔恩,于电学上最有名誉,得一新法,能用电气将人小相从此处传到彼处。其法系彼此两处,均设有机器,一送一接,此处传去,彼处即现出小相来。"③

宽尔恩即德国医生亚瑟·科尔(Arthur Korn, 1870~1945),他于1903年发明了图片传真机。此讯息同时还道及这种电话的制作主要基于化学元素硒,略谓:"硒之能力,能使光波浪变为电气波浪。近日所用电话机器,亦系此硒,如人之声音,灌入筒内,触在硒上,声音即能化为电气,及传到他处,电气又化为声音。……宽尔恩之创此法,即从硒之能力得来。其先用一机器,系以玻璃为之。名圆体柱,将人原来之小相,裹于柱上,有一线之光,扑入小相,透之于硒,然后化为电气,循电线而去,彼处接法,亦仿佛如此,但电气已复化为光,而现出小相矣。"图9-11为科尔像。

---

① 《新知识:印字德律风之奇巧》,载《商业杂志》(绍兴)1910年第2卷第4期。
② 《电机传字之发明》,载《北洋学报》1906年第3期。
③ 季理斐译、高云从述:《格致学:用电气传小相新法》,载《大同报》(上海)1907年第7卷第5期。

**图 9 - 11　工作中的科尔**

资料来源：Wikipedia：Arthur Korn。

　　如果说《大同报》所述科尔传真机尚嫌简略，《浦东中学杂志》则述之更详，为晚清稀见科技史料，兹录其全文如下：

　　"英人梅氏（May）发见非金属元素硒有一特性，即照光时为良导体，电流容易通过，置之暗所，殆不导电。德人康氏（Korn）利用硒之特性而发明电信写照法。其构造略如下：

　　甲图（见图 9 - 12）为发信机，点线 A 示暗箱，其中有玻璃圆筒 G，筒上卷照像用透明胶片。圆筒以螺旋回转，同时又得前进。筒之内部有三棱镜 P 及硒板 S，H 为暗箱上之小孔，L 为凸灵视（集光透镜），N 为奈伦斯登。今使灯光经灵视射入暗箱上小孔，若逢箱内圆筒上胶片，为透明处，则光通过而射于三棱镜，从三棱镜全反射，光照硒板，硒板受光，变良导体。电池之电流经此流至乙局，若胶片为不透明处，则硒板不受光，而电流断绝不通。

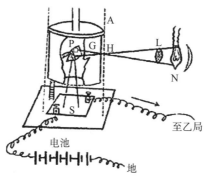

**图 9 - 12　发信装置**

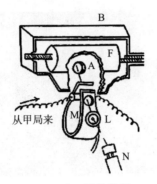

**图 9 – 13　受信装置**

　　乙图（见图 9 – 13）为受信机，B 为暗箱，F 为圆筒，大小与发信机之圆筒相等，且以等速回转前进，亦卷胶片，但发信机之胶片为已有照像者，此胶片只有感光药剂，为未经受光者。A 为暗箱上小孔，M 为电磁石及铝片，铝片因电磁石之作用，得自摇动。L 为灵视，N 为奈伦斯灯。

　　甲局电流来至乙局，依电磁石之作用（与寻常电信同理），铝板摇动（电流未来时，铝板遮隔，灯光不照于暗箱小孔），灯光通过小孔，照于筒上胶片，感光药受光变化。甲局电流不通，则铝板复其旧位，仍遮灯光，不令通过（铝板摇动后，速复旧位，别有复杂机关，图中未载）。受信既终，取下胶片，用现像液现出所摄映像，一切方法与普通照像无异。发信局用阴画胶片，则受信局所得者为阳画。博士康氏用此法于十一秒半至十二秒时间内，照得明瞭映像。若用此法与远地或外国电信局交通写照，则得千里外实事之真景，载之于即日日报之上，甚便利，亦甚奇妙也。"[①]

　　此所谓"梅氏"即英国工程师约瑟夫·梅（Joseph May）。1865 年，他发现了硒有"光电效应"，在理论上揭示了任何物体的影像都可以通过电子信号予以传播之理。科尔发明图片传真机即基于这一理论。

## 六、录音电话

　　录音电话机（Tele-graphone）旧译为"德律迦风"，由丹麦科学家波尔森（Valdeman Poulsen，1869～1942）于 1898 年发明，见图 9 – 14。这种录音电话机为磁性录音机，通过磁畴取向记录、重放声音。《政艺通报》有文概述其特性曰：

---

　　① 《电信写照法》，载《浦东中学校杂志》1908 年第 1 期。

图 9-14　波尔森录音电话机

资料来源：Wikipedia：Valdemar Poulsen。

"记音电话者，西名德律迦风，而近日又得一新法，则奇之又奇矣。一千九百七年，有丹国以电磁铁成之。其法以声走入钢片之上，无论高下洪纤，而并无刻画之痕迹；还声之时，自一次至四万次，毫无同异，即委之于地，及径过霜雪，或践踏，皆无害，如装于德律风机，两面对答之语，能截而藏之，以为他日之左券。若欲去之，惟取力较大之电磁铁，略作磨引，即可去矣。"①

《新朔望报》也有文述及这一发明：

"千七百另七年，丹国有某君得一新法，以电磁铁制成记音电话。其法以声走入钢片之上，并无痕迹，而能将声还出，自一次至四万次，并不稍有改变。此钢片即经过霜雪，或任意践踏，皆于还声无损。将此片装于德律风机，则两人之语言能截而藏之，若欲去其还声，则取力较大之电磁铁磨之即去，西名德律迦风。"②

另据《东方杂志》载，有美国人发明一款"留言"电话，外出前可预先将所欲告知之事录于"留声机器"内，对方来电，即能将所录之言传达。其文曰："此器在各种办事房内多可用，而于医室为尤宜。该器可应答二次，设如办事人既出后，有用电话召之者，则该器能应答之。若复有召之者，则该器复能应答之。该器所应答之语，即办事人所欲白之语也。当医生出门之前，即将该器结于德律风之传语筒，及德律风之铃一响，则该器当将医生所留之话，一一达诸彼面。如医生何时始归，现在何处等语，及其他一切言语，为主人所留者，此器无不代达也。"③

---

① 《艺事通纪卷一：记音电话》，载《政艺通报》1907 年第 6 卷第 3 期。
② 立群：《商业：德律风之历史》，载《新朔望报》1908 年第 1 期。
③ 甘永龙：《以机器应答电话》，载《东方杂志》1910 年第 7 卷第 6 期。

## 七、可视电话

可视电话是利用电话线路实时传送人的语音和图像的一种通信方式。这种电话到底最早由谁发明，有待考证，但据晚清期刊所述，曾有法、美发明家研制出"传形"电话。如《东方杂志》有文云：

"近日法国有某甲，已得之'传形东来法'。彼从德律风两端之吸铁片上置一电镜，俾吸其声浪，则并人之仪容而吸之，传于电中，则彼此临镜传言，便如对面相谈，是又一现形新法也。"①

此所谓"传形东来法"为何意，待考，但从文意推断即系通过"电镜"传输人像的可视电话。《广益丛报》也刊载了这则信息，谓其"不特传声，并可传形。"②

《通问报》则报道了美国人发明"可视电话"的消息：

"美国加里科尼亚州人花拉氏，从电话中发出一新理想，能见前途谈话之人。闻其法乃于电话机箱前挂一镜，彼此说话，虽隔百十里之远，亦能将对谈电话之人，在镜中照出，业经试验，甚得专门家之赞赏。此理一出，必可于地球上别开生面，惟闻花氏研究此理，计前后经历二十六年之久，始得有成。"③

此所谓"加里科尼亚州"即加利福尼亚州，"花拉氏"为何人，不详。他发明的可视电话显然与法国人发明的可视电话类似。但从史实看，当时可视电话可能处于实验阶段，并未进入实际应用领域。故《万国公报》有文对可视电话使用只是表示预期："德律风之始，传声而已，今则又能传文字与图画。或曰如更能以光学之理，使此处发电话之人容貌，与声俱传，则所谓千里一堂，如相面语者，方为实验矣。惟能成与否，则尚难预料也。"④

此外，德国有人发明一种计时电话，在电话机上配置一表，可计算通话时间：

"用此表之益，系在说话时，能看出需时久暂。该表均可一一指示。其法先以手指压表上端，伸出之圆柱帽，表钟即为旋妥。表针遂对准表上之零数，后将圆柱帽放松，表由机件遂行动，俟表针绕中心点旋转一周，钟舌即行坠下，与下面所设之钟铃相击，遂即出声，示以交谈已毕矣。"⑤

---

① 《丛谈：传形之德律风》，载《东方杂志》1904 年第 8 期。
② 《格致：电话传形》，载《广益丛报》1905 年第 64 期。
③ 《丛录：电话理想之新发明》，载《通问报》1908 年第 311 期。
④ 《智丛：电话机进步》，载《万国公报》1907 年第 217 期。
⑤ 《制造：德律风表》，载《集成报》1897 年第 22 期。

## 第五节　电话业的发展

电话本身不过是一种电磁器具，但给人类带来前所未有的通信便利。"近在一城之内，远至全世界，瞬息可通。"《格致汇编》在"互相问答"中曾专门解答电话在西方的建设情况。[①]《教育杂志》述及电话发展情形时曰："英国中无论由何处达何处，均可用电话通之，即由英京以电话遍通各国京城，亦所不难。"[②]《万国公报》介绍了电话给美国购物带来的便利："美国市上，购买杂物，可以用德律风传语，而由厂车递送。凡妇女主中馈者，遂能不至街市而得所需，法至便也。今则其事已通行于乡间，凡农民之无力者，则合数人而置一具，实文明气象也。"[③]《通学报》也述及这一情形曰："美国市上，德律风富户都用之，叫车购物，一呼即至，从不误期。记者在美京，实亲历之。一免妇女上街，二免风雨奔波，最为便利，近闻贫家亦有纠众用之者。"[④] 伦敦"大新闻纸"曾热情洋溢地赞颂"传声器"（电话）之益：

传声器发明后，"万国交接之难事大半消除，九洲贸易之耽误已多减少，即一家之族眷相去千里之迢遥，亦得彼此谈心，如晤对然。……千里镜能助目远眺，则传声器能助耳遐听，即相距二万五千里，为地球之半周，亦足彼此对谈，且不第能传人言语之声，亦能传唱歌与音乐之声，又不特能传声响之音，亦能传林中鸟鸣之声。……又如海涛澎湃之声，或泉瀑渐沥之声，亦无不可传至远处。又大城镇内喧哗热闹之声，可传于乡间，而农家场中骤走工作之声，亦可传于城内。又如大才干之讲书家，或音乐家，或教学家，亦可不出门而声教远播。再如战场交战之时，凡放枪、开炮、击鼓、鸣锣以及将帅之指麾，受伤者之呻吟等声，亦可传之京都，通入国王之宫殿，则王虽隐居深宫，亦能尽知边氓情绪。总之，传声器有更易地球上万国之权，而为西国所考求灵巧之法中最妙而最奇者。"[⑤]

因此，随着电话技术的发展，电话日渐走进千家万户，成为当时极为引人注目的新兴产业，至19世纪末，"天下德律风之数，共一百四十万二千一百具。"[⑥]1907年，世界各国电话总局已达"七万处，机器数兆余，各项事业随之而出者

① 《互相问答：第三百零五》，载《格致汇编》1891年第6卷夏。
② 《科学丛谭：电话》，载《教育世界》1907年第160期。
③ 《智能丛话：电话通行》，载《万国公报》1905年第197期。
④ 《智囊：电话便民》，载《通学报》1906年第1卷第3期。
⑤ 《传声器像声器》，载《格致汇编》1877年第2卷冬。
⑥ 《时事新闻：德律风会计》，载《格致新报》1898年第4期。

无数。"① 对于这一产业的发展情况，晚清期刊多有介绍。如《万国公报》报道了欧洲初设电话时的情形：

"英国有人名丹味士者，英京伦敦人也。西历一千八百八十一年，赴意大利国，为之设立德律风线。"②

"德律风传声虽创于美，而德京柏灵尤喜用之，每日工作者共有一千六百人之多。去岁德律风线通有一万三千处，恐今岁又须加倍装设矣。至传声之远，可及七百英里，现拟设法俾传声益能广远，并闻英将添立德律风线，俾与法京相通。"③

"三年前，英法之德律风线已安置妥帖，……人甚称之。今瑞典、丹国中亦隔一狭海，嫌电报尚有未便之处，仿英法例案，概用德律风问讯白事矣。"④

美国为电话的创始地，故其电话业发展最为迅速，英国次之。1891 年，《万国公报》报道了美、英两国的电话装机量：

"德律风之为物，始于美，至今一十三年。去岁所有德律风箱，合二十二万二千四百三十箱，比前一年增一万六千六百七十五箱。英国现已有九万九千箱，他国亦甚多，惟未知其确数约若干耳。"⑤

据《大陆》等刊所言，1880 年，"美国装置电话者为五万四千三百十九人，即该国人口每九百二十三人装电话一架。"⑥ 至 1902 年，美国"国内电话交换局，共有一万三百六十一所，电话使用者则有二百三十一万五千二百九十七人，即全国平均凡三十四人中，用一电话器。"⑦ 其中以旧金山和波士顿装机最多，"旧金山居民共三十四万二千七百八十二家，共有德律风二万一千三百二十四副。……波士顿城有户口五十万家，共配德律风二万三千七百八十副，每二十家中，约计有德律风一副。"⑧ 到 1909 年，欧美电话业已取得长足进步，尤其是美国成为名副其实的"电话帝国"，《通问报》述其大略曰：

"欧美各国，振兴文明事业，日繁一日，其中电话尤为发达，但欧洲全体统计人口四百兆，而电话惟有二百二十万件，美国人口惟八千万，而电话有七百万件之多（即三倍于欧洲），即美国安设电话之之多，实为世界第一，次为英国，次为法国，次为德国。查美国纽约一埠，所设电话三十三万四千一百八十六件之多，比之全体英国之电话，迥为多数。美国悉加哥之电话，共十八万四千九百二十二件，比之德国惟少九千件而已。美国波士顿及费拉底尔非亚等埠，所有电话皆

① 《智丛：德律风之进步》，载《万国公报》1907 年第 218 期。
② 《电学汇志》，载《万国公报》1893 年第 55 期。
③ 《西国近事：大德国：新德律风》，载《万国公报》1890 年第 19 期。
④ 《西国近事：瑞典国：安德律风》，载《万国公报》1893 年第 51 期。
⑤ 《西国近事：大美国：德律风多》，载《万国公报》1891 年第 26 期。
⑥ 《世界谈片：美国装电话者之数》，载《大陆》（上海）1905 年第 3 卷第 4 期。
⑦ 《琐琐录：美国电话事业》，载《新民丛报》1905 年第 3 卷。
⑧ 《工产志略：纪德律风》，载《选报》1902 年第 xx 页。

愈十万之数，而奥国则惟有八万零九百七十五件而已。其外义大利、哼加利、比利时各国，全体电话皆与美国圣路易秘社穆尔、旧金山各埠之电话略同其数。"①

在电话装机量不断发展的同时，电话网线建设也与日俱进。1883 年，美国纽约至芝加哥开通电话线，"二处相去约一千英里，已能闻声。"② 1885 年，《益闻录》介绍了俄国电话网线建设情况，谓"有格致之士在俄国先士必打美地方设一德律风，其线达至莫郎邑，凡二千四百六十五英里。两地晤谈，虽相去甚遥，而声音极为明晰。闻此法若再推广，可远至四千七百英里，且可兼通电音。"③ 1891 年，伦敦——巴黎电话线建成，"计总长二百九十七英里"。④ 1903 年，《政艺通报》登载了欧美电话网线推进情况："近日法京与意大京联有德律风线，长九百五十六英里。又由法联至德京，线长六百七十英里。此线亦分联各处，为欧洲之最长者矣！然在美国则尚有一千英里者，现在不但一城之中互相联络，且联络各城，故英国之邮政局附有电报亦附有公用德律风矣。"⑤ 1907 年，《通问报》评述电话网线建设时曰：

"德律风，日本人译之为电话。当初创之时，不过能通数十里耳，迨后愈研愈精，续渐增多至数百里，寝假而千余里，迤来愈益精进，驯至二国交通，如法兰西巴黎与意大利罗马，两京相距数千里，亦瞬息可通，无异晤谈。诚哉，所谓千里一堂也！"⑥

贝尔电话发明后不久，便传入亚洲。1877 年，日本在东京与横滨之间试行电话。1903 年，日本已有电话交换局（含支局）29 所，电话处 151 个，自动电话机 134 部，在册电话用户 29941 名。⑦《万国商业月报》云：1908 年，日本东京、长崎共有电话 3 万部，横滨、神户等四埠共有电话 1.2 万部，其余诸埠约共有 2.03 万部。日本政府计划自 1909～1912 年，增设电话 6.123 万部。⑧

贝尔发明电话机的消息很快传入中国。1877 年，《格致汇编》以"传声器"为题介绍了贝尔的生平及电话机的构造和原理，并言：徐寿（1818～1884）之子徐祝三（1858～1928）"于日前见西报之传声器图，遂按图仿造，三日而成。惟初次试验，十言中辨其八九，间有一二尚须以意度之，然亦不难渐臻美善。待造至再而至三，可与西人并驾齐驱。如更加研究，或可巧出西人之上亦未可知。现有西人请徐君制器一副，即在上海用之。倘徐君能再增新法，则泰西人必航海而

---

① 《丛录：美国电话之进步》，载《通问报》1909 年第 385 期。
② 《德律风之发达》，载《万国公报》1907 年第 224 期。
③ 《德律风新法》，载《益闻录》1885 年第 425 期。
④ 《互相问答：第三百零五》，载《格致汇编》1891 年第 6 卷夏。
⑤ 《艺事通纪卷三：电话日兴》，载《政艺通报》1903 年第 2 卷第 14 期。
⑥ 《丛录：德律风》，载《通问报》1907 年第 245 期。
⑦ 大隈重信：《日本开国五十年史（上册）》，上海社会科学院出版社印影版，第 410 页。
⑧ 《商务纪闻：日本之德律风》，载《万国商业月报》1909 年第 11 期。

来，冀获观摩之益也。"① 据说，由徐祝三制作的电话机，"带至数洋行家用之，无不佩服赞叹，拟将此器存于格致书院内，便于好者随便观之。"② 中国人仿制电话机，盖自徐祝三始。据称，1877 年，上海招商局托西人造"传声器一副，其电线自金利源栈房通至总局公务厅内，又有巡捕房作一副，其电线自总局通至虹口分房内。此二副俱为数里之相距，而传声最为清楚。"③ 中国使用电话，盖自此始也。

电话机发明后，很快进入中国市场。1878 年 8 ~ 10 月，天成洋行在《申报》上多次发布"德律风出卖"广告，言称："德律风者，系泰西新创之器，用时将此铁线一条，以口就其一端讲话，诸般说话远近皆可传声，其极远者可至数千里之外。创造人名哀而，今托本行在中国专为经理发卖，价极公道。"④ 1879 年 3 ~ 4 月，天成洋行又以同样文词在《申报》上多次发布"德律风出卖"广告。⑤

对于这一新发明，晚清时论赞誉有加。《申报》有文论曰："西人制造传语之器，名曰德律风。现在得一新法，比前考究，极为利用。从线端向耳边听所传之语，其声音较前更大，据闻已造成多具。现在美国牛约城特设一公司，凡商人家之账房中各设一具，其总线则在公司。如遇各欲与银行或各行栈传言，先向线端报知，公司将此处之线与别家线头接牢，然后彼此各在线端问答，如同面语。虽十里之外，皆可听得明白，诚较之电线更为便捷利用矣。"⑥ 又有文曰："德律风者，所以传达言语，为电线之变相，亦以铁线为之。持其一端，端上有口，就口中照常说话，其音即由此达彼。听者亦持其一端而听之，与面谈无异，不但语言清楚，而且口吻毕肖。……此法一行，无论华人、西人，皆可置备，相隔数里或为风雨所阻，亦不难遥遥共话，是又一快事也已！"⑦

据报道，1881 年，上海租界率先开办电话公司。⑧ 1883 年，上海"由英马路绕道至商务公局，又接至法租界天主堂"已开通电话，两处相距二十余里，彼此通话，"捷如影响，且能辨认何人言语。抑扬涩呐，字字分明，惟声音稍锐，一若闻呼于百步外者。"⑨ 遗憾的是，晚清电话建设久陷于停滞状态，直至清末新政时期才有较大发展。

晚清期刊对清末各省创办电话情况多有报道，如 1902 年，盛宣怀在杭州筹有"设德律风，以灵消息。"⑩ 同年，汉口"德国邮政局所设之德律风"告成，

① 程端甫：《传声器、像声器》，载《格致汇编》1877 年第 2 卷冬。
②③ 《格物杂说：上海初用传声器》，载《格致汇编》1877 年第 2 卷冬。
④ 《德律风出卖》，载《申报》1878 年 8 月 22 日。
⑤ 《德律风出卖》，载《申报》1879 年 3 月 27 日。
⑥ 《德律风妙法》，载《申报》1878 年 10 月 1 日。
⑦⑧ 《沪上拟用德律风》，载《申报》1881 年 12 月 5 日。
⑨ 《德律风》，载《益闻录》1883 年第 254 期。
⑩ 《本省新闻：创德律风》，载《浙江新政交儆报》1902 年壬寅夏季四月。

"其总线设于法界，分枝于英德日俄等界，以及城内亦可通行。"① 1903 年，两广总督岑春煊奏请在广州创设电话局，并"关照人民自设局，以后可以通用。"②1904 年，河南开封筹办"德律风，自抚院以次各衙署及各局所一体安置，以便信息灵通，问答快捷。"③ 1905 年，湖南长沙建立电话局，"所用城内外各局所及文武各衙门，均已传语如面。"④ 1910 年，四川成都也筹建电话局，"以便交通"。⑤《万国公报》评论清末创办电话情况曰：

"今中国用此德律风者，以上海为最盛。上海与天津、南京、汉口皆商人合办之公司。至于他处，大小各衙署则为官设之德律风。上海华人用德律风者甚多，非但市廛、住宅亦然，曩者外人讥讪华商作事迟钝，谓其耗费时间，曾不值钱，今亦逐年进步，事求敏速，故必需用德律风之灵通，乃可竞争于商战时代也。"⑥

值得一提的是，在创办电话局的同时，亦有国人研制电话机，以期分"洋商独占之利"。如前所述，徐祝三曾于 1877 年仿制电话机。据《知新报》载，1899年安徽候补知州彭名保亦自行研制出电话机，安徽巡抚邓华熙奏请授予专利，招股集资造办。其奏略曰：

彭名保"才性明敏，艺事擅长，委管安庆电报有年，素于电学、声学考究精详；揣度德律风之用，不外乎由电传声，遂请购置电学、声学等书，潜心研讨，由浅及深，自出心裁，制成机匣，名之曰传声器。分装两处，缀电线以通其气，登时问答，声音清楚，无异面谈，其用与德律风相同。……其机匣内所需阻电力线、大小吸铁、炭精、花板、听筒、音盒等，一切精细之件，不下五六十种，皆自行置办。……凡通商大埠、省会繁区及防营炮台、铁路等处，藉以互达话言，均适用而灵便，不搅占电报之权利，而可补电报以推行。惟是器属创兴，需本颇多，非一人力所能行，必须设立公司，招股集资造办，方能应手，并须请准专利，酌定年限，股分方易招徕。一年后造有数百具，运往他处装用，既能消息通灵，亦可漏卮稍塞。"⑦

面对电话业的发展，清廷感到有必要统一规制，乃于光绪三十三年颁行《电话章程》《安设移置话机章程》和《电话用法》。⑧ 其中，《电话用法》共计七条，规定了使用者和"司机者"所当遵循的规则：

一、凡欲与人说话，须先将通话人之号数查明，随将电铃摇一二转，先唤本

---

① 《京外新闻：电线告成》，载《浙江新政交儆报》1902 年壬寅春季智集。
② 《中国纪事：仿设德律风》，载《鹭江报》1903 年第 12 期。
③ 《新闻：京外新闻：创行电话》，载《四川官报》1904 年第 24 期。
④ 《纪闻：中国部：湖南：电话设妥》，载《广益丛报》1905 年第 79 期。
⑤ 《纪闻：中国部：四川：筹办电话》，载《广益丛报》1910 年第 237 期。
⑥ 《德律风之发达》，载《万国公报》1907 年第 224 期。
⑦ 《京外近事：安抚邓华熙奏请准传声器专利片》，载《知新报》1899 年第 81 期。
⑧ 《电话章程》《安设移置话机章程》《电话用法》，载《交通官报》1909 年第 2 期。

局，并以听筒紧置耳门。本局司机者问要何处号，即将该号告知本局，本局司机者随将该号回说一遍，以期无误。但听筒仍须置于耳门，不可放下，须待彼此说毕，将听筒挂上，然后把铃一摇，以示说毕。

二、凡闻电铃响时，不必复将电铃摇动，即将听筒置于耳门说话可也。又每闻电铃响时，务须立时回答，最好有一人专司其事，惟通话之时，可离话筒二三寸，照寻常说话声气，不必太高。

三、凡要某处，须用某处号数，告知本局，如仅用姓名，本局司机者恐不能记忆系何号数，无从连接。

四、凡遇要某号，本局司机者答以等候，即请略候数分钟，再行摇铃叫唤。因分局干线均已占用，或所用之号，适与他号说话，未便遽尔撤线故也。

五、凡欲查询号头或通知事件，请叫局零号领班处，或五十九号杂务处，因司机生司机忙碌，无暇顾及别事。

六、凡本局每晨通知各处试验线机，务请立时回答。

七、凡摇铃催唤时，必须将听筒按在钩上，如听筒不在钩上，虽尽力摇铃，本局亦不知觉。"[1]

随后各省电话局也制定了相应的章程，如苏州颁布了《苏州电话局章程》和《苏州电话局详细章程》[2]，东北地区也出台了《东三省电话章程》[3]。

对于电话这一"奇货"，时人虽或心存疑虑，但更多抱以好奇和赞赏态度，并述之于诗文之中。如北平《顺天时报》所辟"文苑"栏目内载有不少咏赞"德律风"的诗篇[4]，有"一室传音卜天下，若驾云车乘风马""百里音声通一室，片时消息透重墙""天涯消息近咫尺，德音达播从此始""面壁尽容传肺腑，铃摇声处情无阻"等句。《鹭江报》有咏电话诗云："半壁孤悬只一龛，个中器具几相参。呼铃引线通来往，提镜聆音达北南。好似秋虫吟唧唧，犹如青鸟语□□。素心虽隔三千里，对管无殊对面谈。"[5]《申报》有诗咏电话曰："东西遥隔语言通，此器名称德律风。沪上巨商装设广，几如面话一堂中。"[6] 甚者有藉电话以表达"情话"：

> 忆昔别君时，执手临岐语。
>
> 别后知几时，况味各凄楚。

---

① 《法制：电话用法》，载《交通官报》1909 年第 2 期。
② 《法制：苏州电话局章程》，载《交通官报》1909 年第 4 期；《苏州电话局详细章程》，载《南洋商报》1910 年第 2 期。
③ 《法制：东三省电话局章程》，载《交通官报》1909 年第 4 期。
④ 载《顺天时报》1909 年总第 2046～2260 期。
⑤ 许自立：《诗界蒐罗集：电话》，载《鹭江报》1904 年第 76 期。
⑥ 《洋场竹枝词》，载《申报》1872 年 6 月 7 日。

岂无尺素书，积怀难罄吐。
何期君寄声，宛转达妾所。
谁引情丝长，不畏道途阻。
呼吸异山川，缱绻恋儿女。
倾听凄肝脾，欲答泪如雨。
平时促膝坐，啻笑相尔汝。
妾啼君衣湿，君笑妾掌抚。
妾今闻君声，君身杳何许。
闻声不见人，枉诉相思苦。[①]

《小说时报》载有一篇名为《无线电话》的"科幻小说"，描述了"未亡人"与其亡夫在雨夜利用"无线电话"互诉别离之痛、相思之苦的情形，见图9-15。所述虽涉"妄诞"，但通过亡夫之口道出无线通信"超越时空"的奇妙："这无线电话可以和阴间交通，这是近来新发明的电术。……阳世与阴间，本不易交通的。今天你在阳世思念我，心中就发生阳性的阴电。我在阴间忆念你，心中就发生阴性的阳电。这两种电气，互相吸引，再加今晚的雷电交作在旁，帮助那无线电话的组织便完成了。"[②] 毋庸赘言，如果没有掌握电学基础知识，作者无论如何也不会构想出如是情景的。

图9-15 "无线电话"图

① 《电话》，载《国民日日报汇编》1904年第4期。
② 笑、呆：《短篇名著：无线电话》，载《小说时报》1911年第9期。

# 结　语

西学东渐是晚清学术文化转型的桥梁，其中涉及西学传播主体、传播机构、传播媒质、传播内容、传播过程以及受众对象、受众反应等环节。既往研究重于西书移译出版情况的考察，疏于对期刊中西学篇目的梳理，重于西学传播主体、传播机构和传播方式的考察，疏于对所传西学知识的系统性分析。因此，本书选择了通过期刊来考察电磁学知识的研究理路。

综上所述，本书既梳理了晚清期刊中电磁学篇目的刊载情况，又通过这些篇目分析了电磁学研究与传播所达到知识程度，由此或可形成如下认识。

其一，在晚清国内外刊行的 2000 多种中文期刊中，不低于 95 种期刊载有物理学文献，其中或多或少论及电磁学知识。这些期刊既包括以收载科技知识为主的综合性自然科学期刊，如《格致汇编》《格致新报》《科学世界》《学报》《数理化学会杂志》《理工》《学海》（乙编）等，又包括某些文理综合性期刊，如《六合丛谈》《中西闻见录》《新学报》《新世界学报》《东方杂志》《通学报》《科学一斑》《师范讲义》等。其中《通学报》《学报》《师范讲义》《数理化学会杂志》《学海》（乙编）等还辟有专门的"物理学栏目"。这些期刊多数创刊于以上海、广州为代表的通商口岸和留学生集聚之区东京，创刊者最初多为外国传教士，后则多为国人。这表明经过西学的长期浸润，中国知识分子逐渐成为科技传播的主力，期刊逐渐发展成为科技传播的重要媒质。

其二，晚清尚无专门的物理学期刊或电磁学学刊，电磁学知识主要载于各种综合性期刊中。这些文献虽然有些也具有"比较强的学术气息"[1]，但总体来说以新闻性、科普性、实用性见长，学术性、理论性不强。就时效性言之，当时国际上一旦有重要的物理学发现和发明，晚清期刊一般能够以"新闻"形式在短期内予以介绍和报道。如 1876 年，贝尔获得电话机发明专利，翌年《格致汇编》以"传声器"为题介绍了贝尔的生平及电话机的构造和原理。1895 年，伦琴发现 X 射线；翌年《万国公报》即以"光学新奇"为题予以报道，而论及 X 光的

---

[1]　张欣：《〈东方杂志〉史料性和学术性研究》，载《河南图书馆学刊》2008 年第 6 期。

著作《光学揭要》（赫士、朱葆琛译述）、《通物电光》（傅兰雅、王季烈译述）迟至 1898 年和 1899 年才分别由上海美华书馆、江南制造局出版。1897 年，马可尼在英国建立了世界上第一家无线电器材公司，同年《时务报》即予以介绍，而专论无线电报的著作《无线电报》（卫理、范熙庸译述）迟至 1900 年才由江南制造局刊行。就所载内容言之，晚清期刊重在介绍电磁学的发展历史、基本概念、原理、定律等基础性知识和诸如 X 光机、电灯、电报、电话等应用技术类知识。其中，不少期刊还辟有专门介绍新知识、新发明的栏目，如《格致新报》的"格致新义"、《新民丛报》的"新智识杂货店"、《北清烟报》的"二十世纪的新智识"、《东方杂志》的"科学杂俎"、《万国公报》的"格致发明类征"、《教育世界》的"科学丛谭"、《万国商业月报》的"科学琐谈"、《北洋学报》的"科学丛录"等，即对物理学及电磁学应用技术和产品多有介绍。这种以新闻性、科普性、实用性面目而呈现的物理学知识虽欠深入，但既利于国人及时了解世界科技发展动态，诱发其科技好奇心，又适应了社会发展需求，也"符合人们对新生事物的接受规律"。

　　其三，电磁学的传入不仅使国人享受到种种便利，而且拓宽了国人的视界，使其认识到电的奇功妙用，认识到电磁学已成为不可不讲求的学问。《中西教会报》有文曰："电之为用于世也昭昭矣！……格致者执之，使之寄信，彼则惟命是从；使之御车，彼则唯命是听；使之司灯，使之镀金，彼亦莫敢不从命矣！……且其最奇之用，即寄信一事，试思重洋万里，瞬息可通，致天下客联为一家者，即电报也，岂置邮传命与烽燧告警者，所可同日语哉！……至于将原人之言，迳送远方（西名德律风），不备电线，而亦能传言者（西名光风），其奇妙可胜言哉？"[①] 因此，当时有人专门撰文呼吁在学校设立电学科，以培养电学人才。其文有曰："嗟乎！二十世纪之世界，一电气之世界也。电报通而消息灵，电路通而行人便，电灯发而大千世界顿放光明。夏欲其冷也，而电扇可供使用；冬欲其暖也，而电炉足显奇功。且也有电灶以供烹调，有电池以供化镀，有电动机器以供各项原动力，推之万事万物，亦莫不有电力以供其作用。视之无形，听之无声，扪之无物，触之而有身命之虞。……我国人士于电学一科，素不讲求，虽声光化电等学墨子开其端，而前者失传，继起又无其人，历年派遣学生，游学外洋，亦未闻习电科回国者。嗟乎！以世界竞争之电学而我国并萌芽而无之，可不惧哉？"[②] 寥寥数语，既道出作者热望中国发展电学教育之心，也表明电磁学这枚"奇石"已在晚清国人心海里激起回响。

---

① 锡畴：《电学六奇》，载《中西教会报》1895 年第 1 卷第 9 期。
② 古瀚胡寿颂：《论设立电科之必要》，载《协和报》1911 年第 32 期。

其四，晚清学术文化领域的重大变革是借西学东渐之途逐步实现了从"四部之学"向"七科之学"的转型。所谓"四部之学"是指基于经、史、子、集"四部"典籍而分类的以经史为主要内容的中国传统学术体系，而所谓"七科之学"是指基于文、理、法、医、农、工、商等不同研究门类而划分的现代学术体系。书刊为西学东渐两大重要媒介，据统计，晚清刊印在中国物理教育史上比较有影响的西方物理教科书只有 31 种，其中从欧美译介 17 种，占 54.8%；从日本译介 7 种，占 22.6%；自编 7 种占 22.6%①，而刊载物理学知识的期刊则不低于 95 种，所载篇目更是成百累千，其有关电磁学知识虽然比较零散，但总括而言对该学科的基本知识构架与内容予以比较系统的介绍，基本阐明了电磁学的发展历史、重要范畴、基本原理和定律，至少达到初等物理学知识水平。这既表明期刊是晚清电磁学传播的重要媒质，也意味着作为一门"新学"的电磁学已在晚清比较系统地传入中国，并与同时引入的其他"新学"一道促进了晚清学术文化的转型。因此，清末才能够逐步提出以"七科之学"为蓝本进行学制改革的动议和方案。②

其五，晚清期刊传播了电磁学知识，其影响所及、受众反应情况如何，虽无系统的资料予以反映，但就个别期刊而论亦可略见其一斑。如《六合丛谈》创刊后每期销量一度高达 5000 多份，《中西闻见录》每月出版 1 期，每期刊印 1000 余份，主要发行于北京地区，天津、上海、杭州、九江等地亦有流传③；所载科技文献"深受中国上层人士推崇"④。《格致汇编》出版后，先后在国内设立代销点 48 处，其中华东地区 28 处，中南地区 11 处，其它地区 9 处，成为"沿江、沿海中国人最喜欢的读物之一"⑤。《格致汇编》最初每卷刊印 3000 册，后因销售情况良好，又重印加印。据估算，每册印数少则 6000 册，多则 9000 册。这一销量是当时江南制造局所出西书平均销售数二三十倍。⑥ 1897 年，梁启超应邀到长沙主持时务学堂时，曾将《格致汇编》列为"参考书目"。因深受读者喜爱，《格致汇编》当时还出现盗印本。⑦ 《格致新报》在全国各地设立代派处 47 处

① 赵长林：《明清西方物理学知识的传播和晚清物理教科书的发展》，载《课程教学研究》2017 年第 6 期。

② 肖朗：《中国近代大学学科体系的形成——从"四部之学"到"七科之学"的转型》，载《高等教育研究》2001 年第 6 期；左玉河：《从"四部之学"到"七科之学"——晚清学术分科问题的综合考察》，中国社会科学近代史研究所编：《中国社会科学院近代史研究所青年学术论坛》，社会科学文献出版社，2000 年。

③ 朱世培：《〈中西闻见录〉研究》，安徽大学硕士学位论文，2013 年，第 30 页。

④ *Chinese Recorder*, V. 7 (Mar‑Apr 1976), pp. 150‑152.

⑤ 王强：《〈格致汇编〉的编者与作者群》，西北大学硕士学位论文，2008 年，第 6 页。

⑥ 熊月之：《西学东渐与晚清社会》，中国人民大学出版社 2011 年版，第 339 页。

⑦ 赵中亚：《〈格致汇编〉与中国近代科学的启蒙》，复旦大学博士学位论文，2009 年，第 135 ~ 136 页。

(不含上海)，其中以江苏、湖北、浙江最多，三地合计32处。①《萃新报》在浙江设立代派点43处，在金、处、衢、严产生了较大影响。②

期刊也在受众间引起了回响。如《格致汇编》《格致新报》分别设立"互相问答"和"答问"栏目，用以解答读者疑问，在编者与读者间形成良好的学术互动。据统计，《格致汇编》"互相问答"栏目总计收题320问，其中不少为物理学问题，提问者注明籍贯的有260人次，其中258人分布于全国18各省市。③《格致新报》"答问"栏目收载242题，其中有关物理学的问题19题，约占总题数的7.9%。④ 注明籍贯的提问者74人，分布于11省市。⑤ 这既反映了国人对科技期刊的认可和科技知识的好奇，也体现了"西方物质文明的科学技术，已经以其巨大的优越性，为中国社会普遍认同、接受。"⑥ 期刊在一定程度上也激发了晚清知识分子从事自然科学研究的热情，加速了科技知识在民众中间的普及。据统计，"《格致汇编》前后发行七年，计六十册。而其中读者通信共达三百二十二件。所询问题相当广泛，大半不出科学知识范围。质询者函件，来自各省重要城市，盖随《格致汇编》发行之所及之地，即能引起读者的兴趣，并提出质疑问难。……解析疑难，启发智慧，实为所有通信者之重要收获。"⑦ 在期刊编辑与读者的互动中，民众与期刊之间的距离在缩短，"科技的神秘面纱才逐渐揭开，从而进入到普通民众中间。"

电磁学的传入，在晚清教育界引起回响。1908年，邮传部上海高等实业学校设立"电学专科"，聘请"英美工师，按科教授"。其学科共分三种："一、主科，如电车学、电灯学、电报德律风学、电池学、电磁学、电机构造学、直流电机学、交流电机学、驭电学及传电学等是；二、附科，如机械学、重学、材料力学、图形几何学、经纬几何学、微积分、分析化学、高等物理学、机器绘画学、工程法律学、汽机学、煤油机学及兵工学等是；三、实习科，如电厂实习及机厂实习等是。"⑧ 这意味着晚清已将电磁学学科移植于教育体系中。

---

① 熊月之：《西学东渐与晚清社会》，中国人民大学出版社2011年版，第355页。
② 浙江省新闻志编纂委员会：《浙江省新闻志》，浙江人民出版社2007年版，第1046页。
③ 熊月之：《西学东渐与晚清社会》，中国人民大学出版社2011年版，第338页。
④ 熊月之：《西学东渐与晚清社会》，中国人民大学出版社2011年版，第356~365页。
⑤ 熊月之：《西学东渐与晚清社会》，中国人民大学出版社2011年版，第365页。
⑥ 熊月之：《西学东渐与晚清社会》，中国人民大学出版社2011年版，第338页。
⑦ 王尔敏：《上海格致书院志略》，香港中文大学出版社1980年版，第34~35页。
⑧ 古瀞胡寿颂：《论设立电科之必要》，载《协和报》1911年第32期。

# 主要参考文献

［1］［美］白瑞华：《中国报纸：1800—1912》，王海译，暨南大学出版社2011年版。

［2］［美］贝奈特：《传教士新闻工作者在中国》，金莹译，广西师范大学出版社2014年版。

［3］曹增友：《传教士与中国科学》，宗教文化出版社1999年版。

［4］陈毓芳、邹延肃编：《物理学史简明教程》，北京师范大学出版社2012年版。

［5］方汉奇主编：《中国新闻事业通史》，中国人民大学出版社1992～1999年版。

［6］方汉奇主编：《中国新闻事业编年史》，福建人民出版社2000年版。

［7］方汉奇：《中国近代报刊史》，山西教育出版社2012年版。

［8］樊洪业、王扬宗：《西学东渐——科学在中国的传播》，湖南科学技术出版社2000年版。

［9］高黎平：《传教士翻译与晚清文化社会现代性》，重庆大学出版社2014年版。

［10］顾长声：《传教士与近代中国》，上海人民出版社1981年版。

［11］顾长声：《从马礼逊到司徒雷登》，上海人民出版社1985年版。

［12］黄福庆：《清末留日学生》，中央研究院近代史研究所1975年版。

［13］黄林：《晚清新政时期图书出版业研究》，湖南师范大学出版社2007年版。

［14］戈公振：《中国报学史》，上海古籍出版社2003年版。

［15］李明山：《中国期刊发展史》，河南大学出版社2000年版。

［16］李喜所：《近代中国的留学生》，人民出版社1987年版。

［17］李艳平、申先甲主编：《物理学史教程》，科学出版社2003年版。

［18］梁元生：《林乐知在华事业与〈万国公报〉》，香港中文大学出版社1978年版。

［19］沈国威编著：《〈六合丛谈〉（附解题·索引）》，上海辞书出版社2006

年版。

［20］实藤惠秀：《中国人留学日本史》，谭汝谦、林启彦译，三联书店 1983年版。

［21］［日］松浦章、［日］内田庆市、沈国威编著：《〈退迩贯珍〉（附解题·索引）》上海辞书出版社 2005 年版。

［22］田正平：《留学生与中国教育近代化》，广东教育出版社 1996 年版。

［23］秦绍德：《上海近代报刊史论》，复旦大学出版社 1993 年版。

［24］史和、姚福申、叶翠娣编：《中国近代报刊名录》，福建人民出版社1991 年版。

［25］上海图书馆编：《中国近代期刊篇目汇录》，上海人民出版社 1979年版。

［26］汪广仁主编：《中国近代科学先驱徐寿父子研究》，清华大学出版社1998 年版。

［27］王立新：《美国传教士与晚清中国现代化》，天津人民出版社 1997年版。

［28］王伦信、陈洪杰、唐颖、王春秋：《中国近代民众科普史》，科学普及出版社 2007 年版。

［29］王士平、刘树勇、李艳平、曾宪明、申先甲：《近代物理学史》，湖南教育出版社 2002 年版。

［30］王树槐：《基督教与清季中国的教育与社会》，广西师范大学出版社2011 年版。

［31］汪晓勤：《中西科学交流的功臣——伟烈亚力》，科学出版社 2000年版。

［32］王扬宗：《傅兰雅与近代中国的科学启蒙》，科学出版社 2000 年版。

［33］王渝生：《西学东传人物丛书》，科学出版社 2000 年版。

［34］谢青果：《中国近代科技传播史》，科学出版社 2011 年版。

［35］许牧世：《广学会的历史及其贡献》，香港基督教文艺出版社 1977年版。

［36］熊月之：《西学东渐与晚清社会》，中国人民大学出版社 2011 年版。

［37］杨光辉：《中国近代报刊发展概况》，新华出版社 1986 年版。

［38］姚远：《中国大学科技期刊史》，陕西师范大学出版社 1997 年版。

［39］姚远、王睿、姚树峰等编著：《中国近代科技期刊源流》，山东教育出版社 2008 年版。

［40］赵晓兰、吴潮：《传教士中文报刊史》，复旦大学出版社 2011 年版。

[41] 邹振环：《西方传教士与晚清西史东渐》，上海古籍出版社 2007 年版。

[42] 仲扣庄主编：《物理学史教程》，南京师范大学出版社 2009 年版。

[43] 蔡文婷、刘树勇：《从〈格致汇编〉走出的晚清科普》，载《科普研究》2007 年第 1 期。

[44] 陈镱汶：《从〈遐迩贯珍〉到〈六合丛谈〉》，载《新闻研究资料》1993 年第 2 期。

[45] 陈镱文：《〈亚泉杂志〉与早期西方放射化学在中国的传播和发展》，载《河北农林大学学报》（农林教育版）2005 年第 4 期。

[46] 陈镱文、姚远：《〈亚泉杂志〉之气体液化传播研究》，载《西北大学学报》（自然科学版）2009 年第 6 期。

[47] 董贵成：《维新派报纸对科学技术的宣传——以〈时务报〉〈知新报〉为舆论中心》，载《自然辩证法研究》2005 年第 2 期。

[48] 戴吾三：《1897 年苏州博习医院引入简易 X 光机》，载《中国科技史料》2002 年第 3 期。

[49] 邓绍根：《中国第一台 X 光诊断机的引进》，载《中华医史杂志》2002 年第 2 期。

[50] 邓绍根：《论晚清电报兴起与近代中国新闻业的发展》，载《安徽大学学报》（哲学社会科学版）2013 年第 4 期。

[51] 段海龙、冯立昇：《〈中西闻见录〉中的两则光学知识》，载《内蒙古师范大学学报》（自然科学汉文版）2005 年第 3 期。

[52] 段海龙、冯立昇、齐玉才：《〈中西闻见录〉中的物理学内容分析》，载《内蒙古师范大学学报》（自然科学汉文版）2011 年第 2 期。

[53] 高海、顾永杰：《关于〈格致汇编〉中的重学器研究》，载《山西大同大学学报》（自然科学版）2009 年第 1 期。

[54] 高海、杜永清：《〈格致汇编〉对晚清物理学的影响》，载《山西大同大学学报》（自然科学版）2010 年第 3 期。

[55] 郭明容：《浅谈澳门〈知新报〉的进步作用》，载《四川师范学院学报》（哲学社会科学版）1999 年第 4 期。

[56] 何靖：《论澳门〈知新报〉》，载《岭南文史》1988 年第 1 期。

[57] 胡浩宇：《〈察世俗每月统记传〉刊载的科学知识述评》，载《自然辩证法通讯》2006 年第 5 期。

[58] 胡浩宇：《简论晚清科普杂志的发展历程及其影响——以〈格致新报〉为例》，载《读与写》2009 年第 10 期。

[59] 胡珠生：《戊戌变法时期温州的〈利济学堂报〉》，载《浙江学刊》

1987 年第 5 期。

［60］戢焕奇、刘锋、高怀勇、张谢：《〈格致新报〉答问栏目的科学知识传播》，载《中国科技期刊研究》2013 年第 5 期。

［61］金淑兰、段海龙：《〈中西闻见录〉编者与作者述略》，载《内蒙古师范大学学报》（自然科学汉文版）2014 年第 6 期。

［62］雷晓彤：《论晚清传教士报刊的西学传播——以〈万国公报〉为例》，载《北方论丛》2010 年第 2 期。

［63］李婧、姚远：《〈格致新报〉及其理化知识传播新探》，载《西北大学学报》（自然科学版）2010 年第 4 期。

［64］林美莉：《媒体形塑城市：〈图画日报〉中的晚清上海印象》，载《南开学报》（哲学社会科学版）2011 年第 2 期。

［65］刘可风：《〈中国大学科技期刊史〉的科技史学价值》，载《西北大学学报》（自然科学版）1999 年第 2 期。

［66］罗大正：《〈东西洋考每月统记传〉对近代中国社会的影响》，载《齐鲁学刊》2008 年第 5 期。

［67］卢刚：《唐才常与〈湘学报〉〈湘报〉》，载《船山学刊》2003 年第 2 期。

［68］龙协涛：《〈学桴〉扬帆百舸争流》，载《河南大学学报》（社会科学版）2006 年第 6 期。

［69］吕旸、姚远：《〈浙江潮〉与其科学思想传播研究》，载《西北大学学报》（自然科学版）2013 年第 6 期。

［70］沈晓敏：《略论〈知新报〉会通中西文化的思想》，载《学术研究》2004 年第 7 期。

［71］宋轶文、姚远：《晚清无线电报技术经由期刊在中国的传播》，载《西北大学学报》（自然科学版）2009 年第 4 期。

［72］苏力、姚远：《中国综合性科学期刊的口蒿矢〈亚泉杂志〉》，载《编辑学报》2001 年第 5 期。

［73］孙潇、姚远、卫玲：《〈益闻录〉及其自然科学知识传播探析》，载《西北大学学报》（自然科学版）2010 年第 1 期。

［74］孙郑华：《寓华传播西学的又一尝试——傅兰雅在上海所编〈格致汇编〉述论》，载《华东师范大学学报》（哲学社会科学版）1994 年第 5 期。

［75］唐宏峰：《幻灯与电影的辩证》，载《上海大学学报》（社会科学版）2016 年第 2 期。

［76］汤仁泽：《维新运动时期的澳门〈知新报〉》，载《史林》1998 年第 1 期。

［77］田卫方：《〈格致新报〉的科技内容及意义》，载《科技情报开发与经济》2009 年第 7 期。

［78］王斌、戴吾三：《从〈点石斋画报〉看西方科技在中国的传播》，载《科普研究》2006 年第 3 期。

［79］王国平、熊月之：《最早的中国大学学报——东吴学报创刊号〈学桴〉解读》，载《苏州大学学报》（哲学社会科学版）2006 年第 3 期。

［80］王睿、宇文高峰、姚树峰：《中国近现代科技期刊起源与发展的特点》，载《中国科技期刊研究》2007 年第 6 期。

［81］王睿、姚远、姚树峰、吴幼叶：《晚清〈利济学堂报〉的科技传播创造》，载《编辑学报》2008 年第 3 期。

［82］王铁军：《傅兰雅与〈格致汇编〉》，载《哲学译丛》2001 年第 4 期。

［83］王雪梅：《播撒科学种子的〈格致新报〉》，载《文史杂志》1996 年第 6 期。

［84］王扬宗：《〈格致汇编〉之中国编辑者考》，载《文献》1995 年第 1 期。

［85］王扬宗：《〈格致汇编〉与西方近代科技知识在清末的传播》，载《中国科技史料》1996 年第 1 期。

［86］王扬宗：《〈六合丛谈〉中的近代科学知识及其在清末的影响》，载《中国科技史料》1999 年第 3 期。

［87］王治浩、杨根：《格致书院与〈格致汇编〉》，载《中国科技史料》1984 年第 5 期。

［88］王志强、王晓影：《近代国人自办科普杂志之先河——〈格致新报〉浅议》，载《长春师范学院学报》（自然科学版）2012 年第 12 期。

［89］武占江、王亚南：《〈东西洋考每月统记传〉析论》，载《西安电子科技大学学报》（社会科学版）2006 年第 1 期。

［90］辛文思：《湘报》和《湘学报》，载《新闻与传播研究》1982 年第 3 期。

［91］谢振声：《我国最早的化学期刊——〈亚泉杂志〉》，载《新闻与传播研究》1987 年第 3 期。

［92］谢振声：《上海科学仪器馆与〈科学世界〉》，载《中国科技史料》1989 年第 2 期。

［93］熊月之：《近代上海第一份杂志〈六合丛谈〉史料新发现》，载《社会科学》1994 年第 5 期。

［94］许建礼、刘巧玲、严焱、王强：《徐建寅与〈格致汇编〉》，载《技术

与创新管理》2008 年第 1 期。

[95] 闫东艳、齐婧：《我国近代科技期刊的传播模式》，载《编辑学报》2006 年第 3 期。

[96] 杨丽君、赵大良、姚远：《〈格致汇编〉的科技内容及意义》，载《辽宁工学院学报》2003 年第 2 期。

[97] 姚远、王睿：《〈东西洋考每月统记传〉的科技传播内容与特色》，载《中国科技期刊研究》2001 年第 6 期。

[98] 姚远：《中国科技期刊源流与历史分期》，载《中国科技期刊研究》2005 年第 3 期。

[99] 姚远、亢小玉：《中国文理综合性大学学报考》，载《中国科技期刊研究》2006 年第 1 期。

[100] 姚远、杨琳琳、亢小玉：《〈六合丛谈〉与其数理化传播》，载《西北大学学报》（自然科学版）2010 年第 3 期。

[101] 姚远、卫玲、亢小玉：《〈科学世界〉开创的国人办刊新理念》，载《编辑学报》2003 年第 4 期。

[102] 姚远：《〈科学世界〉及其物理学和化学知识传播》，载《西北大学学报》（自然科学版）2010 年第 5 期。

[103] 元青、齐君：《过渡时代的译才：江南制造局翻译馆的中国译员群体探析》，载《安徽史学》2016 年第 2 期。

[104] 张必胜：《〈中西闻见录〉及其西方科学技术知识传播探析》，载《贵州社会科学》2012 年第 8 期。

[105] 张必胜：《〈中西闻见录〉中的科学技术知识分析》，载《贵州大学学报》（自然科学版）2017 年第 1 期。

[106] 张惠民：《〈关中学报〉的内容特色及其历史作用》，载《新闻与传播研究》2003 年第 1 期。

[107] 张惠民：《〈关中学报〉的传播理念及其科技传播实践》，载《河北农业大学学报》（农林教育版）2005 年第 4 期。

[108] 张惠民、姚远：《〈知新报〉与其西方科技传播研究》，载《西北大学学报》（自然科学版）2009 年第 6 期。

[109] 张惠民、姚远：《〈格致益闻汇报〉与其科技传播特色研究》，载《西北大学学报》（自然科学版）2012 年第 6 期。

[110] 张剑：《〈中西闻见录〉述略——兼评其对西方科技的传播》，载《复旦学报》1995 年第 4 期。

[111] 赵中亚：《华人编辑栾学谦与〈格致汇编〉》，载《史林》2011 年第

2 期。

[112] 郑军：《〈东西洋考每月统记传〉与西学东渐》，载《广西社会科学》2006 年第 11 期。

[113] 朱联营：《中国科技期刊产生初探——中国科技期刊史纲之一》，载《延安大学学报》1991 年第 3 期。

[114] 朱联营：《简析中国科技期刊初创时期对科学技术的传播——中国科技期刊史纲之二》，载《延安大学学报》1992 年第 1 期。

[115] 陈超：《〈点石斋画报〉的新知传播研究》，黑龙江大学硕士学位论文，2013 年。

[116] 陈虹：《透视晚清时期西方文化的传播——以〈东西洋考每月统记传〉为中心》，北京师范大学硕士学位论文，2004 年。

[117] 陈镳文：《近代西方化学在中国的传播——以期刊媒介〈亚泉杂志〉为例》，西北大学博士学位论文，2009 年。

[118] 陈园园：《〈格致汇编〉中轻工业技术及其传播效果探究》，南京信息工程大学硕士学位论文，2015 年。

[119] 程艳：《〈画图日报〉视野下的清末社会文化研究》，上海师范大学硕士学位论文，2011 年。

[120] 段海龙：《〈中西闻见录〉研究》，内蒙古师范大学硕士学位论文，2006 年。

[121] 高海：《〈格致汇编〉中物理知识的研究》，内蒙古师范大学硕士学位论文，2008 年。

[122] 高静：《西学东渐视域中的〈东西洋考每月统记传〉研究》，西北大学硕士学位论文，2007 年。

[123] 韩晶：《晚清中国电报局研究》，上海师范大学博士学位论文，2010 年。

[124] 胡博涵：《清末〈图画日报〉中的科学与技术》，哈尔滨师范大学硕士学位论文，2016 年。

[125] 冯大伟：《近代编辑出版人群体概述》，吉林大学博士学位论文，2008 年。

[126] 李婧：《〈格致新报〉与其科学知识传播研究》，西北大学硕士学位论文，2012 年。

[127] 刘畅：《〈点石斋画报〉研究》，吉林大学硕士学位论文，2007 年。

[128] 凌素梅：《〈六合丛谈〉新词研究》，浙江财经学院硕士学位论文，2013 年。

[129] 刘红：《近代中国留学生教育翻译研究》（1895～1837），华中师范大

学博士学位论文，2014 年。

　　[130] 吕旸：《〈浙江潮〉与其科教传播研究》，西北大学硕士学位论文，2014 年。

　　[131] 卢娟：《晚清澳门〈知新报〉研究》，暨南大学硕士学位论文，2007 年。

　　[132] 任莎莎：《墨海书馆研究》，山东师范大学硕士学位论文，2013 年。

　　[133] 桑付鱼：《〈点石斋画报〉与晚清社会科技文化的传播》，福建师范大学硕士学位论文，2011 年。

　　[134] 石明利：《京师同文馆译书活动研究》，西南大学硕士学位论文，2012 年。

　　[135] 孙慧：《从幻灯到电影：〈申报〉早期影像广告研究》（1872～1913），南京艺术学院博士学位论文，2016 年。

　　[136] 唐颖：《中国近代科技期刊与科技传播》，华东师范大学硕士学位论文，2006 年。

　　[137] 王红霞：《傅兰雅的西书中译事业》，复旦大学博士学位论文，2006 年。

　　[138] 王强：《〈格致汇编〉的编者与作者群体》，西北大学硕士学位论文，2008 年。

　　[139] 王少清：《晚清上海：西方物质文明与新知识群体的近代体验》，南开大学博士学位论文，2009 年。

　　[140] 王伟：《〈格致新报〉与戊戌启蒙》，山东师范大学硕士学位论文，2009 年。

　　[141] 吴幼叶：《戊戌变法时期温州的〈利济学堂报〉——基于现代报刊视野的描述和分析》，西北大学硕士学位论文，2008 年。

　　[142] 杨琳琳：《〈六合丛谈〉媒介形态及其编辑传播策略研究》，西北大学硕士学位论文，2010 年。

　　[143] 杨勇：《〈六合丛谈〉研究》，苏州大学硕士学位论文，2009 年。

　　[144] 殷秀成：《中西文化碰撞与融合背景下的传播图景——〈点石斋画报〉研究》，湖南师范大学硕士学位论文，2009 年。

　　[145] 赵中亚：《〈格致汇编〉与中国近代科学的启蒙》，复旦大学博士学位论文，2009 年。

　　[146] 翟宁：《〈湘学报〉研究》，湖南师范大学硕士学位论文，2012 年。

　　[147] 朱世培：《〈中西闻见录〉研究》，安徽大学硕士学位论文，2013 年。

　　[148]《六合丛谈》，上海：咸丰七年。

　　[149]《上海新报》，上海：咸丰十一年。

［150］《中国教会新报》，上海：同治七年。

［151］《教会新报》，上海：同治十一年。

［152］《中西闻见录》，北京：同治十一年。

［153］《小孩月报》，广州：同治十三年。

［154］《万国公报》，上海：同治十三年。

［155］《格致汇编》，上海：光绪二年。

［156］《益闻录》，上海：光绪四年。

［157］《花图新报》，上海：光绪七年。

［158］《点石斋画报》，上海：光绪十年。

［159］《利济学堂报》，温州：光绪二十二年。

［160］《时务报》，上海：光绪二十二年。

［161］《知新报》，澳门：光绪二十三年。

［162］《湘学新报》，长沙：光绪二十三年。

［163］《集成报》，上海：光绪二十三年。

［164］《蒙学报》，上海：光绪二十三年。

［165］《通学报》，上海：光绪二十三年。

［166］《格致新报》，上海：光绪二十四年。

［167］《岭学报》，广州：光绪二十四年。

［168］《东亚报》，东京：光绪二十四年。

［169］《湖北商务报》，汉口：光绪二十五年。

［170］《亚泉杂志》，上海：光绪二十六年。

［171］《教育世界》，上海：光绪二十七年。

［172］《励学译编》，苏州：光绪二十七年。

［173］《南洋七日报》，上海：光绪二十七年。

［174］《政艺通报》，上海：光绪二十八年。

［175］《新民丛报》，横滨：光绪二十八年。

［176］《通问报》，上海：光绪二十八年。

［177］《新民丛报》，横滨：光绪二十八年。

［178］《鹭江报》，厦门：光绪二十八年。

［179］《新世界学报》，上海：光绪二十八年。

［180］《真光月报》，广州：光绪二十八年。

［181］《北洋官报》，天津：光绪二十八年。

［182］《湖北学生界》，东京：光绪二十九年。

［183］《浙江潮》，东京：光绪二十九年。

主要参考文献

［184］《广益丛报》，重庆：光绪二十九年。

［185］《大同报》，上海：光绪三十年。

［186］《东方杂志》，上海：光绪三十年。

［187］《北洋学报》，天津：光绪三十年。

［188］《重庆商会公报》，重庆：光绪三十一年。

［189］《直隶教育杂志》，天津：光绪三十二年。

［190］《学部官报》，北京：光绪三十二年。

［191］《东吴月报》，苏州：光绪三十二年。

［192］《学桴》，苏州：光绪三十二年。

［193］《通学报》，上海：光绪三十二年。

［194］《竞业旬报》，上海：光绪三十二年。

［195］《南洋兵事杂志》，江宁：光绪三十二年。

［196］《理学杂志》，上海：光绪三十二年。

［197］《四川教育官报》，成都：光绪三十三年。

［198］《振华五日大事记》，广州：光绪三十三年。

［199］《学报》，东京：光绪三十三年。

［200］《科学一斑》，上海：三十三年。

［201］《振群丛报》，上海：光绪三十三年。

［202］《学海》，东京：光绪三十四年。

［203］《半星期报》，广州：光绪三十四年。

［204］《广东劝业报》，广州：光绪三十四年。

［205］《实业报》，广州：光绪三十四年。

［206］《浦东中学校杂志》，上海：光绪三十四年。

［207］《新朔望报》，上海：光绪三十四年。

［208］《数理化学会杂志》，东京：宣统元年。

［209］《师范讲义》，上海：宣统二年。

［210］《龙门杂志》，上海：宣统二年。

［211］《协和报》，上海：宣统二年。

［212］《江宁实业杂志》，江宁：宣统二年。

［213］上海图书馆上海科学技术情报研究所《全国报刊索引》编辑部：《晚清期刊全文数据库》（1833～1911）。